美国国家安全航天体制

段　锋　著

中国宇航出版社

·北京·

图书在版编目(CIP)数据

美国国家安全航天体制 / 段锋著 . -- 北京 : 中国
宇航出版社，2018.5

ISBN 978 - 7 - 5159 - 1463 - 3

Ⅰ.①美… Ⅱ.①段… Ⅲ.①航天工程－研究－美国
②国家安全－研究－美国 Ⅳ.①V4②D771.235

中国版本图书馆 CIP 数据核字(2018)第 081699 号

责任编辑	彭晨光		
责任校对	祝延萍	**封面设计**	宇星文化

出　版
发　行　中国宇航出版社

社　址　北京市阜成路 8 号　　　　邮　编　100830
　　　　(010)60286808　　　　　　(010)68768548
网　址　www.caphbook.com
经　销　新华书店
发行部　(010)60286888　　　　　　(010)68371900
　　　　(010)60286887　　　　　　(010)60286804(传真)
零售店　读者服务部
　　　　(010)68371105
承　印　三河市君旺印务有限公司
版　次　2018 年 5 月第 1 版　　　　2018 年 5 月第 1 次印刷
规　格　710×1000　　　　　　　　开　本　1/16
印　张　18.75　　　　　　　　　　字　数　332 千字
书　号　ISBN 978 - 7 - 5159 - 1463 - 3
定　价　68.00 元

前　言

　　美国国家安全航天力量由国防部和情报界所属航天力量构成，形成了独特的"双峰"结构。这一结构是艾森豪威尔政府应对苏联首先发射人造卫星时做出的非常态决策的结果，曾经发挥了巨大优势。但该结构导致了国家安全航天在战略层次的碎片化。在航天事务进入常态化之后，总统决策的不力和9·11事件的爆发进一步固化了这一结构。

　　美国军事航天先后经历了三军航天向空军航天集中、空军航天向空军航天司令部集中、国防部航天采办向空军部部长集中等三波大的集中化过程，并继续对空间态势感知、卫星地面控制等领域存在的碎片化现象进行集中化改革。

　　美国军事航天实现了从采办性、研发性体制向作战性体制的转变，建立了"A"型作战指挥体制，理顺了战略战役战术层次之间、全球航天力量与战区航天力量之间的指挥关系。军事航天与情报界航天之间也形成了制度化的协调关系和支援能力。

　　美国国家安全航天体制的发展演变是一个变革的历程。整体上体现为不断实施持续、渐进、中小规模的调整改革，其间包含了尖锐的冲突、博弈、妥协和服从，间或有反复，但大方向基本不变，前进趋势基本稳定。

目 录

第一章 绪 论

航天技术是人类 20 世纪最伟大的创举之一，极大地推动了信息技术与信息化社会的发展，在人类政治、经济、军事、外交、文化等各个方面均产生了深远的影响，尤其在军事领域始终发挥着不可或缺、至关重要的作用，且这种作用正在进一步加深和扩大。这也决定了航天力量的发展建设有着极大的必要性和极高的重要性。航天体制的发展与完善，既是航天力量建设与发展的重要内容，又对航天力量的建设与发展发挥着指导和引领作用。

第一节 美国航天体制

航天，是指人类利用航天器在外层空间的活动，又称空间飞行或宇宙航行[1]。该定义实际上把航天这一概念理解为动宾结构，取"航行于天"之意，属于对人类特定类型活动的客观描述。与航天紧密关联的概念是外层空间。外层空间是指地球稠密大气层以外的宇宙空间，通常认为其下界距地面高度约 100 千米，也称外空、空间或太空[2]。很显然，外层空间、外空、空间、太空等术语，属于对特定物理区域的客观描述，其中并未包含人类活动于其中之意。但是，近些年来随着人类太空活动越来越多，航天与太空、空间、外空、外层空间等术语在实际使用中的区别越来越小。准确地说，是航天概念原有的动宾内涵逐步弱化，名词性内涵逐步增强，并一步步与太空等概念趋同。当前，在多数语境下，航天与太空等概念完全相同，可以替换使用。不过，长期以来在某些语境下也形成了固定使用某一术语的习惯性做法。虽然这种"习惯性"的力度并不十分强大，但往往更有利于受众的阅读和理解。所以，本书中一般情况下使用航天这一术语，视情况采用太空等其他术语。

体制，是指国家、国家机关、企业、事业单位等的组织制度[3]。其中，"国家机关"概念范畴涵盖了军队[4]。在军事学语境中，体制是指关于军队组织体系、机构、单位的设置，职能和权限区分及相互关系的制度[5]。按照职能和权限标准，体制具有不同的分类方法。按照具有综合职能和权限特点的标准来划分，体制主要包括总部体制、军种体制、战区体制等；按照具有专项职能和权限特点的标准来划分，体制主要包括作战指挥体制、行政管理体制、教育训练体制、政治工作体制、后勤保障体制、装备管理体制、军事科研体制、动员体制等；按照一般性职能和组织设置形式来划分，体制主要包括机关体制、部队体制和院校体制；按照职能和权限的时效划分，体制包括平时体制和战时体制[6]。

在体制定义基础上，可将美国航天体制定义为"美国航天的组织体系、机构、单位的设置，职能和权限区分及相互关系的制度"。其中，美国航天由军事航天、情报界航天、民用航天、商业航天四部分构成。与其他航天国家相比，美国航天有着很大的特殊性。这种特殊性体现在两个方面：一是独特的情报界航天的存在；二是发达的商业航天的存在。尤其是美国的情报界航天，其特殊性更要甚于后者。

一、军事航天体制

美国军事航天体制，是指美国军事航天（国防部航天）的组织体系、机构、单位的设置，职能和权限区分及相互关系的制度。军事航天体制的核心是领导管理体制和作战指挥体制，大致分别对应军事航天体制的军政系统和军令系统。由于航天系统具有高度的技术性和复杂性，所以在美国军事航天早期，军方采办部门发挥了至关重要的作用，这也使得军事航天体制后来存在一个从采办性体制向侧重于卫星运行、战场支援的作战性体制的发展过程。

二、情报界航天体制

美国情报界航天体制，是指美国情报界航天的组织体系、机构、单位的设置，职能和权限区分及相互关系的制度。美国情报界与国防部是平行的，是由 17 家军队、政府情报部门组成的联盟性机构，属于美国特有的机构[7]。情报界内，具有航天相关职能的最主要的机构包括国家侦察局、国家地理空间情报局、国家安全局、国防情报局等。

（一）国家侦察局

国家侦察局既是国防部的一个局，又是情报界的一个成员单位，其局长同时向国防部长和国家情报主任汇报。但战时国防部长不具有对国家侦察局的指挥权。

国家侦察局负责研发、采办、发射、部署、操控过顶系统及相关的数据处理设施，以搜集情报信息，支持国家和政府各部门的任务需要。为征候与预警、军备控制核查、进入受限地区、军事行动的规划与实施等提供支援。国家侦察局也为作战司令部联合情报作业中心提供直接支援[8]。由于担负的侦察卫星任务属于美国政府和军队最为核心的机密，所以国家侦察局的保密级别非常高，直到 1992 年国家侦察局的存在及名字才正式解密。

国家侦察局是情报界航天的核心。这主要体现在它是美国太空情报的源头，是情报界内最重要的航天采办机构。美国的成像侦察卫星、电子侦察卫星（包括海洋监视卫星）均由国家侦察局负责研制管理。卫星发射之后的测控工作也由该局负责。不过，对卫星平台上的各类侦察载荷和数据的任务规划、处理、开发、分发功能分散于情报界（相关单位）[9]。

在整个太空情报流程中，国家侦察局负责情报的搜集和（初步）处理工作，此前的搜集管理、任务规划和此后的开发（精细处理）、分发、存档工作均由国家地理空间情报局（负责图像情报）、国家安全局（负责信号情报）等合作机构实施，如图 1 - 1 所示。也就是说，侦察卫星平台的运行与卫星侦察载荷的运行大致分离，比较类似于 RC - 135 "铆钉结合"系统中飞机平台与机上电子侦察系统的关系[10]。

（二）国家地理空间情报局

国家地理空间情报局既是国防部的一个局，又是情报界的一个成员单位。国家地理空间情报局的职责是向国家决策者、军事指挥官、情报界以及其他政府部门提供地理空间情报和服务。国家地理空间情报局局长是国防部长、国家情报主任、参联会主席和作战司令部①司令在地理空间情报方面的首席建议者[11]。国家地理空间情报局也是国防部的一个战斗支援机构，负责向作战司令部联合情报作业中心提供直接的地理空间情报支援[12]。此外，作为地理空间情报的"职能管理者"，国家地理空间情报局还担负购买商业图像和地理空间产品的法定职责[13]。

————————

　　①　指总统通过国防部长和参谋长联席会议指挥的执行广泛、连续任务的联合司令部或特种司令部。

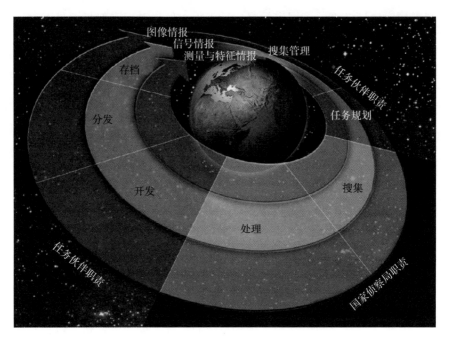

图 1-1　情报界情报流程（资料来源：National Commission for the Review of the
National Reconnaissance Office. THE NRO AT THE CROSSROADS［R］.
NOVEMBER 1，2000：22）

（三）国家安全局

　　国家安全局（中央安全处）既是国防部的一个局，又是情报界的一个成员单位，其职责是向国防部、情报界、政府部门、工业界、特定的伙伴和盟友提供信号情报产品和服务①。国家安全局既负责保卫美国信息系统的安全，也负责探测对手的各类信号情报。其中，各类电子侦察卫星是国家安全局获取信号情报的重要手段。国家安全局也是国防部的一个战斗支援机构，负责实施 22 项特定的战斗支援活动[14]，通过中央安全处向作战司令部联合情报作业中心提供直接的信号情报支援。其局长兼任美国战略司令部下属美国网络司令部（属于"下级联合司令部"

---

　　①　国家安全局的前身是 1949 年 5 月成立的武装部队安全局。1952 年 10 月 24 日，杜鲁门政府撤销武装部队安全局，由国家安全局取而代之。1973 年 12 月 23 日，为推动国家安全局与各军种密码部门的合作，国防部第 5100.20 号指令在国家安全局内部建立了中央安全处。该处由各军种的密码部门联合组成，国家安全局局长兼任该处处长。

层次）司令，也是国防部长、国家情报主任和参联会主席在信号情报方面的首席建议者[15]。

国家安全局的组织架构仍处于保密状态。在很长一段时间内，美国政府甚至对国家安全局的存在秘而不宣，直到1957年才在《美国政府机构手册》中首次承认它是"国防部内一个独立的局"，"履行事关国家安全的高度专业化的技术与协调任务"[16]。在某种程度上可以说，国家安全局的保密程度比国家侦察局还要高。虽然在2012年发布的联合出版物2－01中清晰地描绘了国家侦察局、国家地理空间情报局的组织架构，但没有对国家安全局的相应描述。而且，由于缺乏客观权威的资料来源，致使其他文献对此或语焉不详，或仅凭少量材料来进行主观推断，即便是为2001年太空委员会①准备的分报告也是如此。该分报告指出，分析人士和历史学家认为，国家安全局长期以来由10个关键部门组成，包括4个作战办公室、5个参谋和支援处、1个训练部门。该报告还转述《华盛顿邮报》的报道认为，2000年12月国家安全局实施了一次大规模重组。重组后的国家安全局仅包含两个处：信号情报处和信息保证处。按照字面理解，前者负责探测对手的信号情报，后者负责自身信息系统的安全[17]。

国家安全局与国家侦察局之间的业务联系密切。从情报流程上看，二者处于不同的生产阶段；从任务领域的分布上看，国家安全局的信号情报收集手段涵盖了陆、海、空、天、网等多维领域，国家侦察局则专门聚焦于太空领域②。由此，二者可能在情报系统的发展思路上存在分歧。国家安全局更偏向于多维领域混合的侦察方式，而国家侦察局为了"地盘争夺与预算争执"的需要，往往更倾向于昂贵的太空情报系统[18]。

（四）国防情报局

国防情报局既是国防部的一个局，又是情报界的一个成员单位，其职责是为国防部长、参联会、所有的国防部或非国防部的部门收集、生产、规划、协调与军事有关的情报[19]。国防情报局也是国防部的一个

---

①　专指根据《2000财年国防授权法》设立，由拉姆斯菲尔德担任主席的"美国国家安全航天管理与组织评估委员会"。

②　国家侦察局（NRO）曾有过一个发展航空侦察手段的部门，后撤销。

战斗支援机构。在太空业务方面，当国防部的航天系统无法满足作战司令部司令的需求时，可调用情报界、民用、商业甚至外国的航天系统来进行支援。这些非国防部的太空资源主要由美国战略司令部来负责协调，但国防情报局也发挥一定的支持作用。在协调非国防部太空资源来支援作战司令部方面，国防情报局、国家地理空间情报局与国家安全局是除战略司令部之外最重要的三个机构。而国防情报局局长也兼任战略司令部情报监视侦察联合功能组成司令部司令[20]。

三、民用航天体制

美国的民用航天是指军事航天、情报界航天之外由政府财政资金支持的航天活动，或政府职能部门从事的有关航天的管理事务。民用航天体制，是指美国民用航天的组织体系、机构、单位的设置，职能和权限区分及相互关系的制度。

美国民用航天始于 20 世纪 40 年代。50 年代后期，艾森豪威尔本无意建立独立的民用航天部门，原因是他认为美国主要的航天需求来自军方，担心造成重复建设。但副总统尼克松以及美国麻省理工学院院长詹姆斯·基利安强烈建议，尽可能多地将美国的航天计划置于一个公开的民用机构管理之下，让人们知道"存在一个纯粹的科学的航天"，"一个完全独立的机构在从事非军事的太空研究"[21]，对于美国的国际形象十分有利，而且国防部也可以同步开展秘密的军事航天计划。艾森豪威尔被说服之后，于 1958 年 7 月 29 日签署《国家航天法》，成立国家航空航天局（美国国家航空航天局），正式确立了美国航天军民分立、并行发展的格局[22]。

当前，民用航天涉及的机构主要包括国家航空航天局、商务部下属的国家海洋大气局、联邦通讯委员会、交通运输部下属的联邦航空局、内政部下属的美国地质调查局、国务院、能源部、农业部等。这些机构所担负的航天职能主要有如下几个方面：

（一）航天系统的研发

国家航空航天局是最大、最核心的民用航天机构。该局研究领域包括：载人航天飞行，如航天飞机和国际空间站；空间科学，如哈勃太空望远镜；火星机器人以及其他航天任务等。该局总部有 4 个任务处，分别是探索系统处、航天运行处、科学处和飞行研究处，还管理着喷气推进实验室和艾姆斯研究中心等 10 个研究中心。该局是政府内部一个独立的局，直接向白宫汇报[23]。此外，能源部负责开发航天器所使用的核动力系统[24]。

（二）航天系统的运行管理

航天系统经研发机构研制出来后，将交付其他机构或私营部门来负责运行管理和数据分发应用。具体地说，主要是由国家海洋大气局和美国地质调查局这两个政府机构担负相关职能。

国家海洋大气局负责收集有关海洋、大气、太空和太阳的各类数据并开展相关研究，负责军用、民用气象卫星的运行[25]，相关下属机构主要有 5 个处，分别是：国家气象服务处，国家海洋服务处，国家海洋渔业服务处，研究处，国家环境卫星、数据与信息服务处。国家海洋大气局提供的各类对地观测数据和空间天气数据在军事、情报界、商业航天领域均发挥有重大作用。

美国地质调查局负责"陆地卫星"的运行管理。准确地说，这项工作是在美国地质调查局的监管之下，由合同商在戈达德航天飞行中心实施。这些"陆地卫星"由国家航空航天局研制并发射[26]。

（三）航天事务的行政管理

美国政府内有多个部门负责民用航天事务的相关管理工作。具体包括：

国家海洋大气局负责发放私营对地观测执照[27]，国务院"太空和先进技术办公室"负责处理航天领域的国际事务[28]，包括制定相关政策、依据《武器清单》发放出口许可等[29]。

商务部"太空商业化办公室"设在国家海洋大气局国家环境卫星、数据与信息服务处内，行使商务部在该领域的管理职能，业务内容主要包括政策发展、市场分析和拓展/教育等三个方面，目的是打造一个良好的政策环境，推动美国商业航天活动的发展，提高美国商业航天的国际竞争力[30]。

联邦航空局下属的商业航天运输联合管理办公室的主要职能是商业航天发射领域的行政管理，目的是推动美国商业太空运输能力的发展。具体来说，该办公室负责发放商业航天发射执照和非联邦航天发射场的运行执照。此外，该办公室还参与太空旅游的政策制定工作[31]。

联邦通讯委员会是美国政府的一个独立机构，直接对国会负责。联邦通讯委员会内负责航天相关事务的是国际局内的卫星处。该处的职能是尽可能多、尽可能快、尽可能简单地批复相关卫星系统，以推动在轨无线电频谱的应用[32]。

（四）航天信息的应用

美国政府内有一些机构既不负责航天系统的研发，也不负责航天系统的运行管理，但其业务活动中要应用各类航天信息。如农业部利用卫星数据进行农作物估产和土地面积测量[33]。相对而言，这些部门在美国民用航天体制中的发言权比其他部门要小很多。

四、商业航天体制

商业航天是由私营资本从事的航天相关活动。美国文献往往把商业航天与航天工业划等号[34]。若按这一理解，商业航天活动将涵盖航天工业界实施的所有业务，包括研制生产、航天发射、信息服务等，甚至包括渐露端倪的太空旅游服务。商业航天体制，就是指美国商业航天的组织体系、机构、单位的设置，职能和权限区分及相互关系的制度。可以分为上游体制和下游体制两部分。

上游体制涵盖航天器与运载器的研制生产、航天器的发射等业务。其中，卫星生产商主要有洛克希德·马丁、波音、诺斯罗普·格鲁曼等公司；运载器主承包商主要有洛克希德·马丁、波音、太空探索技术等公司；运载器分系统承包商主要有 ATK、普惠等公司；航天发射服务承包商主要有海射、太空探索技术等公司[35]。

下游体制涵盖卫星通信、卫星遥感、卫星导航等航天信息服务。其中，典型的美国卫星遥感服务商有数字地球、地球之眼等公司[36]。

第二节　美国国家安全航天体制的定义

美国术语内，国家安全航天通常由军事航天和情报界航天两部分构成，如图 1-2 所示。不过，很长一段时期内美国航天界缺乏对国家安全航天的明确、统一、标准的定义。相关各方多出于本机构或个人的理解来对国家安全航天的内涵进行解读。由此，造成各方对国家安全航天定义的口径往往大小不同、宽窄不一。尤其是国家安全航天内涵的扩大化具有相当大的影响力。在这方面，两任国家侦察局局长的观点具有很强的代表性。2002 年，时任国家侦察局局长的彼得·B·提兹在《联合部队季刊》撰文指出，美国军事、情报界、民用、商业航天四个部门之间的区别越来越模糊，有些时候实际上已经无缝连接了[37]。比提兹更进一步的是，2008 年，时任国家侦察局局长的斯科特·F·拉吉在《高边疆》杂志撰文指出，美国军事、情报界、民用、商业航天四个部门之间的相互联系、相互依赖程度不断提高，需要将它们视为一个统一的整体，美国国家安全航天不再只包含国防部和情报界的航天系统，而是包括了各种形态的航天系统，还包括使用得越来越多的国外太空能力[38]。而 2008 年 7 月由国防分析研究所发布的《国家安全航天的领导、管理与组织》研究报告（也称阿拉德委员会报告）则与拉吉的观点如出一辙，且将拉吉的观点具体化、条理化。该报告指出，国家安全航天事务囊括了范围十分宽泛的政府和非政府组织，涵盖的具体机构或事务包括：军事航天，情报界航天，国家海洋大气局负责的卫星气象和卫星遥感，商业航天，国家航空航天局，能源部，国家实验室，农业部，国土安全部，国家科学基金，国务院，交通运输部，国家安全委员会，科技政策办公室，联邦通讯委员会，盟国的卫星系统和太空活动[39]。该报告定义的内涵之宽泛，基本上与"美国航天"无异。而且，由于该定义

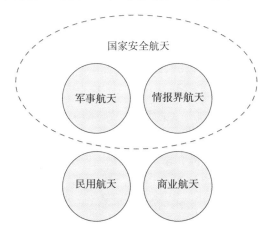

图 1-2 美国航天四个部门及国家安全航天构成

还引入了"盟国的卫星系统和太空活动",其内涵甚至已经超过了"美国航天"的范畴。如此一来,国家安全航天作为一个专有名词就将失去存在的价值,国家安全航天作为一个特定的事务领域也将失去研究的指向性。当然,国家侦察局局长的观点具有很强的代表性和很大的影响力,但毕竟只是个人观点,不是官方出台的正式文件,其权威性不足以统一整体的航天界和学术界。各机构的研究报告、各方学者的论点,无论其定义口径或大或小,均在权威性上与官方文件存在差距。

总的来看,由军事航天和情报界航天两部分构成国家安全航天的概念界定始终具有最大的市场。如 2011 年出版的《太空与安全:一本参考指南》就明确指出,国家安全航天包括两部分:一是国防部内主要由空军实施的航天活动;二是国家侦察局从太空收集情报的航天活动[40]。该界定稍有简单化的倾向,如忽略了情报界内国家地理空间情报局、国家安全局等具有重要航天职能的机构,但该界定并没有突破通常的内涵范畴。2008 年 3 月,由政府问责局发布的《国防航天活动:需要利用国家安全航天战略来指导未来国防部的航天努力》研究报告对国家安全航天内涵扩大化的倾向进行了明确的矫正。该报告一方面指出,国家安全航天部门包括了提供或运用太空能力的所有军种和国防部机构,以及所有提供或运用太空能力的情报界机构;另一方面更清晰地指出"虽然商业航天尤其是商业卫星通信在军事行动中的应用快速成长,但国家安全航天部门只包括国防部和情报界的航天资产"[41]。

2011 年,美国航天界在国家安全航天定义上的混乱局面被终结。6 月 28 日,美国国防部发布 DoDD5105.23 号指令《国家侦察局》。该指令对国家安全航天进行了规范、清晰的定义。在该指令末尾处的"定义"部分,国家安全航天被描述为"国防部和国家情报界内,在和平、危机或冲突时期,用于维护国家安全、支持国防和情报行动的与航天相关的系统、服务、能力和有关的信息系统与网络。经与系统所有者协调,国防部长可以将其他与航天相关的系统指定为国家安全航天系统。[42]"该定义清晰、严谨、全面,且具有一定的灵活性,既恪守了多年来约定俗成的国家安全航天的内涵,也适当照顾了不断发展壮大的民用航天和商业航天,表明美国国防部和情报界在国家安全航天事务上的进一步成熟化。美国国家安全航天体制是美国航天体制内与国家安全直接相关的部分,民用、商业航天体制只是间接相关的部分,两大部分之间的联系可以十分密切，甚或越来越密切，但在性质上的清晰分野是必须的，也是必然存在的。

由此，美国国家安全航天体制可以定义为：关于美国军事航天和情报界航天的组织体系、机构、单位的设置，职能和权限区分及相互关系的制度。

参 考 文 献

［1］ 中国人民解放军总装备部司令部编研室. 军事航天技术［M］. 北京：中国
大百科全书出版社，2008：13.

［2］ 同上：11.

［3］ 中国社会科学院语言研究所词典编辑室. 现代汉语词典［M］. 北京：商务
印书馆，2015：1281.

［4］ 同上：496.

［5］ 胡光正. 军队组织编制学教程［M］. 北京：军事科学出版社，2012：80.

［6］ 同上：84－86.

［7］ 纪真. 总统与情报——从罗斯福到小布什［M］. 北京：军事科学出版社，
2008：275；JOINT PUBLICATION 2－01，JOINT AND NATIONAL
INTELLIGENCE SUPPORT TO MILITARY OPERATIONS， 05
JANUARY 2012：xiii.

［8］ JOINT PUBLICATION 2－01，JOINT AND NATIONAL INTELLIGENCE
SUPPORT TO MILITARY OPERATIONS，05 JANUARY 2012：II－16.

［9］ National Commission for the Review of the National Reconnaissance Office.
THE NRO AT THE CROSSROADS［R］. NOVEMBER 1，2000：6.

［10］ 同上：21－22；J. Kevin McLaughlin. The Space Commission：10 Years
Later，But Not Quite 10 Years Closer［J］. HIGH FRONTIER，August
2011，Volume 7，Number 4：16.

［11］ JOINT PUBLICATION 2－01，JOINT AND NATIONAL INTELLIGENCE
SUPPORT TO MILITARY OPERATIONS，05 JANUARY 2012：A－24.

［12］ 同上：II－16.

［13］ Linda L. Haller，Melvin S. Sakazaki. Commercial Space and United States
National Security［R/OL］. ［2014－09－28］. http：//fas. org/spp/eprint.

［14］ JOINT PUBLICATION 2－01，JOINT AND NATIONAL INTELLIGENCE
SUPPORT TO MILITARY OPERATIONS，05 JANUARY 2012：A－20.

［15］ 同上：II－16.

［16］ Joshua Boehm，Craig Baker，Stanley Chan，Mel Sakazaki. A History of
United States National Security Space Management and Organization［R/OL］.

［2014 - 09 - 28］. http：//fas. org/spp/eprint.

［17］ 同上。

［18］ 威廉·欧丹. 情报改革［M］. 台北： "国防部史政编译室" 译印，2003：122.

［19］ Joshua Boehm，Craig Baker，Stanley Chan，Mel Sakazaki. A History of United States National Security Space Management and Organization［R/OL］. ［2014 - 09 - 28］. http：//fas. org/spp/eprint.

［20］ JOINT PUBLICATION 2 - 01，JOINT AND NATIONAL INTELLIGENCE SUPPORT TO MILITARY OPERATIONS，05 JANUARY 2012：II - 15.

［21］ Peter L. Hays. SPACE AND SECURITY—A Reference Handbook［M］. Santa Barbara，California · Denver，Colorado · Oxford，England：ABC - CLIO，2011：13.

［22］ VICE PRESIDENT'S SPACE POLICY ADVISORY BOARD. A POST COLD WAR ASSESSMENT OF U. S. SPACE POLICY—A TASK GROUP REPORT ［R］. December 17，1992：3；R. Cargill Hall. Civil - Military Relations in America's Early Space Program［C］//R. Cargill Hall，Jacob Neufeld，ed. The U. S. Air Force in Space 1945 to the Twenty - first Century. Washington，D. C.： USAF History and Museums Program，1998：27；Clayton D. Laurie. CONGRESS AND THE NATIONAL RECONNAISSANCE OFFICE［M］. OFFICE OF THE HISTORIAN NATIONAL RECONNAISSANCE OFFICE，2001：7 - 8.

［23］ Michael Gleason，John M. Logsdon. The civil sector［C］//Damon Coletta，Frances T. Pilch，ed. Space and Defense Policy. London and New York：Routledge，2009：257 - 258.

［24］ Marcia S. Smith. U. S. Space Programs：Civilian，Military，and Commercial （Updated February 24，2006） ［R］. Congressional Research Service，2006：4.

［25］ Michael Gleason，John M. Logsdon. The civil sector［C］//Damon Coletta，Frances T. Pilch，ed. Space and Defense Policy. London and New York：Routledge，2009：261.

［26］ 同上：261 - 263.

［27］ 同上：261.

［28］ 同上：263.

［29］ Marcia S. Smith. U. S. Space Programs：Civilian，Military，and Commercial （Updated February 24，2006） ［R］. Congressional Research Service，

2006：4.

[30]　Michael Gleason，John M. Logsdon. The civil sector ［C］//Damon Coletta，
　　　Frances T. Pilch，ed. Space and Defense Policy. London and New York：
　　　Routledge，2009：263.

[31]　同上：263 - 264.

[32]　同上：264.

[33]　Marcia S. Smith. U. S. Space Programs：Civilian，Military，and Commercial
　　　（Updated February 24，2006）　　［R］. Congressional Research Service，
　　　2006：4.

[34]　Linda L. Haller，Melvin S. Sakazaki. Commercial Space and United States
　　　National Security ［R/OL］. ［2014 - 09 - 28］. http：//fas. org/spp/eprint.

[35]　Michael P. Gleason. Space Policy Primer—Principles，Issues，and Actors
　　　［M］. Eisenhower Center for Space and Defense Studies，2010：42 - 43.

[36]　同上。

[37]　PETER B. TEETS. National Security Space—Enabling Joint Warfighting
　　　［J］. JFQ，Winter 2002 - 03：32.

[38]　Scott F. Large. National Security Space Collaboration as a National Defense
　　　Imperative ［J］. High Frontier，August 2008，Volume 4，Number 4：3.

[39]　A. Thomas Young，Edward Anderson，Lyle Bien，etc. Leadership，Management，
　　　and Organization for National Security Space—Report to Congress of the
　　　Independent Assessment Panel on the Organization and Management of
　　　National Security Space ［R］. INSTITUTE FORD EFENSE ANALYSES，
　　　July 2008：ES1.

[40]　Peter L. Hays. SPACE AND SECURITY—A Reference Handbook ［M］.
　　　Santa Barbara，California · Denver，Colorado · Oxford，England：ABC -
　　　CLIO，2011：48.

[41]　Defense Space Activities：National Security Space Strategy Needed to Guide
　　　Future DOD Space Efforts ［R］. United States Government Accountability
　　　Office，March 27，2008：2.

[42]　DoDD 5105. 23，National Reconnaissance Office（NRO）［M］. Department of
　　　Defense，June 28，2011：20.

第二章　美国国家安全航天体制的发展演变

美国国家安全航天体制发展演变的历史是一部不断调整改革的历史。其间，历经了三次大的体制改革和持续不断的小幅体制调整。在这一历史中，军事航天与情报界航天始终维持着彼此独立的"双峰"结构；军事航天不断从碎片化向集中化发展，其采办性体制中也孕育并成长出了作战性体制。

第一节　1960 年前后，国家安全航天体制的形成与第一波大调整

1960 年前后，在苏联发射世界第一颗人造地球卫星给美国带来的巨大震荡及余波中，经过短时期内激烈的部门斗争和大幅度的体制调整，美国最终确立了"双峰"结构的国家安全航天体制，在刚刚拉开帷幕的美苏太空争霸中稳住了阵脚。

一、各军种的航天竞争是调整的直接动因

早期的美国航天力量几乎全部集中于军方。美国三个军种在新生的太空领域都有着强烈的企图心。由此导致的显而易见的重复建设和资源浪费是一贯理性持重的艾森豪威尔总统所不能接受的。三军航天的集中化成为形势的必然。

（一）陆军

二战末期，美国陆军拥有最强大的太空力量，其实力超出了当时仍然处于陆军"母体"之内的陆军航空队。陆军的优势主要表现为从德国获得的火箭研发基础。通过"曲别针计划"，陆军获得了冯·布劳恩火箭团队的大部分人员，将大约 130 名德国火箭科学家安置到了新墨西哥州的白沙；陆军也获得了将近 100 枚 V-2 火箭；陆军还从德国佩内明德获得了大量的火箭研究资料。拥有了这些雄厚的"家底"，陆军发言

人开始将火箭称作火炮的自然延伸，因此也是陆军的法定权利[1]。

20世纪50年代早期，陆、海、空三军均开始了各自独立的航天计划。陆军一方面于1951年将各种研究工作集中到阿拉巴马州的红石兵工厂，另一方面从1955年开始与海军共同开展"轨道器计划"（卫星侦察）[2]。与此同时，面对其他军种的竞争，陆军弹道导弹局坚称，陆军拥有最雄厚的发展军事航天应用的物质基础，太空仅仅是"高地"，而占领高地是陆军的传统使命[3]。

在苏联发射斯普特尼克号卫星给美国带来的剧烈震荡中，冯·布劳恩火箭团队为陆军带来的航天实力很快得到了展现。美国原定由海军海盗火箭来发射第一颗卫星，但该型火箭接连遭遇失败。1957年11月，国防部授权陆军弹道导弹局利用其木星火箭发射一颗卫星。陆军果然不负众望，于1958年1月31日成功将探险者1号卫星发射入轨，为陆军争得了美国政府各部门中"第一个进入太空"的美誉[4]。

不过，陆军仍面临来自海、空军的压力。海军在先锋1号卫星发射成功后，在争取太空职权过程中也更加底气十足。海军声称对包括天气、制导、舰队通信等在内的所有军事航天任务拥有法定的所有权。对此，国会召开听证会，让陆、海、空三军以及国防部、国家航空咨询委员会和原子能委员会陈述各自主张。在这一过程中，每个军种都竭力争取让艾森豪威尔政府和国会认可本军种的太空能力和资源。而陆军的主张获得了"国会明显的好感"，一度令空军十分紧张[5]。

（二）海军

美国海军与陆军是早期美国航天计划的先行者。早在1945—1947年间，海军就和陆军一起开始对德国 V-2 火箭开展了大量的研究。两个军种的合作也促成了1955年的"轨道器计划"[6]。

除了火箭的研究，海军也是最早对开发、利用太空产生兴趣的军种。早在1945年，美国海军研究实验室就开始尝试卫星的研发工作[7]。1946年起，海军研究实验室就利用缴获的德国 V-2 火箭携带遥测设备进入一百多英里（1英里＝1609.34米）的高度开展上层大气试验[8]。

1955年，国防部选择海军领导实施"先锋计划"，利用海军的海盗火箭发射卫星。实际上，相对而言，陆军弹道导弹局冯·布劳恩团队的技术更为成熟，但美国当时对冯·布劳恩的德裔身份抱有顾虑，担心有损美国航天的荣誉，转而选择了海军的"先锋计划"。在遭受一系列挫折之后，1958 年 3 月 17 日，海军成功发射先锋 1 号卫星，成为继陆军之后第二个将卫星送入太空的部门。这一成绩也领先于空军。

虽然总体上看，海军在三军太空竞争中的姿态最低，但绝非被动无为，也有主动出击之举。20 世纪 50 年代末期，空军咄咄逼人的竞争姿态引发海军反弹。1959 年 4 月，海军作战部长阿利·伯克海军上将提出新建一个单一的、联合的军事航天司令部，以充分发挥"太空的完全不可分割性"。陆军参谋长马克斯韦尔·D·泰勒上将对此表示同意。但这一提议遭到空军参谋长托马斯·怀特上将的反对。怀特认为，太空系统只是完成现有任务的更好手段，因此应被划分给现有的联合或职能司令部[9]。很明显，阿利·伯克上将的意图是通过联合的航天司令部来确保海军的太空权益，防止空军一家独大。该提议后来流产，而真正实现这一设想则是在 26 年之后的 1985 年。

（三）空军

自 1947 年脱离陆军独立成军至 20 世纪 50 年代末期，美国空军航天一直落后于陆、海军。但空军始终没有停止争取太空权利的行动，而且，其争权的姿态在三军中表现得最高昂，调门也最大。可以说，空军的航天史就是一部不断斗争的历史，是与其他军种、民用机构争夺军事航天控制权的历史。而空军围绕太空展开的斗争很大程度上"是纯官僚性质的，主要是为了捍卫自己在航天领域的'排他性权利'，阻挡陆军与海军的企图"[10]，这也是空军争权行动的本质和核心。在这一立场的指导下，空军在 20 世纪 40—50 年代的太空争权中表现出了三个方面的特点：

（1）太空科学理论研究和储备很充分

早在 1946 年，陆军航空队就要求道格拉斯飞机公司的兰德工程部（兰德公司前身）开展卫星可行性研究。该研究的结果就是《试验性绕地飞行宇宙飞船的初步设计》报告。该报告对卫星技术进行了广泛的分析，结论是卫星具有显著的军事价值。接下来的 1947—1954 年间，兰德公司又为空军提供了一系列研究报告。这些报告的研究内容涵盖了卫星气象、卫星通信、卫星侦察等各个方面，为后来美国空军的航天计划，甚至是整个美国的航天计划打下了完备的理论基础。尤其是 1954

年3月1日兰德公司发布的《反馈计划总结报告》最后两卷敦促美国设计、建造、使用卫星侦察飞行器，因为这种飞行器是"美国极为重要的战略利益"[11]。与兰德公司持续八年的理论研究工作相衔接，空军研究发展司令部也于1953年12月启动了"409-40计划"，即"卫星部件研究计划"。该计划后来更名为"WS-117L计划"，并成为美国侦察卫星发展的源头[12]。

（2）争权行动最积极主动

早在1947年12月，当海军向国防部研究与发展委员会提出对卫星发展拥有独有权利时，陆军航空队副参谋长霍伊特·范登堡上将就在一份政策声明中反驳道："美国空军作为主要负责空中武器尤其是战略性空中武器的军种，在逻辑上拥有对卫星的职责。"[13]空军争权行动的积极主动在具体举措上体现为三个方面：

一是制造概念。1958年，陆、海军相继成功发射卫星，在竞争态势上处于优势地位。也是在这一年，空军参谋长怀特引入"空天"一词①。1959年，空军正式引入官方口号"美国空军——为了和平的空天力量"。同年底，空天一词正式进入空军条令之中。并且，该词不仅作为一个形容词使用，还作为一个名词使用。虽然这一概念并未经过严肃的探讨和严格的论证，甚至在空军高层也没有获得一致的认可，但空军仍然试图通过推销空天概念来在全军、全国先入为主地造成空天一体的集体认识，进而为空军夺取太空"地盘"做好铺垫[14]。

二是成立机构。1957年10月，由爱德华·泰勒领导的一个委员会建议成立一个由空军领导的统一的国家航天计划。12月，空军宣布在空军参谋部成立一个太空处。但由于担心空军的这一高调行为可能引发苏联对美国侦察卫星的报复，五角大楼强烈反对空军这一做法，空军不得不迅速撤销了这个机构[15]。

三是扩张任务。空军领导人认为美国政府"和平利用太空"的提法既阻碍了空军发展航天计划以超越苏联的步伐，也无法为美国带来必要的安全利益。空军官员不仅要求发展支援性的航天任务，如通信、侦察、导航等，而且也企图通过发展天基反卫和反导系统来发展进攻性航天能力。但艾森豪威尔总统否决了空军的进攻性航天任务，原因是这些

---

① 具体可参阅本书附录F、相关论文《美国空军"空天"概念探析》。

任务与国家航天政策不符[16]。

（3）物资力量投入少

空军一方面在理论层面积极争取太空职权，另一方面实际投入的经费又十分有限。从二战末期至 20 世纪 40 年代末，空军并未真心发展进军太空所需的导弹和卫星技术。实际上，直至 20 世纪 50 年代末空军也并未把太空视作一个作战性的物理环境，并未以任何重要的方式来对太空进行资金投入[17]。造成空军这种"言行不一"的原因主要有三个方面：

一是空军自己的战略选择使然。虽然亨利·H·阿诺德在 1945 年 11 月写给战争部长罗伯特·派特森的信中提及了导弹和卫星的重要性[18]，但 1945 年 12 月由西奥多·冯·卡门领导的陆军航空队科学顾问委员会发布，后成为打造全新空军蓝本的研究报告《面向新地平线》中重点强调的是发展喷气式飞机，对于导弹和卫星仅仅给予了一些"口惠"[19]。空军采纳了这一新成立的科学顾问委员会的建议，砍掉了所有其他项目，唯独发展大气层内航空器和喷气推进系统。这些项目都有着短期的作战潜力，而这是航天系统所不具备的[20]。20 世纪 50 年代，空军的发展重点发生转变。在核弹头小型化技术逐步成熟的条件下，1954 年 2 月，由普林斯顿大学数学家约翰·冯·纽曼领导的"茶壶委员会"（战略导弹评估委员会）建议美国加速发展洲际弹道导弹，以应对苏联洲际弹道导弹的进步。为此，空军研究发展司令部在加州英格利伍德成立了西部发展处[21]，由伯纳德·施里弗准将负责。空军参谋长内森·F·特文宁也授予洲际弹道导弹项目最高优先级。1955 年，洲际弹道导弹又在所有军事项目中获得国家层面的最高优先级[22]。1956 年 2 月，施里弗把所有的军用卫星、导弹计划的管理集于西部发展处，以减少冲突，避免计划拖延[23]。不过，此时卫星计划的优先级还比较低，"空军 WS-117L 计划"在 1956 财年提出了 1.15 亿美元的预算申请，但国防部仅批复了 470 万美元[24]。直到 1958 年 1 月国家安全委员会给侦察卫星设置了最高国家优先权之后，卫星计划才获得实质性的资金投入。

二是美国政府的战略选择使然。艾森豪威尔政府一直要求民用的"国际地球物理年"卫星要先于军用卫星发射，以建立"开放太空"的先例。曾经担任过艾森豪威尔政府国防部研究与发展助理部长，后于 1955 年 7 月担任空军部长的唐纳德·夸莱斯严格恪守艾森豪威尔政府的航天政策，主动压制空军的侦察卫星计划。1956—1957 年间，夸莱斯否决了向洛克希德公司的空军卫星项目提供资金，仅向一些分系统的设计工作提供支持。与此同时，国防部也禁止所有美军领导公开讨论军事利用太空的问题[25]。这一状态在 1957 年 10 月 4 日后才彻底改变。

三是美国经济环境使然。杜鲁门政府后期，人们对卫星和弹道导弹的军事价值还存在疑虑。与此同时，20 世纪 40 年代后期美国经济的下行对美军太空力量发展也产生直接影响。对于空军来说，在面临要么发展有人驾驶飞机，要么发展卫星与导弹的情况下，空军毫无疑问会选择集中资源来提高当前的实力，而非投资于前途不那么清晰的太空系统[26]。

二、高级研究计划局的短暂集权

面对军事航天在三军中的碎片化现象，高级研究计划局进行了短暂的集权。1958 年 2 月 7 日，由于担心军种之间的太空职权竞争造成重复建设，国防部长迈克尔罗伊成立了高级研究计划局，目的是统管三军航天研发活动。起初，高级研究计划局被寄予厚望：第一，以前的航天技术缺乏清晰的军事需求，现在这种状况有可能被改变，并结束航天技术低优先级的状态；第二，三军航天事务决策权被集中到一个中枢性国防部机构，有可能减少军种竞争与重复建设[27]。

高级研究计划局作为一个新成立的纯粹的管理机构，并不涉足具体的项目研发。因此，它将绝大多数航天计划重新分配给三军，但通过合同约束来保持对项目的控制以维护自身的管理职权。与此同时，在人员、实践经验、实验室、发射设施、火箭推进器、试验设备、测控网络等方面，它又依赖于三个军种，且三个军种均被指定为航天项目的执行代理人（其中空军占了 80% 的份额）。因此，三个军种尤其是空军在航天事务中始终具有强大的发言权。也正是因为担心军种的影响力，所以在成立高级研究计划局之前的筹备时期，国防部并未事先告知三个军种[28]。

高级研究计划局成立后遭遇各种阻力。有人担心高级研究计划局可能成为"第四军种"，而空军则从未在心理上接受高级研究计划局的领导。空军发言人认为，把航天研发控制权转移至另外一个国防部的业务局没什么益处[29]。事实也多少印证了这一说法：由于高级研究计划局大权独揽，三个军种都出现消极情绪，对军事航天发展状况严重不满，并进一步引发了三个军种在航天事务上的效率和积极性问题。不过，与此同时，军种之间的航天项目争夺战依然激烈[30]。

事实上，高级研究计划局是作为应对苏联首先发射卫星的一项临时性措施而成立的[31]。其后来的管理实践也表明，原来设想的统筹协调三军航天的目标并未实现，"军种将高级研究计划局推到一旁，留给高级研究计划局的只是军种在短期内并不感兴趣的先进技术研究工作"[32]。1958年10月1日国家航空航天局成立。在履行了将近8个月的"国家"太空机构职能后，高级研究计划局将航天项目的基础研究部分移交国家航空航天局，其职权遭到削减[33]。另外，很大程度上由于空军的游说[34]，1959年9月迈克尔罗伊改变了已经建立起来的由高级研究计划局统筹一切军事航天项目的政策，把军事航天项目在三个军种之间进行了重新分配。分配的原则是：用于导弹防御的先进研究仍由高级研究计划局负责，但推进器发展归空军，卫星载荷发展"基于能力和主要利益"被分配给三个军种。在此安排下，"萨摩斯""米达斯"和"维拉旅馆"计划被分配给空军；"子午仪"导航卫星计划被分配给海军；"诺特斯"的一个子项目、四个通信卫星计划被分配给陆军。"虽然根本问题仍然没有得到解决，但艾森豪威尔政府的军事空间项目之争却就此被搁置起来"[35]。高级研究计划局一年多的短暂集权归于失败。美国军事航天体制重新回到碎片化的三军航天状态。

三、国防研究与工程局局长的集中化努力

在高级研究计划局失败之后，国防研究与工程局局长开始对三军航天进行集权，并在从20世纪50年代末至70年代期间发挥了重要的作用。

1958年《国防部改组法》设立了国防研究与工程局局长办公室，承担以前的国防部研究与发展助理部长办公室的角色和职能。国防研究与工程局局长是国防部长在武器装备研究、发展、试验、评估方面的首席顾问，权力很大，在国防部内排在国防部长、国防部副部长、三个军种部长之后，位居第六位。

1959年，国防部长迈克尔罗伊将高级研究计划局所有的研发活动转移至国防研究与工程局局长的监督和指导之下。国防研究与工程局局

长在航天事务上的职权得到增强，而高级研究计划局只负责少量的航天研究项目[36]。

1961年3月9日，新任的国防部长麦克纳马拉签发DoDD5160.32号指令《航天系统的发展》，使得国防研究与工程局局长在航天事务上的权力达到新高。在该指令中，麦克纳马拉坚定地沿袭了他一直以来反对军事航天与民用航天之间形成重复建设的思想[37]，在指令中明确规定"超出规定的预先研究阶段的航天研发项目和计划，必须提交给国防研究与工程局局长，由他来进行审查并决定是否建议国防部长批准"[38]。在很大程度上，发布这一指令就是为了"阻止军种间的冲突，并且把对空军航天动议的控制权集中到国防部长办公厅"[39]，实际上就是集中到国防研究与工程局局长手中。由此，在20世纪60年代，国防研究与工程局局长在"国防支援计划"卫星计划、弹道导弹防御技术、洲际弹道导弹、中程弹道导弹的发展中扮演了重要的角色。

1977年，国防研究与工程局局长的职位更名为国防部负责研究与工程的副部长办公室。《1986年军事退休改革法》重新建立了国防研究与工程局局长职位，但此时该职位仅仅是国防部采办副部长办公室下属的一个机构[40]。

四、空军获得事实上的军事航天执行机构地位

在国防研究与工程局局长实现军事航天体制在国防部层面集中化的同时，三个军种的航天职权分配也最终形成了较为稳定的格局。其标志便是具有里程碑意义的DoDD5160.32号指令。该指令不仅奠定了未来美国军事航天的发展格局，也确立了空军在军事航天领域的主体地位。

（一）DoDD5160.32号指令的双重效果

DoDD5160.32号指令源于一份咨询报告。20世纪60年代初，大选刚刚获胜的肯尼迪提名麻省理工学院的杰罗姆·B·威斯勒领导一个委员会来评估美国的航天计划。1961年1月10日威斯勒报告发布。报告批评了国家航空航天局的组织与管理，也批评了被其称为"碎片化的军事航天项目"。报告指出，空军为其他军事部门提供了90%的航天服务和资源，代表了国家"未来航天系统发展与运行的主要力量，除了法律赋予国家航空航天局的纯科学项目以外"。因此，报告建议由空军来负

责所有的军事航天发展。实际上，肯尼迪总统早已同意要发布一份新的国防部指令来重新打造美国的军事航天计划，并且有意将空军指定为军事航天的执行代理人。麦克纳马拉上任不久，便要求根据威斯勒报告来评估军事航天项目[41]。随后颁布的 DoDD5160.32 号指令吸收了威斯勒报告的核心思想，并在实际效果上产生了两个方面的深远影响。

一方面，该指令事实上确立了空军在军事航天中的领头羊地位。指令第 II 条第 C 款明确规定，除了预先研究项目之外，"今后批准的国防部航天发展项目或计划的研究、发展、测试以及工程，均为空军部职责"；D 款更进一步规定，"C 款的例外情况仅由国防部长或常务副部长在特殊情形下指定"[42]。指令中的这两款基本排除了陆、海军发展军事航天的职权，且有着很强的约束性，"使空军成为国防部所有航天发展项目的执行代理人，也使空军可以更好地利用航天项目的发展来满足自己的需求"[43]。

另一方面，该指令未能完全实现空军在军事航天领域的主宰地位，又在一定程度上影响了空军对待航天事务的积极性。首先是该指令第 II 条第 A 款指出，"各军种部、国防部各局有权开展预研工作，以开发利用太空技术的新手段，服务于本部门的职能"，这让空军的航天热情受到一定的打击[44]。更重要的是，该指令在对空军赋权、把军事航天主要集中于空军的同时，也对国防研究与工程局局长进行赋权，并使得国防研究与工程局局长在国防部层面掌握了对空军航天的控制权，这令空军部长朱克特十分不满，他抱怨该指令虽然赋予了空军绝大部分的军事航天发展职权，但获得这些职权"仿佛获得一张准许在撒哈拉沙漠运行巴士线路的特许状"[45]，意指在国防研究与工程局局长控制下缺乏主导权的空军航天职权如同缺少市场需求的撒哈拉沙漠巴士线路一样毫无意义。而朱克特的态度并非孤例，在此后的 20 年里，空军许多领导人对待军事航天事务都有类似的消极思想[46]。

（二）空军胜出的原因

空军在军事航天职权竞争中最终胜出的原因有很多。在自然物理环境方面，空军活动的物理域是航空域，与太空的物理距离最近，衔接最平顺。在自身因素方面，空军的太空人才、航天技术发展受历次组织机构调整的冲击相对较小，基本保证了空军航天力量的持续、稳定发展。

此外，空军在项目管理、对外宣传上的创新和努力对于空军获得优势地位也发挥了十分积极的作用。而在对手方面，陆、海军原本居于领先地位的航天实力在国家航空航天局成立时遭受重大甚至是毁灭性的打击，由此将空军航天推至前台，并固化了空军在军事航天中的主体地位。

（1）国家航空航天局的成立为空军肃清对手

1958年7月29日，《国家航天法》通过，正式确立美国军、民航天并行发展的格局，同时也给陆、海军航天带来巨大影响。一直以来，陆、海军努力想扮演主要的军事航天角色，但负责民用航天事务的国家航空航天局的成立"敲响了陆、海军这一努力的丧钟"[47]。

新成立的国家航空航天局的航天力量主要来自三军，尤其是陆军付出的牺牲最大，其次是海军，空军受冲击最小。国家航空航天局先是在1958年吸收了陆军资助的加州理工学院的喷气推进实验室，在经历陆军的反复抵抗之后，又于1961年7月获得了冯·布劳恩团队及其研制的土星火箭。此后，元气大伤的陆军"再也没有能力和胃口去追求主要航天项目，也为空军主导军事航天扫清了道路"[48]。国家航空航天局从海军获得了"先锋计划"的人员和设施，包括迷你跟踪卫星测控网络和来自海军研究实验室的400多名科学家。与陆军不同，海军基本没有抵制向国家航空航天局移交航天资产。而国家航空航天局从空军获得的主要是载人航天计划。

国家航空航天局的成立虽然使空军失去了在国家航天计划中的领导地位，但却使空军在国防部航天事务中处于领导地位[49]。而且，由于空军在航天发射、推进系统等方面具有优势，空军也成为国家航空航天局不可或缺的合作伙伴。

（2）空军在运载器上的优势

20世纪40年代末、50年代初，空军一方面"说得多，做得少"，并未在航天事务上投入太多资源；另一方面却积极地争取太空职权。正如航天史学家大卫·斯派莱斯指出的，"当空军发展洲际弹道导弹的决心变弱时，它试图成为唯一负责远程导弹发展的军种的决心却增加了"[50]。与此同时，国防部在40年代末也对卫星在短期内的军事应用价值表示怀疑，但并没有完全放弃对卫星和火箭这两项核心太空业务的研究。在此背景下，1950年3月，国防部长路易斯·约翰逊授予空军发展远程导弹包括洲际弹道导弹的职责[51]。"很大程度上源于这一决定，截止到杜鲁门政府末期①，空军成功地击败陆军，后者一直试图将其'红石'战术导弹的射程拓展至 200 英里以上"[52]。此后，空军仍然得到国防部对其发展弹道导弹的支持。1956 年 11 月，国防部长查尔斯·E·威尔逊发布一份备忘录，重申陆军不能发展和部署射程超过 200 英里的弹道导弹，此举虽然给陆军弹道导弹局和冯·布劳恩团队造成极大困难[53]，但却给空军带来了发展陆基战略导弹的排他性权利。继任的国防部长迈克尔罗伊虽然"不是一位十分得力的领导人，但他却有一定的远见，把发展、生产和发射航天运载火箭的责任交给了空军。这个小小的开端后来发展出了极其强大的航天力量"[54]。由于弹道导弹与运载火箭的技术共通性，"空军的导弹、推进器、卫星项目为其在军种竞争中提供了显著的技术优势"[55]。在 1960 年之前，高级研究计划局、国家航空航天局、陆军和海军也就进行了两次航天发射。1960 年，三军共进行了 29 次发射，其中空军发射 14 次。空军开始占据主导地位[56]。而空军在 20 世纪 50 年代研制的雷神中程弹道导弹和宇宙神洲际弹道导弹作为可靠的航天运载器，一直服役到航天飞机时代。

（3）空军追求科学技术的积极态度

组织创建者的价值观、性格特质、经营哲学等对组织文化起重要作用[57]。对于美国空军来说正是如此。作为美国空军的缔造者，阿诺德将自己对科学技术和研究发展工作的高度重视融入了美国空军的基因，"严肃的飞行员和爱寻欢作乐的理论家的这种貌似不可能的结合将对第二次世界大战中的陆军航空队产生有益的深远影响，并对美国空军的历史和文化产生深刻的影响"[58]。

阿诺德打造了空军与科技界的良性互动关系。他礼贤下士，十分尊重冯·卡门，要求五角大楼的官僚作风迁就冯·卡门。他也充分利用冯·卡门的科学智慧来塑造未来的美国空军。他请冯·卡门设计大型风洞，邀请冯·卡门领衔陆军航空队科学顾问委员会，以评估研究与发展工作的趋势，撰写与航空力量有关的科技研究报告。"在阿诺德对未来美国空军作出的许多有益贡献中，这是最重要的贡献，而且还是似乎本来最不可能作出的贡献……空军在海湾战争中取得的惊人胜利，就是由冯·卡门和阿诺德所推动的技术进步带来的硕果"[59]。

---

① 杜鲁门执政时期是 1945.04—1953.01。

除了重视科技与人才，阿诺德在军事科研的组织与管理上也具有独到的特色。阿诺德将柯蒂斯·E·李梅少将任命为负责研究与发展工作的陆军航空队副参谋长，"倒不是因为他有什么科学经历——他的科学经历不比那个时代典型的指挥官多，而是因为他会将其旺盛的精力集中用在此项工作上，并给予此项工作以阿诺德认为值得给予的重视"[60]。

新生的空军"作为一个年轻的军种，善于吸收现代技术，显然是吸收卫星、远程火箭技术的最合乎逻辑的军种"[61]，在很大程度上也是因为阿诺德植入的重视科技与研发的军种文化基因。李梅上任后，于1946年主导了兰德公司的第一份研究报告，打下了空军航天的科学基础。直至1954年兰德公司的《反馈计划总结报告》最后两卷，以及之后建立在兰德公司报告基础上的 WS - 117L 计划，空军一直沿袭了阿诺德与李梅对待科技的态度，充分发挥了科学技术的前瞻性和引领作用，不断牵引空军航天力量的发展。

组织文化的力量是无形的，也是强大的。美国空军新生的航天文化对推动和壮大空军航天力量具有重要的意义，但原有的组织文化却对这支新生力量带来强大的阻力。20世纪50年代初，空军仍然是由轰炸机文化所主导的，航天文化只是一个新兴的次文化。因此，战略火箭的概念在当时并不能很容易地被空军毫无阻碍地吸收。也正是这个原因，美国空军选择在西海岸设立西部发展处，而非俄亥俄州达顿市的赖特菲尔德[62]，避免了与强大的轰炸机文化产生直接冲突，助推了空军在航天科学技术上的顺利起步与不断发展。

（4）空军的游说

在军种利益之争中，不仅要在武器系统的发展上占据优势，而且往往也必须做针对"人"（尤其是处于关键决策地位的人）的工作。空军在这方面也着力不少。

空军的游说工作是空军在三军太空地盘争夺中的另一种努力。1959年初，虽然高级研究计划局仍然大权在握，但空军依然没有放弃争取太空职权的努力。只不过此时空军改变了"战法"。空军参谋部的一份审查报告专门描绘了新的迂回战术，即不去正式地索求空军对军事航天任务的职责，而是主动展示空军成功的组织管理，尤其是充分发挥空军在推进器上的领先优势，抢先在航天领域建立既成事实性的权利。而且，空军积极利用每一个场合来宣扬自己在航天领域始终处于主导地位。空军参谋长怀特上将的做法也十分委婉，他十分清楚总统和国会对于军种之争十分不满，于是特地取消了发布一份全面的军事航天声明，以避免刺激总统和国会[63]。

空军在游说工作上的重要抓手是"空天"概念。该词的含义是，太空是大气层的延伸，太空不是一项任务或功能，而是一个潜在的实施军事行动的地方。其背后的逻辑是，作为一个军事行动的物理域，且作为大气层的自然延伸，太空将很自然地落入空军的职权范围。但如果作为一项任务或功能，则每个军种都有担负的可能性。因此，自1958年怀特上将创造该词以后，空军就开始利用该词来塑造空军在太空的合法权利，并抓住一切机会来推销空军的主张[64]。所以，斯蒂芬·B·约翰逊认为，空军赢得大部分太空地盘部分地是源于"空天"概念[65]。

空军游说的对象主要是国会、国防部中负责预算、政策的重点人员。在怀特和施里弗的带领下，空军在国会各委员会上陈述空军的"空天"概念，呼吁把太空计划从高级研究计划局中独立出来。此时，空军已越来越多地参与太空事务。在此背景下，他们在国会的证词取得了很好的效果。另外，空军也开展了对国防部长迈克尔罗伊的积极游说。在海军联合陆军提议成立单一的联合军事航天司令部，意图制约空军航天职权扩张的情形下，空军强烈游说迈克尔罗伊反对伯克海军上将的提议。其中，施里弗的论辩最有说服力。他声称，空军从一开始就在"空天"领域活动，内容包括战略打击、打击防护以及一些支援系统等。施里弗还抨击了卫星项目管理中存在的碎片化现象，建议将卫星系统集中到空军，而陆、海军的航天需求由空军来满足。空军对迈克尔罗伊的游说工作成效显著。1959年秋，迈克尔罗伊站到了空军一边，解除了高级研究计划局对太空系统发展的控制权，空军得到了高级研究计划局80%的经费[66]。

（5）管理创新

美军在组织管理上有着很强的包容性、开放性和创新性。威尔逊、麦克纳马拉、拉姆斯菲尔德等国防部长均曾在地方的大型企业担任过高级管理职务，这极大地方便了军方自上而下地借鉴和推行商业企业的先进管理经验、方法、理论。除了对引入地方管理模式保持包容、开放心态，一些军方人士也依靠自身的才智和经验，在军队内部创造出了先进的管理理论，甚至走出军队运用于市场。如20世纪70年代美国空军上将威尔伯·克里奇上将创造出了"总体质量管理"理论,后来与军方做生意的卖主们也都使用这个术语[67]。

在 20 世纪 50 年代末、60 年代初美国空军与陆、海军的太空职权争夺战中,西部发展处司令施里弗实施了许多管理上的创新,其中最负盛名的就是"系统管理"理论[68]。按照该理论,施里弗同步开展了弹道导弹的研发、生产和作战部署。在很短的时间内,施里弗就调动了18 000 名科学家、17 家主承包商、200 家分包商和 3 500 家供应商,总计达 7 万人来制造宇宙神洲际弹道导弹的 10 万多种部件。在当时的条件下,极富创新精神的系统管理思想是有风险的,但也十分有效。从1955 年 1 月—1962 年 11 月,在不到 8 年的时间内,施里弗领导的西部发展处就带领美国空军和导弹工业界研制出了大力神、民兵、宇宙神、雷神等 4 种完整的导弹系统,为空军在军种太空地盘之争中取得最终胜出奠定了重要基础。而系统管理后来也成为空军的普遍做法,并被工业界广泛用于企业经营管理,在组织管理理论中具有十分重要的地位。"施里弗的管理功绩在政府中和工业界中无人可比。在政府中,'曼哈顿计划'的管理业绩最与之接近,但还是差了一截"。系统管理理论成功地打造了空军的弹道导弹队伍。由于"弹道导弹计划中的大约 90% 的发展项目均可用于促进航天事业,用在卫星和其他航天器上",因此,施里弗认为自己对航天计划的贡献,比创建洲际弹道导弹力量更加令人满意[69]。

(6) 积极分子的推动

美国军事航天力量的发展推动了相关组织机构的变革。在组织变革的重要关口,往往会出现热衷于实现这种组织变革的积极分子甚至是狂热分子。对于这些积极分子而言,可以认为组织变革造就了他们,为他们提供了施展个人才华的历史舞台。而对于组织而言,也可以认为积极分子的顺势而为和不懈努力,推动和加速了组织变革的步伐。

在美国空军与陆、海军的太空职权争夺战中,国防部长麦克纳马拉推行的削减冗余、集中发展的军事航天发展思路无疑是空军胜出的宏观政策环境。而在空军与陆、海军的"近身肉搏"中,特拉华·加德纳、施里弗等积极分子的不懈努力则是空军胜出的具体决定因素。加德纳是负责研究发展的助理空军部长,他在各种公开场合不遗余力地向政府呼吁必须实施一项应急计划来发展一型作战性洲际弹道导弹,否则美国将面临核灾难。1953 年秋天，他召集了由冯·纽曼领导的著名的战略导弹评估委员会。冯·纽曼报告呼吁大幅改革宇宙神洲际弹道导弹项目，赋予该项目最高优先级，并在空军内部新设一个发展管理部门来领导这一应急计划。1954 年春天，加德纳利用该报告成功地说服空军领导人并成立了西部发展处。而西部发展处首任司令正是"加德纳充满活力的年轻同伙——施里弗准将"[70]。

加德纳与施里弗二人一文一武，在空军航天力量发展过程中所起的积极作用具有十分典型的意义。前者作为文官，负责争取五角大楼的政策支持；后者作为军官，负责技术管理工作和武器系统发展。二人共同努力，确保了政策与计划的衔接、技术发展与作战部署的同步。斯派莱斯认为，加德纳和施里弗等积极分子的努力，作为几方面重要动力之一，在斯普特尼克号卫星之前就将美国推到了太空时代的大门口[71]。

（三）空军采办系统获得军事航天主导地位

美国国防部发布 DoDD5160.32 号指令把军事航天的绝大部分职权授予空军是有前提条件的。这一前提就是要求空军"把自己的屋子收拾整齐"[72]，即把空军内部的航天职权梳理清楚。在发布这一指令之前，国防部副部长罗斯维尔·L·吉尔派屈克就曾明确对施里弗讲："将军，如果你能将空军研究发展司令部和空军器材司令部之间的状况解决好的话，我们就把军事航天的研发职能交给空军。"[73]可见，当时空军内部这两个司令部之间已经存在职权上的纷争。

在 1961 年 3 月 17 日，DoDD5160.32 号指令发布仅仅 11 天之后，空军参谋长怀特上将宣布将空军研究发展司令部和空军器材司令部合并为新的空军系统司令部，以更好地管理 DoDD5160.32 号指令赋予的导弹和军事航天计划，具体包括航天和导弹系统的研究、发展、采购等。空军系统司令部下辖四个分部：电子分部、航空系统分部、弹道导弹分部、航天系统分部（后文简称航天分部）。施里弗为空军系统司令部首任司令，同时晋升为四星将军[74]。由此，在四个分部中，航天项目不再与导弹项目合在一起，而是有了自己的管理机构，这更好地契合了空军意欲获得更多航天职权的愿望[75]。

1964 年 1 月，空军系统司令部又设立了第五个处——国家靶场处，以协调在东、西发射场国防部与国家航空航天局之间的活动。同时，还将位于加州桑尼维勒的空军卫星控制设施的控制权也授予国家靶场处。但空军很快发现第二个安排不合适，于是在 1965 年 7 月将空军卫星控制设施控制权转授给负责一线航天发射任务的航天分部。

1967 年 7 月，空军系统司令部又将弹道导弹分部和航天分部合并成为新的航天与导弹系统组织。此时的航天与导弹系统组织掌控着通信、气象、导航、预警等卫星项目的发展权，还掌控着空军卫星控制设施。

1970—1977 年间，航天与导弹系统组织又先后获得了西部和东部发射场的控制权，于是所有航天和导弹发射设施都归于航天与导弹系统组织管理之下。由此，截止到 1977 年，除了空军航空航天防御司令部①负责的空间目标监视系统之外的几乎所有的军事航天设施均集中到航天与导弹系统组织[76]。

总的来看，随着军事航天力量的不断发展壮大，美国空军的航天职权也不断增大。由于在 20 世纪六七十年代航天系统多属试验性、发展性系统[77]，因此，空军既有的和新增的航天职权基本上都划入专责采办的空军系统司令部，这就意味着空军的采办部门主导了空军航天甚至是军事航天力量的发展。军事航天系统的作战能力正在空军系统司令部这一母体内不断成长。然而，与此同时空军作战部门对太空能力的需求越来越迫切，这也预示着空军采办部门与作战部门之间的矛盾正逐渐形成，并孕育新一轮的组织变革。

五、情报界航天体制的诞生与美国国家安全航天体制双峰结构的形成

国家侦察局的成立标志着美国情报界航天的诞生，也标志着美国国家安全航天体制双峰结构的形成。这一结构打造了战略侦察的累累硕果，也给美国国家安全航天带来了复杂的特性和难解的弊端。

（一）国家侦察局的成立是非常条件下的产物

国家侦察局的成立直接源于冷战时期两极对立条件下美国政府对苏联突然核打击的极度忧虑。曾任总统科学顾问的基利安评论道："艾森豪威尔在整个总统任期内都被美国可能遭受突然核打击的威胁所困扰。"

---

① 空军航空航天防御司令部为空军一级司令部，与北美航空航天防御司令部不同。

为了避免再次出现"珍珠港"，获得关于苏联战略能力、战略意图的情报就成为极为重要的事项[78]。为此，1955 年 2 月，基利安领导的技术能力小组[79]提交的报告重点支持发展 U-2 侦察机和侦察气球。由于委员会对太空侦察手段的信心不大，所以空军的先进侦察系统（ARS，WS-117L 计划的前身）并未获得最高程度的重视。但是，1956 和 1958 年连续实施的两个气球侦察计划都收效甚微，且招来苏联的强烈抗议，懊恼的艾森豪威尔不得不叫停了气球侦察计划[80]。

1960 年 5 月 1 日，美国 U-2 侦察机在苏联境内被击落。美国已完全失去有效的侦察手段来了解苏联境内战略目标尤其是洲际弹道导弹的发展状况。为此，5 月 26 日，艾森豪威尔强硬地指出，需要对军方控制的侦察卫星项目进行审查，并让总统科学顾问基斯佳科夫斯基组织一个委员会来研究对策。该委员会由空军助理部长约瑟夫·P·查理克、国防研究与工程局副局长约翰·鲁拜尔和基斯佳科夫斯基三人组成，也称萨摩斯委员会[81]。委员会审查后认为，侦察卫星和 U-2 侦察机一样，是攸关国家利益的重要资产，不能由某一个军种来控制。委员会建议立即成立一个管理"萨摩斯"计划的机构，该机构将绕开正常的流程，直接向空军部长办公室汇报[82]。该建议被提交至 8 月 25 日的国家安全委员会会议。艾森豪威尔和国家安全委员会均很感兴趣，并批准了该建议。不过，由于"对空军通过常规渠道来管理间谍卫星失去信心"，艾森豪威尔又明确表示，要"绝对确保（make damn sure）"新成立的任何机构都不能落入空军的控制之下[83]。在这一精神的指导下，1960 年 8 月 31 日国防部成立导弹与航天系统办公室，由一名文职人员——空军助理部长查理克领导。查理克直接向国防部长汇报，绕过了名义上领导他的空军部长[84]。1961 年 9 月，麦克纳马拉将导弹与航天系统办公室更名为国家侦察局。

美国科罗娜卫星计划的最终成功离不开艾森豪威尔的坚韧毅力和坚定支持。同样，国家侦察局的成立也是艾森豪威尔强力推动的结果。艾森豪威尔的这一做法，甚至跨过宏观决策层面，深入到了对侦察卫星计划的项目管理层面，创造了总统亲自参与航天事务的最深程度。其好处是立竿见影地解决了侦察卫星项目管理中存在的优先级、组织方面的问题[85]，解决了美国面临的战略侦察手段缺失的瓶颈问题。艾森豪威尔的决策直接催生了国家侦察局这一情报界航天的主力。很快，国家侦察局利用科罗娜卫星情报判断出苏联的洲际弹道导弹只有不到 10 枚，远非当初估计的即将逼近 500 枚，揭开了长期以来令美国忧虑的"导弹差距"真相。这一巨大的战略贡献进一步坚定了成立国家侦察局的决心[86]，"不仅让政治领导人相信有必要约束空军对秘密的情报太空项目的控制，而且向他们灌输了这些情报太空项目属于关键性国家战略资产的观念"[87]。由此，美国航天除军事航天、民用航天之外的第三"极"——情报界航天迅速完成了诞生与壮大的过程。美国也正式形成了军事航天与情报界航天并立发展的国家安全航天双峰格局。

情报界航天在很大程度上是由总统的亲自介入而诞生的。这一历程为情报界航天植入了先天的优势地位和特殊身份，同时也使情报界航天独立于军事航天，获得了能够与军事航天"角力"的话语权，但也给美国国家安全航天未来的组织与管理埋下了重重隐患。

（二）国家侦察局的联盟性结构与内部竞争

1961 年 9 月 6 日，国防部与中央情报局正式建立国家侦察计划，其中包含了"所有的卫星和过顶飞行侦察项目，无论是公开的还是秘密的"[88]。国家侦察局的职责即管理国家侦察计划。而国家侦察计划由军方和情报界"合伙"的性质这一先天的因素决定了国家侦察局的联盟性结构和伴随而生的内部竞争。

国家侦察局"像是国防部和中央情报局的'合资企业'"[89]，接受国防部和中央情报主任的双重领导。国家侦察局一方面是艾森豪威尔总统亲自参与决策的产物，另一方面也是国防部和中央情报局具体操办、双方合作的成果。1962 年 5 月，中央情报局局长（兼任中央情报主任）约翰·A·麦科恩与国防部长达成协议（由国防部副部长吉尔派屈克签字），为国家侦察局勾勒出了基本的政策，国家侦察局将直接服务于美国情报委员会的相关需求。1964 年 3 月，中央情报局局长威廉·雷伯恩和国防部副部长塞勒斯·万斯签订国家侦察局章程，即 DoDD TS -5105.23 号指令。按照该指令精神，国家侦察局形成了"ABC 结构"，即国家侦察局的主体由空军负责的 A 计划、中央情报局负责的 B 计划和海军负责的 C 计划三部分构成。国家侦察局自身没有人力资源生成系统，其机关人员多"借"自各军种和中央情报局，以及国家安全局和国防情报局[90]。

国家侦察局自创设以来，一直存在明显的内部竞争。由于国家侦察局的 A、B、C 各计划分别主要由空军、中央情报局、海军提供人员，导致国家侦察局局长（多由空军副部长兼任）往往只在空军的 A 计划上有着一定的发言权，而在中央情报局的 B 计划和海军的 C 计划上基本没有人事权。这也决定了国家侦察局局长往往难以充分协调中央情报局和海军在航天侦察上的发展方向、重点和步骤。国家侦察局局长更像是一位企业的首席执行官，而 A、B、C 各计划的主任像是企业的首席运营官。内部竞争的主体是空军的 A 计划和中央情报局的 B 计划。海军的 C 计划实力相对较弱，影响相对较小。国家侦察局作为一个国防部内的独立局，下辖的空军 A 计划与局长自然有着更便捷的联系，而中央情报局的 B 计划则与中央情报主任有着更亲密的业务关系。"A 计划嫉妒 B 计划与中央情报主任之间的沟通联络"，但 B 计划认为这种与中央情报主任之间沟通联络上的便捷性是很正常的事，而且不止一次地利用这种关系来影响中央情报主任在相关问题上的决策[91]。A 计划认为这种做法不公平，指责 B 计划表面上为国家侦察局工作，但实际上首先效忠的是中央情报主任。事实上，这种"双重效忠"也令好几任国家侦察局局长不快，但他们无法改变这种状况。内部竞争的效果有积极和消极两个方面。积极方面，在冷战时期美国政府对国家侦察局高度重视，国家侦察局始终有着充裕的经费支持，A 计划和 B 计划的竞争往往能够更加快速地为决策者提供不同路径的解决方案，并让决策者择优选用，这无疑大大有利于美国卫星侦察技术的发展，有利于美国在对苏战略侦察中占据优势。消极方面，冷战结束之后国家侦察局面临的战略环境，以及国内尤其是国会的政策环境都发生极大变化，国家侦察局的内部竞争所固有的弊端就很快暴露出来。

（三）国家侦察局的地位十分特殊

国家侦察局作为国防部内的独立局，虽然局长长期由空军高级文职官员兼任，但其指挥链路与空军并无关系。国家侦察局虽然是情报界的一员，但更大程度上属于研发与采办机构。然而，国家侦察局在美国军事界、航天界、情报界均占有重要的、特殊的地位，具体表现在四个方面。

一是功勋卓著。整个冷战时期，国家侦察局及其侦察卫星一直是美国决策层最为倚重的情报手段，为美国对苏战略的制定发挥了重要作用。例如，1961年科罗娜卫星情报揭开"导弹差距"真相；1972年签订"限制战略武器会谈"I时期，"国家技术手段"（即国家侦察局的侦察卫星系统）用于统计导弹发射井、相控阵雷达等大型、固定设施的数量；1979年签订"限制战略武器会谈"II时期，"国家技术手段"用于跟踪移动发射架，区分不同类型导弹，甚至监测每枚导弹的弹头数量等[92]。

二是影响力大。整个20世纪的美国航天基本上"都是由'避难所学派'①和情报部门主导了美国的航天政策。国家侦察局虽然是一个'黑色'组织，但它在冷战时期一直是最有权力的军事航天机构，也主导了美国航天政策的重点"。国家侦察局这一只主导美国航天政策的"神秘而强大之手"的能量在几项重大的航天事务决策中得到了明证，包括：1969年国防部取消载人轨道实验室计划，专注于发展侦察卫星系统；国家航空航天局专门修改航天飞机货仓参数，以适应未来的侦察卫星；1986年挑战者号航天飞机失事之前，国家侦察局是美国政府中唯一获准发展运载火箭的机构等[93]。

三是预算独立。国家侦察局其实是类似各军种的研发及采购司令部。它自行编列预算及向国会报告且独立执行。在情报界与各军种中没有一个采购专责机构拥有如此自主权。而所有其他机构则必须将其预算统合纳入某单一军种预算内，或某情报机构预算之中[94]。独立的预算权方便了国家侦察局在各项目间进行灵活的调剂，给国家侦察局的项目发展带来了很大的正面作用，但也给20世纪90年代中期爆发的"远期资金事件"埋下了祸根。

四是保密严格。1960年8月31日之所以设立导弹与航天系统办公室，其中一方面原因即当时美国的侦察卫星项目未能做到绝对保密。此后，国家侦察局的保密工作极为严格，国防部禁止在任何文件中使用"国家侦察局""国家侦察计划"等字样，不得不提及时也须使用"DoDD TS-5105.23权限下的事务"的说法[95]。

---

① 避难所学派强调太空作为侦察平台安全运行环境的重要性，与后来出现的各种倡导太空作战的理论学派具有明显差异。

（四）国家侦察局对空军既排挤又合作

组织往往有着扩权的本能。新生的国家侦察局就成功地在政策模糊地带将空军排挤出去，获得了侦察卫星的作战职责[①]。按照 1962 年 5 月麦科恩与吉尔派屈克达成的协议，侦察卫星的任务规划属于国家侦察局独有的职责，但卫星的作战控制权将赋予国防部（实质上是赋予空军）。但 DoDD TS - 5105.23 号指令规定，国家侦察局局长的职责也包括"这一（国家侦察）计划全部的管理和执行"[96]。可见，指令在侦察卫星的作战职责归属问题上制造了混乱。国家侦察局趁机将"执行"一词主动解释为指令赋予其侦察卫星的作战职责。国家侦察局这一明显的扩权企图自然引起空军的不满。事实上，空军也具备"翻盘"的实力——早期的国家侦察局人员大约有 90% 来自空军。在当时，施里弗就认为国家侦察局的做法不仅超越了指令的授权，而且夺取空军对侦察卫星的作战职责将会弊大于利；如果给空军一个机会，空军可以和国家侦察局做得一样好，甚至是更好。即便是到了 2001 年，施里弗仍然认为国家侦察局就应当只是一个政策制定机构，而非一个"硬件机构"，赋予国家侦察局以作战职责是一项错误的举措。然而，空军缺乏最关键的来自白宫的支持。所以，即便是施里弗处心积虑地将一面搭乘发现者 13 号进行了太空飞行的旗帜呈交给艾森豪威尔总统，以期获得总统对空军太空职权的重视，但仍然徒然无功，"没有一个人认为施里弗有必要知道发现者 14 号携带了一台相机"[97]。"卫星侦察太重要，不能落入军种之手"已经成为 20 世纪 50 年代末、60 年代初期白宫的思维定势。由此，国家侦察局顺利获得了侦察卫星的作战职责。此外，为了支持"科罗娜计划"，空军还修建了空军卫星控制网用于对侦察卫星的测控；空军也发展了"国防气象卫星计划"用于为侦察卫星的任务规划提供目标区域的云层信息。但国家侦察局后来也获得了这两个系统的控制权[98]。

虽然国家侦察局（背后是中央情报局）与空军在高层领导之间进行着权力之争，但在具体项目的执行上中央情报局与空军人员合作得十分愉快。例如，在加州帕洛阿尔托的项目中双方工作人员将两个机构高层领导之间的权争置于一边，不向华盛顿请示汇报便自行做出项目上的各

---

① 美军术语中侦察卫星的作战职责（operational responsibility）主要是指操控、运行侦察卫星，获取天基情报信息，并非是指打击敌方卫星等空间对抗行动。

种决策，阻断了高层权争对具体项目的干扰。事实上，也正是双方工作人员在具体层面上的顺畅合作才保证了项目的成功[99]。

六、国家安全航天体制集中化的第一次倒退

美国国家安全航天体制本身也可以被视作碎片化的产物。美国在20 世纪 50 年代末、60 年代初相继确立军事航天、民用航天、情报界航天体制，形成了美国航天力量三足鼎立的格局。在这一过程中，情报界航天从军事航天中独立出去，对于军事航天而言实际上是一种分割作用，是一种碎片化。但与此同时，麦克纳马拉将三个军种绝大部分的航天职权赋予空军，又在很大程度上实现了军事航天的集中化。因此，可以认为，在美国航天力量的这一剧烈调整时期，存在着宏观层面（国家安全航天）的碎片化与中观层面（军事航天）的集中化并行发展的过程。不过，斯蒂芬·B·约翰逊认为，这一波军事航天的集中化只是部分的胜利，因为其他一些机构仍然在国家安全航天事务上保持着影响力，例如国防通信局控制着通信卫星及其地面系统；三个军种共同资助的林肯实验室仍然涉足军事航天事务等[100]。

无时不在、不断发展的军种部门利益对这一波军事航天集中化进程"部分的胜利"逐渐提出挑战。20 世纪 60 年代，为了防止军种之争，更是为了防止空军对军事航天的垄断，国防部长办公厅确立了由空军负责军事航天研发工作，但由三军共同出资、共同参与管理的模式。怀特及其之后的空军参谋长们也都声称，空军有效履行了全军性的军事航天职责，同时也反映了陆、海军的军事航天需求。总的来看，军种航天职权之争在 20 世纪 60 年代暂时得到平抑，但随着越南战争中航天系统的战场应用，陆、海军航天意识迅速上升，与此同时航天系统的服务对象也越来越广，导致围绕航天职权的军种之争再度燃起。20 世纪 60 年代末，海军提出 1961 年颁布的 DoDD5160.32 号指令已经过时，其唯一的作用只是阻碍军事航天在更广的范围内开展应用。由此，空军的军事航天优势地位再度成为陆、海军及其在国会和国防部中盟友们的众矢之的。国防部长梅尔文·莱尔德没有接受空军的辩解，而是接受了海军的主张，于 1970 年 9 月 8 日颁布了修订版的 DoDD5160.32 号指令。新版指令规定，"用于对敌方核投射能力进行预警和监视的太空系统、所有的航天发射运载器，以及航天发射和轨道支持活动"仍属空军职权。但

是，在"通信、导航、独有的监视（如对海洋或战场的监视）、气象、防御/进攻、测绘/制图/测地，以及主要技术项目"等方面，三军均可"公平"竞争。新版指令加强了海军在海洋监视和导航方面的传统利益，也巩固了陆军在测地方面的优势，是对 1961 年军事航天集中化的彻底否定，使军事航天重回艾森豪威尔时代的"三军争霸"格局。

这一次集中化的倒退很快受到空军的反击。但空军的做法很巧妙。空军部长约翰·麦克卢卡斯没有正面要求恢复其原有的航天职权，而是从反面向莱尔德陈述新版指令的负面后果，辅以诸多实例来证明这一决策导致的重复建设和浪费将无益于国家的最佳利益。莱尔德这一次接受了空军的观点，并于 1971 年 2 月再次对 DoDD5160.32 号指令进行了回调，规定所有军事航天发展计划均需事先与空军进行协调[101]。然而，莱尔德短时期内来回剧烈反复的决策已经向陆、海军敞开了航天职权的大门，回收给空军的集中化权力比较有限。最终导致与 1961 年相比，军事航天的碎片化程度加剧，集中化程度明显倒退。

第二节　20 世纪 80 年代，国家安全航天体制的第二波大调整

美国国家安全航天体制在 20 世纪 80 年代的第二波大调整是集中化的需要。1960 年前后的第一波大调整实现了军事航天向空军的集中。但军事航天在三军及国防部各局署之间仍然存在一定程度的碎片化；空军航天也散布于各一级司令部，存在较为严重的碎片化现象。这些碎片化带来了管理上的混乱，如"国防部长办公厅经常通过国防通信局参与到通信卫星系统的日常管理中；空军参谋部管理着越来越多的航天项目，而这些管理工作通常要被分配给某单独的一级司令部；陆、海军面临同样的问题"[102]。第二波大调整实现了空军航天向空军航天司令部的集中。此外，在军事航天完成第二波集中化数年之后，国家侦察局也完成了其历史上最重大的机构改革，实现了"ABC 结构"向专业性结构的转变。国家侦察局的这种转变在很大程度上也是对同一专业航天资产的集中化。

美国国家安全航天体制第二波大调整也是作战化的需要。军事航天尤其是空军航天自诞生起就由采办系统主导。采办系统秉承的主要是研

发性思维，且在作战流程上距离战场较远，这些因素在很大程度上影响了航天信息应用于战场支援。军事航天力量需要加大与联合作战的融合，发展作战性的航天力量体制是题中应有之义。

美国国家安全航天体制第二波大调整体现为军事航天集中化与作战化的复合发展。其中，集中化是手段，作战化是目的。在时序上，集中化与作战化保持了同步。当军事航天、情报界航天分别在内部实施集中化的同时，二者之间始终保持着清晰的界限和区分，国家安全航天体制的双峰结构保持了很强的稳定性。

一、空军成立航天司令部

1982 年美国空军成立的航天司令部是空军在 32 年里首次成立的全新的一级司令部，是空军范围内太空利益的一次重大调整，其利益格局变化的程度之深甚至超过了 2001 年太空委员会主导的改革。此次改革的目的一方面是将原来分散于空军的 26 个机构中的航天力量集中化，另一方面是成立一个全新的作战性司令部，以实现空军航天力量从空军系统司令部主导的采办界、研发界向作战系统的转变。

空军成立航天司令部是一个艰难的过程，也是一个逐渐累积改革"势能"的过程。自 20 世纪 70 年代后期起，空军的相关一级司令部尤其是空军航空航天防御司令部开始积极争取太空职权。但由于当时空军内部对航天的整体认知尚未达到足够成熟的程度，空军外部的改革推力尚未壮大，使得成立作战性航天司令部的改革"势能"积累不够，并最终导致空军航空航天防御司令部争取太空职权的行动不仅未能获得成功，该司令部也在空军的体制改革中遭到裁撤。空军成立航天司令部之后的扩权过程也是一个缓慢的、充满利益博弈的过程。部门利益的阻力始终是强大的，致使直到 20 世纪 90 年代空军航天司令部才基本集中了主要的航天职权。

成立空军航天司令部是空军转变观念的过程。这一过程的起点在20 世纪 50 年代末、60 年代初，转变的内涵包括了从 20 世纪六七十年代不太重视航天、认为空军只是替国防部打工到重视航天；从太空职能与空中职能合为一体到认识到二者存在不同；从将太空职权集中于采办系统到认识到太空职能已经逐步"作战化"；从研发性思路到操作运行航天系统的思路等多个方面。20 世纪 80 年代初，这些观念的转变虽然尚未在全空军尤其是高层领导的头脑中扎根，但却已经发展成为占据优势地位的观念，为成立作战性一级司令部打下了思想基础。

空军成立航天司令部是一个先导性的事件。它是 1961 年成立国家侦察局之后第一次重要的军事航天机构改革[103]，仿佛打开了一扇通向作战性航天的大门，美国空军航天由此进入一个新的阶段。从此，卫星操作运行人员而非研发人员开始扮演主导角色，航天系统与联合作战的联系紧密度有效增强。这一事件形成的先导效应也波及到整个军事航天领域，直接触发了后续美国航天司令部及陆、海军航天司令部的成立。

（一）空军成立航天司令部的动因

空军成立航天司令部的动因既有内因也有外因。内因是航天系统发展到一定阶段，产生了功能更加复杂多样的卫星以及航天飞机，旧有体制已经无法适应这些新的航天系统。外因包括军控核查的需要、充足的经费保障等。另外，冷战背景下苏联的太空威胁、美国主动推行战略防御倡议计划等因素也在空军成立航天司令部过程中发挥了一定的推动作用[104]。内、外因相比，外因是次要因素，内因是主要因素，即航天系统自身内部对旧有体制的冲击是空军成立航天司令部的根本原因。

（1）航天系统不断发展的内在要求

20 世纪六七十年代，航天系统的发展给空军内部航天职权的划分带来新的挑战。一直以来，空军和国防部都是将各类卫星赋予需求最大的司令部，例如把通信卫星赋予空军系统司令部；把气象卫星数据赋予战略空军司令部；把空间监视和导弹预警赋予空军航空航天防御司令部[105]。这种管理模式在卫星数量较少、能力较为有限时是有效的。但是，20 世纪 70 年代后期卫星的功能更加复杂多样，GPS 这样的多种用户均可使用、无法确定需求最大司令部的航天系统也已出现，卫星管理职权的划分成为一个难题。与此类似，由于无法清晰确定哪一部门对航天运输的需求最大，也导致战略空军司令部、空军航空航天防御司令部、空军系统司令部、军事空运司令部等四个一级司令部均对航天飞机提出管理职权要求[106]。

与此同时，航天系统逐步跨越试验阶段并开始进入实战。越南战争中，气象卫星、侦察卫星、通信卫星均得到初步应用，且"随着尼克松主义的形成及其在 20 世纪 70 年代的继续，美国作战部队对军事航天系统的依赖程度越来越高"[107]。但国会显然对航天系统在越战中发挥的作用不甚满意，认为花费了纳税人巨大财力设计建造的用于情报获取及核指挥控制的太空系统并未提供足够的价值。于是，国会在 1977 年要求三军基于陆军的前期经验开展"国家能力的战术利用（TENCAP）"计划。随着卫星系统战术应用的开发，产生了对新的组织机构的需求，以"利用太空能力和知识来发展、训练及装备军队"[108]。

　　但空军机构变革的节奏没能跟上需求的步伐。一直以来，空军的大部分航天力量由空军系统司令部掌握。20 世纪 70 年代中后期，空军内部的争论越来越多。这些争论聚焦于研发部门是否应该继续发射和操作运行航天系统，还是应该把这些职责转给空军其他的作战部门。如果是后者，空军是否需要新设一个负责太空作战的一级司令部？这一时期有许多的研究、会议、论坛，目的是在空军内部达成关于作战性航天中枢机构的一致性意见[109]。前空军副参谋长麦克·P·C·卡恩上将也支持成立新的作战性航天司令部，他认为"在美国军事行动历史上，我们从未将类似活动置于发展者、试验者手中如此长的时间。其不可避免的后果就是航天事业中的试验思维：每次发射都是独特的、发射前的长时间准备、对合同商的高度依赖、极长的再次发射周期、极高的费用"[110]。1980 年 8 月，由前空军部长约翰·麦克卢卡斯领导的空军科学咨询委员会发布了一份重要的研究报告《科学咨询委员会关于太空的夏季研究》（后文简称《夏季研究》）。这份报告聚焦于空军在履行太空职权方面存在的不足，认为太空技术并未给指挥官提供支持；空军并未清晰地定义作战性太空目标；太空系统并未融入军队的力量结构；太空需求和运用战略既没有被清晰地理解，在财力上也无法实现。报告尤其指出，造成上述多数问题的原因是缺乏有效的对太空进行作战性开发的组织机构[111]。该报告披露不久，空军系统司令部航天分部就设立了负责空间作战的副司令，并任命杰克·库帕少将担任该职务。该职位负责空军系统司令部内除采办以外所有的航天职能[112]。这也表明空军系统司令部开始认真对待空军对作战性航天机构的需求问题，空军航天体制迈开了"作战化"的一小步。

　　（2）航天飞机发展对空军领导管理体制提出变革需求

　　航天飞机的诞生是空军成立航天司令部的重要动因。空军副部长汉斯·马克认为，"作为三十年里的第一款新型运载工具，航天飞机是迫使空军改革组织机构、改善航天系统管理的最重要因素"[113]。范·因卫根将军也对航天飞机的重要性给予相当的重视，认为这是除军控核查之外成立作战性航天司令部最重要的原因[114]。

空军之所以高度重视航天飞机主要有两方面的原因。一方面，空军希望航天飞机能够成为一种效费比高，能够替代运载火箭，且推力大于宇宙神、大力神运载火箭的新型航天运载工具。另一方面，也更重要的是，空军领导人逐渐认识到参与航天飞机计划可以争取并维护空军在载人航天领域的利益，而载人航天是空军长期以来一直未能如愿的梦想[115]。因此，空军扎实地对航天飞机计划予以支持，"20 世纪 70 年代末期，空军正修建用于航天飞机军事行动的新设施，包括范登堡空军基地的一座发射台、科罗拉多州斯普林斯一座新的控制设施，以及位于休斯顿附近的国家航空航天局约翰逊飞行中心的秘密设施"[116]。

空军支持航天飞机的举措催生了管理与组织上的需求。新建的设施带来如何管理这些设施、如何实施航天飞机的运行管理等问题。尤其是空军四个一级司令部之间围绕航天飞机操控职权的激烈竞争也进一步增进了成立作战性航天司令部的动力。正如斯派莱斯所说："整个 20 世纪 70 年代，航天飞机推动着计划制定者们不断地重新评估航天政策、技术可行性和最优的组织结构，为迎接那些鼓吹者们所宣扬的'航天飞机时代'的到来做好准备"[117]。

（3）航天投入的增加对集中采办提出更高要求

"阿波罗"计划时期，美国的航天经费主要流向国家航空航天局，军方获得的航天经费要远少于前者。1969 年美国登月成功，在美苏太空竞赛中获得决定性胜利。此后，美国航天经历了大约十年的沉寂时期，美国航天经费的流向也开始发生改变，国家航空航天局航天经费急剧减少。进入 20 世纪 80 年代，随着"高边疆"战略的兴起和里根政府战略防御倡议计划的高调推出，军方航天经费开始急剧攀升，迅速赶上并超过了国家航空航天局。高涨的军事航天经费可以让国防部购买更多的太空系统。但为了提高经费使用效益，国防部也需要指定一个军种来牵头负责新型航天系统的采办工作。在这方面，空军显然有着明显的优势。而如何把军事航天经费进一步在空军范围内进行集中，也成为最终促成空军内部作战性航天司令部成立的重要推动因素。

（4）军控条约的推动

1972 年 5 月，美苏两国签订"限制战略武器会谈"I。为了落实条约，"两国正式承认了卫星监视的作用，同意军控核查将由'国家技术手段……根据普遍接受的国际法原则'来实施"。这样一来，美国就必须依靠"国家技术手段"来核查苏联军备控制的执行情况，美国的卫星系统和地基空间监视网络的重要性也日益增加[118]。此外，苏联于 1976 年重启反卫试验也刺激美国开始重新评估美国的航天计划。美苏双方在战略武器上的发展与角力推动了美国把军事航天"常态化"，也就是将航天系统融入军事计划、军事行动，进而推动了作战性航天司令部的诞生。所以，乔治·W·布拉德利认为，20 世纪 70 年代的军控条约"从根本上依赖于太空侦察监视系统和相关的预警设施。它们为成立一个作战性司令部提供了推动力"[119]。与其他美国国内因素相比，军控条约是推动空军成立航天司令部最主要的国际性因素。

（二）空军成立航天司令部过程中多方利益主体的角力

正如空军航天的成长史就是一部斗争史一样，空军成立航天司令部"也是空军内部激烈官僚斗争的结果"[120]。然而，与几乎所有其他的军事航天相关事务不同，建立一个独立的一级航天司令部的决策主要是一件空军内部的官僚事务[121]。来自空军内部的推力是空军成立航天司令部的主要动因，来自空军外部的推力则加速了成立的进程。

20 世纪 70 年代末期，空军内部在成立作战性航天司令部问题上的立场大致分为三派。第一派以空军系统司令部航天分部司令亨利中将为代表。他们强调航天研发与太空行动之间关系的紧密性，认为仅在航天分部内部做一些小幅改革就足够了。第二派以空军参谋长卢·艾伦为代表。他们也有意建立一个一级航天司令部，以使空军航天更加集中化，但他们更倾向于缓慢的、渐进的改革方式。第三派以奥·马雷、汉斯·马克等"太空作战传教士"为代表。他们认为早就应该成立作战性航天司令部了，现在应该立即付诸实施。在这三派立场中，艾伦实质上偏向第一派。但是，1982 年 6 月 21 日，就在艾伦即将退休之际，他与空军副部长彼得·奥尔德里奇一道公开宣布空军将于 1982 年 9 月 1 日成立航天司令部，显示了艾伦思想开明、能够顺势而为的一面[122]。艾伦的这一决策，也最终维护了他作为"空军最有天赋科学家"的美誉[123]。

（1）空军航空航天防御司令部的努力与失败

作为一个担负有重要航天职能的空军一级司令部，空军航空航天防御司令部①经历了一个逐步壮大，再由盛而衰的过程。而在其最终被解体的结局中，既有着很大的必然性，也有着一定的偶然性。

20 世纪 60 年代至 70 年代中期，空军航空航天防御司令部一直处于逐步壮大并趋于稳定的状态。1960 年 10 月 7 日，国防部长小托马斯·盖茨将空军空间监视网络的"技术控制权"授予空军航空航天防御司令部。1961 年 7 月 12 日，空军航空航天防御司令部进一步获得对太空探测与跟踪系统全部的技术控制权。为此，空军航空航天防御司令部在 7 天之后成立了第 9 航空航天防御师，负责管理太空探测与跟踪系统、弹道导弹预警系统和米达斯系统。1963 年 11 月 15 日，空军航空航天防御司令部在李梅将军的游说下获得了反卫作战任务，并同步成立了第 10 航空航天防御中队。该中队主要负责"437 计划"的反卫作战任务，另外也负责"国防气象卫星计划"的发射任务。1968 年 7 月 1 日，空军航空航天防御司令部成立第 14 航空航天部队，其太空职能达到历史最高峰。第 14 航空航天部队主要负责空间监视和导弹预警[124]。

20 世纪 70 年代中期，与空军航空航天防御司令部争取更多太空职权的努力态势相反，该司令部的防空职能正逐渐式微并给其带来巨大的生存危机。1974 年，时任空军航空航天防御司令部司令的小卢修斯·D·克雷上将主动给空军参谋长乔治·S·布朗上将写了一封信，建议在空军航空航天防御司令部内部创建一个改进的航天机构[125]，原因是"（空军）航空航天防御司令部作战性太空活动的范围和重要性远超其他的国防部机构，使得空军航空航天防御司令部成为国防部负责航天飞机运行的必然选择"[126]。但该建议并未获得空军高层的首肯。不仅如此，在美军预算紧缩的大背景下，空军航空航天防御司令部还成为被裁撤的对象，其职权逐步被"肢解"。1979 年 10 月 1 日，空军航空航天防御司令部的防空职权被转隶战术空军司令部。12 月 1 日，其导弹预警和空间监视职权被转隶战略空军司令部。1980 年 3 月 31 日，空军航空航天防御司令部作为空军一级司令部正式停止运行。

---

①　其前身是防空司令部 Air Defense Command（ADC），后随着职能的拓展，于 1968 年 1 月 15 日更名为空军航空航天防御司令部（ADCOM）。

空军航空航天防御司令部争取更多太空职权的努力失败、最终被解体的命运，有着很大的必然性。第一，最根本的原因是美苏实力对比及战争形态的逐渐演进，空军航空航天防御司令部防轰炸机的职能使命已经逐步萎缩，使得其生存合法性也随之大幅弱化。第二，由于美军预算减少，空军不得不削减规模[127]。因此，空军参谋长戴维·琼斯重点考虑裁撤空军航空航天防御司令部和北美航空航天防御司令部，以节省人力和经费、提高工作效率并优化一级司令部的总体结构。与空军高层这一主导思想相一致，空军 1977 年发布的政策研究《纳瓦霍图表》及其引发的克里登报告，继而由克里登报告引发的克里奇报告（正式名称为《重组美国空军防空和空间监视/预警资源的建议》，俗称《绿书》）等三份报告逐步形成并明确了保留北美航空航天防御司令部，裁撤空军航空航天防御司令部的思想[128]。由于北美航空航天防御司令部涉及到美加两国的军事合作而不可能被裁撤，空军航空航天防御司令部被裁撤的命运就此注定。

但是，空军航空航天防御司令部被裁撤也存在一定的"时运不济"的成分。1980 年初，整个空军对作战性航天司令部的认识尚不到位，无法形成新建一个航天司令部的共识，尤其是空军参谋长艾伦态度犹豫徘徊，导致空军航空航天防御司令部无法获得新的合法性。然而，在空军航空航天防御司令部被裁撤后不到三年时间，空军便成立了全新的航天司令部，且其初始的导弹预警、空间监视等职能与原航空航天防御司令部基本一致，这也在一定程度上说明，在空军航空航天防御司令部基础上成立新的航天司令部并负责航天飞机运行的提议在逻辑上是合理的。因此可以说，空军航空航天防御司令部是倒在空军成立航天司令部征途上的先烈。

（2）空军系统司令部的抵制

客观地说，1961 年设立的空军系统司令部是施里弗的杰出创造，它将空军的航天采办与航空采办分割开来，极大地推动了空军航天事业的发展。事实也证明这种模式远远优于之前的状况。在这一模式下，航天运载工具的采办、航天发射活动、卫星控制设施的运行等活动的指挥均由空军系统司令部负责。一旦卫星入轨，相应的作战司令部再接管卫星指挥权，如空军航空航天防御司令部接管"国防支援计划"卫星指挥权、战略空军司令部接管"国防气象卫星计划"卫星指挥权[129]。

如果说空军系统司令部的模式在 20 世纪 60 年代初有着显著优越性的话，那么这种优越性在进入 20 世纪 70 年代后开始逐渐减弱。由于航天系统逐步从试验性系统走向作战性系统，航天系统操作运行任务的军事地位大大提升。作为一个负责武器系统采办的部门，空军系统司令部却掌握着空军绝大多数航天系统的操作运行职责，这与空军内部逐渐产生的对作战性航天司令部的需求形成了直接冲突。1979 年 2 月，空军《航天任务组织规划研究》报告出炉。虽然该报告反映出空军内部对机构改革的时机和方向还缺乏共识，但报告同时也揭示出空军希望改进自身组织结构以更好地运行航天系统，并争取成为国防部航天执行代理人的愿望，而这一愿望毫无疑问已经成为全空军的共识。空军系统司令部显然感受到这一共识给其带来的危机，于是在 1980 年 9 月 1 日在航天分部设立负责空间作战的副司令职位，试图掌握应对形势变化的主动权[130]。而航天分部司令亨利中将正是抵制成立作战性航天司令部的代表性人物，他认为航天器制造、轨道支持都具有极高的技术性，所以航天器采办工作与航天器运行工作很难分开，"如果因为组织机构（调整改革）的原因我们不得不形成一种'客户—开发者'关系，正如现在飞机的情形，我将会觉得很痛心"[131]。

因此，为了维护既有航天利益，空军系统司令部很难做出大胆的、让渡较多航天职权的变革行动。对于空军内部成立航天司令部的动议，空军系统司令部更多的是采取拖延的手段。对于北美航空航天防御司令部司令詹姆斯·哈廷格提出的彻底变革的提议，空军系统司令部始终以渐进的改革方案来应对。如在 1982 年 2 月的科罗娜（南方）会议上，空军系统司令部提出的方案就较为保守，其核心思想是让空军系统司令部航天分部司令亨利在哈廷格手下兼任主管太空事务的北美航空航天防御司令部副司令。空军系统司令部的这一提议未能获得通过。两个多月后，在向空军参谋部提出的进一步汇报上，哈廷格提出大胆的改革方案，即迅速地、革命性地成立一个新的、独立的司令部，而空军系统司令部提出的仍然是渐进性的、缓慢的改革方案[132]。但就在这次决定性的简报会上，空军参谋长艾伦最终敲定了"革命的"而非"渐进的"改革方案。

（3）热心太空的文官与将领们的推动

体制变革的关键时期，往往会出现极少数的"狂热份子"，他们往往能量很大，在体制变革的进程中发挥关键性的、"临门一脚"的作用。正如蒋梦麟先生所言："少数人疯狂似的热忱，是促使一件事情成功的重要关键。"[133]而在空军成立航天司令部过程中，这"疯狂的少数人"当属空军副部长汉斯·马克，空军参谋部负责作战、计划与战备的副参谋长奥·马雷中将，以及紧密追随奥·马雷的约翰·T·钱少将等"太空作战传教士"。

汉斯·马克早在 20 世纪 70 年代末期空军航空航天防御司令部争取承担太空职能任务的失败努力中就曾提供鼎力支持，其游说范围甚至达到"五角大楼最高层"。汉斯·马克和奥·马雷二人分别作为空军部高级文职官员和高级军官，在航天司令部成立过程中齐心协力，发挥的作用和影响力是最大的，也是其他人无法替代的。二人精诚合作，其丰功伟绩类似于加德纳与施里弗。

奥·马雷自从 1979 年春担任空军副参谋长后就一直试图将空军的采办性太空力量作战化。2014 年 12 月 5 日，在美国空军学会的一次演讲中，时任空军航天司令部司令的约翰·E·海腾上将也对奥·马雷将军给予了高度评价，认为奥·马雷是推动空军成立航天司令部功劳最大的人[134]。从奥·马雷的实际贡献来看，他无愧于这一评价。其功绩主要体现在三个方面。一是引领观念。20 世纪 70 年代末、80 年代初，航天系统的应用主要还停留在战略层面，如应对苏联威胁、核战争中的指挥控制等。但奥·马雷的目光看得更远。他指出，航天系统必须从战略层次的应用转向日常化、实时化的行动，即从战略应用转向战役战术应用，为此美军需要一个司令部来负责这项工作。二是主导研究。1981年初，奥·马雷从四个一级司令部和空军参谋部的五个机构中抽调三十人集中开展了一项为期四个月的研究，评估利用太空系统来支援作战的优势及需求。在《夏季研究》基础上，奥·马雷团队的研究着重强调了用户司令部的需求及如何向其提供太空能力。当名为《航天政策与需求研究》的研究报告出台后，"对未来机构改革与条令发展产生的影响震惊了报告的许多撰写人员，特别是因为艾伦最初并不支持报告中的建议"[135]。三是牵头行动。"自从 1979 年春季进入空军参谋部工作后，他便孜孜不倦地投身于将太空作战常态化的工作"[136]。1981 年 9 月，在《夏季研究》的触发下，奥·马雷率先在其办公室成立了太空作战处[137]，以"提供一个增强的太空焦点……并把美国空军的哲学重新导向一个作战性的路径""提供一个新的重点，即空军计划占据军事太空作战领域的领导地位"[138]。12 月，面对国会和国防部要求改革组织机构的压力，奥·马雷又召集四位将军以及四名执行人员共同商讨行动策略，并最终促使空军参谋部创造出"纳瓦霍毛毯"矩阵图，以应对国防部的相关政策检讨[139]。

约翰·T·钱少将在太空系统作战化上的态度可以用狂热来形容。他曾将手下由中级军官构成的"太空作战黑手党"召集在一起并作指示："我要你们编辑一份关于提议中的太空组织机构的简报，并论证为什么该机构必须在空军、为什么必须是一个独立的司令部。"并声言"我将称它为'腐烂的简报'。因为我将把它放到奥·马雷将军的办公桌上。而且，除非奥·马雷将军对它做些什么，否则我会一直把它放那儿，直到它腐烂"[140]。与钱少将的参谋团队类似，在成立航天司令部的博弈过程中，美国空军培养了一批主要由校级军官构成的太空作战积极分子，其中就包括后来官至空军副参谋长的托马斯·摩尔曼。

（4）部分高层领导的犹豫

20 世纪 70 年代至 80 年代初，空军内部虽然有一批热心太空的文官和将领，但空军从整体上看还未完成从试验性航天向作战性航天的认识转换，尤其是空军参谋长艾伦上将对成立航天司令部态度消极，在一定程度上延缓了空军成立航天司令部的进程。

这种局面的形成有着一定的时代大背景。20 世纪 70 年代初，阿波罗计划完成之后美国航天陷入胜利后的短暂迷失，军民航天的政策、职能、任务、角色、机构等下一步如何发展，均处于一种"无秩序"和"无兴趣"的状态。在此大背景下，空军对待航天的态度一直不太积极。在空军多数人看来，空军只是替国防部来管理太空活动，而国防部让空军来主导军事航天建设的目的则是以此来减少军种竞争、降低费用。如 20 世纪 70 年代下半期，除了"国防支援计划"是唯一一个由空军完全独自控制的作战性卫星系统，其他的卫星系统都是三军合作或共同管理、研发的。空军多数人也认为，空军太空职能主要是研发部门而非作战部门的事情。所以，空军始终没有把太空行动真正当做一项机制化的任务。此外，通信、气象、预警、导航等太空任务远不如进攻性作战行动那样有声望和吸引力，也在一定程度上影响了空军的积极性[141]。

在这种主流观念的影响下，艾伦在成立作战性航天司令部的问题上表现得较为冷淡。1980 年 8 月的《夏季研究》报告后来对于促进航天系统与战场作战的融合、推动空军成立作战性航天司令部曾经产生十分重大的影响。但在同年 10 月举行的空军四星上将科罗娜会议前，当施里弗向艾伦建议由麦克卢卡斯在此次会议上做一个有关《夏季研究》的简报时，艾伦以会议日程太满为由予以婉拒。艾伦的态度令麦克卢卡斯和施里弗一度十分懊恼。艾伦后来对此给出的解释是对于成立作战性航天司令部的议题，不同研究报告、不同研讨会上的观点不一致，高层会议中的意见也不统一。虽然拒绝了《夏季研究》简报，艾伦不久却又称赞了《夏季研究》和正处于研究阶段的《航天政策与需求研究》报告，表扬这些报告有助于空军出版一份太空条令。但即便如此，艾伦仍然拒绝在太空事务上进行大幅度的机构改革[142]。

艾伦冷淡与摇摆的态度源自三个方面。一是他强大的研发背景。艾伦曾担任过空军系统司令部参谋长[143]。维护"老单位"的职权和利益是普遍的官僚习性，艾伦没能超脱这一点，即便升任空军参谋长后他仍然未能完全摆脱从前狭隘的部门利益，未能以更加宏大的整体利益观来对待空军航天力量建设[144]。二是他试图先在空军内部形成更为广大的改革共识，以使赞同机构改革的势力超过维护部门利益的保守势力。三是他担心如果空军机构改革的步骤过于急促、幅度过大，有可能会招致参联会、其他军种和国防部各局署的反对[145]。

（5）来自军方以外的压力

空军成立航天司令部虽然主要是空军内部的事务，但来自军方以外的压力毫无疑问对这一进程起到了加速作用。这些压力主要体现为三个方面：

一是空军副部长奥尔德里奇主动营造了外部舆论场。1981 年 11 月，奥尔德里奇在国家航天俱乐部的演讲中提及有必要对航天活动进行更好的协调，"我相信，正确的答案或许是某种形式的'航天司令部'，担负我们卫星的运行以及航天发射等职能"[146]。奥尔德里奇以空军副部长的身份在严肃、公开的场合明确表达建立航天司令部的态度，很大程度上体现了空军高层文官的决心，其主动营造的外部舆论场又可以反作用于空军，助推航天司令部的诞生。

二是里根政府上台带来了新动力。1981 年 10 月，里根政府上台不久便发布《战略现代化计划》，要求关注航天系统。新政府对军事航天事务的高度重视是来自第二个外部方向的压力，也是空军航天机构改革"势能"的进一步累积。

三是国会开始直接干预军事航天事务。"不仅参议员约翰·沃纳的战略与战术核力量小组委员会对（不同的）航天组织机构选项表现出浓厚的兴趣，而且，科罗拉多州斯普林斯的众议员肯·克莱默引入一项法案要求空军更名为'空天军'，这令空军领导人极为不悦。"此外，克莱默于1981年12月8日引入的众议院第5130号决议还要求空军组建一个独立的航天司令部。空军部长维恩·奥尔和空军参谋长艾伦明确拒绝了将空军更名为空天军的要求，但欣然承认他们正在很认真地考虑组建一个新的司令部[147]。一个月后，总审计局发布了一份在新墨西哥州共和党参议员、前航天员哈里森·舒米特指示下完成的研究报告。该报告严厉批评国防部军事航天管理不合格，要求国防部建立一个单独的航天活动管理机构，并制定一份全面的军事利用太空的方案。报告还要求将未来的"统一空间作战中心"作为"未来航天部队的核心"或"未来的航天司令部"，并威胁暂停该中心建设资金，直到国防部提出一份逻辑性强且有效的军事航天活动管理机构方案[148]。国会的这一连串举措给空军带来了更多的外部压力，是推动空军成立航天司令部十分关键的外因。

（三）航天司令部成立后的艰难扩权

航天司令部成立后至20世纪90年代，其职权不断得到扩大。如1991年空军航天司令部获得所有空军航天员的管理职责，1993年洲际弹道导弹力量并入空军航天司令部。但是，由于空军其他单位尤其是空军系统司令部努力要把自己的作战性航天职能尽可能久地保留下去，所以空军航天司令部的职权拓展过程同时也是一种"漫长的、充满挑战的、痛苦的折磨"[149]。

战略空军司令部向航天司令部的职权移交过程相对较为顺畅，移交时间较早，移交节奏较快，移交内容也较为彻底。这些移交也契合了空军成立航天司令部的初衷，即管理导弹预警系统和太空监视系统，包括"弹道导弹预警系统""环形搜索雷达特征确定系统""铺路爪系统"等[150]。1983年5月，战略空军司令部向航天司令部移交了遍布全球的50处太空和导弹预警系统的作战职能，被视为航天司令部成长为作战性司令部"吉利的"开端[151]。紧接着，1984 年初，战略空军司令部又向航天司令部移交了 4 个卫星系统的管理职权，包括已经投入运行的"国防气象卫星计划"和"国防支援计划"，以及正处于研发与采办阶段的"军事星"和 GPS。1986 年 1 月 16 日，空军航天司令部完全掌握 GPS 的运行控制权。

美国航天司令部给空军航天司令部的职权拓展制造了一定的阻碍。这其中有很大的偶然性因素。1986 年 10 月之前，美国航天司令部、北美航空航天防御司令部、空军航天司令部的司令由同一人担任，因此，美国航天司令部与空军航天司令部的关系比较容易协调。但是，1986 年 10 月 1 日空军航天司令部司令改为二星将军（少将）衔级，美国航天司令部司令不再兼任空军航天司令部司令。此后，美国航天司令部开始掌管和平时期太空监视、导弹预警系统的作战控制。但空军航天司令部对此提出异议，原因是这些系统应属空军。由此造成了美国航天司令部与空军航天司令部之间的关系紧张。只是"在空军总部的压力之下"[152]，1988 年 11 月美国航天司令部才同意通过成立一个新单位——空军太空监视分队的形式来向空军航天司令部移交太空监视中心的职能。即便如此，美国航天司令部仍然紧紧控制着夏延山另外三个作战中心（导弹预警中心、空间防御作战中心和情报作业中心）不愿移交空军。直到 20 世纪 90 年代初，美国航天司令部司令再次兼任空军航天司令部司令之后，这三个中心才移交空军航天司令部。

空军系统司令部对向空军航天司令部移交职权抵触最大。虽然空军系统司令部于 1983 年 6 月向航天司令部移交了航天飞机的应急支援作战职权，但始终"尽力拖延移交卫星控制和航天发射职能"[153]。如为了不向航天司令部移交卫星控制权，空军系统司令部的航天分部故意延长卫星的在轨检测时间[154]。只是在"挑战者号"失事后，一个由前国防部副部长戴维·帕卡德领导的调查国防管理实情的国防部特别委员会建议，采办司令部应集中精力于研究、发展、采办业务，同时解除作战性职能，这才促成了 1987 年 10 月 1 日空军系统司令部向空军航天司令部开始逐步移交加利福尼亚州奥尼祖卡空军基地的卫星控制设施以及遍布全球的遥测网络。美国航天司令部司令派奥特罗斯基上将原本希望，卫星控制职权的移交能够给航天发射职权的移交工作形成拉动作用，但事与愿违。派奥特罗斯基以及空军航天司令部试图获得航天发射职权的努力一直遭到空军参谋长韦尔奇以及空军系统司令部或软或硬的抵制。也只是在 1988 年 8 月的蓝带委员会报告以及后续的执行报告发布之后，在新的变革氛围影响之下，空军航天司令部的努力才获得回报。1990年 10 月 1 日，空军系统司令部正式向空军航天司令部移交与航天发射相关的中心、靶场、基地，以及德尔它 II 和宇宙神 E 火箭的发射任务。即便如此，这一成果也是妥协的产物，宇宙神 II、大力神 II、大力神IV 等系统并未一并移交空军航天司令部，而是等待后续渐进地移交。不过，这一成果仍然令空军航天司令部兴奋不已。摩尔曼将军认为，这是一个"里程碑事件""是空军航天计划自然演进的一部分，是我们航天作战思维已经成熟的证明"[155]。

二、成立美国航天司令部及陆、海军航天司令部

空军成立航天司令部具有很强的示范和带头作用。此后，海军航天司令部、美国航天司令部、陆军航天司令部相继成立，美国军事航天开始从以研发为导向转向作战性航天活动。而这一转化过程同时也是一个思维观念转化的过程，一个航天在各军种内逐步走入常态化的过程[156]。

（一）美国航天司令部的成立

太空作为一个新的物理域，有着极大的现实和潜在的军事价值。空军成立航天司令部表明单一军种在军事利用太空方面走到了国防部前面，也对国防部如何从整体上更好地运用全军航天力量形成了体制上的"倒逼"之势。与此同时，"一些空军军官早就相信，一旦空军成立航天司令部，美国航天司令部也将接着成立，以把三军的航天努力统一起来"[157]。因此，美国航天司令部的成立是空军成立航天司令部后必然的、自然的结果。1985 年 9 月 23 日，美国航天司令部正式成立①。由于空军掌握着绝大部分军事航天资源，因此，美国航天司令部与空军航天司令部之间的关系相对较为特殊。1985 年 9 月 23 日—1986 年 10 月 1日、1992 年 3 月 23 日—2002 年 4 月 19 日期间，美国航天司令部司令、空军航天司令部司令、北美航空航天防御司令部司令这"三顶帽子"一直由同一名空军四星上将担任。这一做法的优点是简化了三者之间的协

---

① 此后，空军于 1982 年成立的"航天司令部"更名为"空军航天司令部"，以清晰地区别于美国航天司令部。

调关系，但也有人担忧该司令的工作负荷过重，无法对空军航天投入足够的时间和精力，而这也是 2002 年 4 月 19 日美国航天司令部司令、空军航天司令部司令两个职位分割开来的重要原因。

（二）海军航天的集中化与海军航天司令部的成立

海军航天起步较早，发展势头也很好，但之后走过了一段突然遭削弱、后缓慢恢复的历程。早在 1945 年 10 月，海军航空局就提出过一项卫星计划。1946 年起，海军研究实验室开始进行上层大气试验。1958 年，海军研究实验室的"先锋计划"已经开始了信号情报卫星的研究，为美国第一颗信号情报卫星——银河辐射背景卫星打下了基础。但是，国家航空航天局成立后海军研究实验室绝大多数科技人员被转隶至戈达德航天飞行中心，DoDD5160.32 号指令也限制海军从事基础性卫星技术研究，这两项不利因素使海军航天事业的发展遭遇"断崖"式重挫。不过，海军研究实验室的研究处处长罗伯特·莫里斯·佩吉为海军保留了"先锋计划"的一部分技术人员[158]。之后，在 20 世纪 60 年代海军仍然制造了索拉德号太阳辐射监测卫星，发展了沙克尔监视校准卫星。

1970 年 9 月，国防部对 DoDD5160.32 号指令的修订使海军的航天事业迅速恢复了生机。此次修订后，陆、海军可以发展本军种专用的卫星系统。并且，与空军、陆军主要将航天系统用于支持战略核力量不同，海军主要将航天系统用于获取海上信息优势。例如，为了获取海洋数据信息，海军发射了大地测量卫星系列；为了满足数百艘海军舰船机动通信的需求，海军发展了舰队卫星通信系统和特高频后继星；海军对卫星导航技术的研究也为后来的 GPS 系统提供了先进的技术基础[159]。

海军对航天系统的依赖程度不断提高促使海军部长于 1983 年 10 月成立了海军航天司令部，同时也对海军航天活动和机构进行整合。由此，海军航天司令部获得了对总部位于弗吉尼亚州达格林的海军太空监视中心，总部位于加利福尼亚州穆谷角的海军宇航大队，以及舰队卫星通信系统保障分队的作战控制权。1985 年美国航天司令部成立之后，海军航天司令部也成为该联合司令部的军种成员。

1993 年，海军航天体制得到进一步的集中化。这一年，海军航天司令部与海军太空监视中心的两个总部合并，300 多名原海军太空监视中心的军方和文职人员转隶海军航天司令部。这次体制调整的效益比较可观，海军航天司令部的总员额在两年内下降了 25%，与此同时作战能力得到了很好的保持。

（三）陆军航天的集中化与陆军航天司令部的成立

和海军航天一样，陆军航天也经过了一段坎坷的历程。虽然其是美国第一个进入太空的部门，但在国家航空航天局成立后被抽走了太空人才，DoDD5160.32 限制发展，高级研究计划局、国防通信局、国防情报局、国防测绘局等机构进一步削权，越战吸引了主要精力等诸多因素的影响下，陆军的航天事业在整个 20 世纪 60 年代和 70 年代早期一直处于低谷状态。但陆军并未彻底放弃航天事业。1964 年，陆军还建立了战略通信司令部来管理陆军快速成长的卫星通信系统。不过，该司令部只负责管理卫星地面站业务，卫星的发射、操作、控制均由空军负责。

从 20 世纪 70 年代早期开始，陆军航天事业步入上升轨道，并推动了陆军航天体制的发展变化。这种上升的势头主要体现在四个方面。第一，1973 年陆军开始实施 TENCAP 计划。该计划的目的是将国家级航天系统获得的情报数据快速而有效地提供给战场上的作战单元。第二，美军推行空地一体战理论，使得陆军能够控制一定的太空侦察资源。第三，里根总统的战略防御倡议计划使得陆军可以研制大气层内高空防御拦截器、地基激光、机载光学附件等反导技术。第四，1985 年的《陆军航天倡议研究》为陆军如何在未来更好地开发太空提出了一系列有效的建议。在这种上升的整体氛围下，尤其是在《陆军航天倡议研究》的直接推动下，陆军于 1986—1987 年间在作战与计划副参谋长办公室成立了太空与特殊武器处，还成立了陆军航天学院、陆军太空技术研究办公室和陆军航天局。1988 年 4 月，陆军在陆军航天局基础上成立了陆军航天司令部，目的是更好地将陆军的航天活动融入美国航天司令部[160]。

20 世纪 90 年代，陆军航天体制的集中化程度持续提高。1992 年，陆军科学委员会审查了陆军航天组织与管理，建议整合陆军航天的机构与职能。在这一建议作用下，陆军于 1993 年将陆军航天司令部和陆军战略防御司令部合并，组成新的陆军航天与战略防御司令部。1994 年，陆军将陆军太空技术研究办公室的太空技术职能转隶航天与战略防御司令部。1996 年，陆军又将负责陆军 TENCAP 计划的陆军航天计划办公室转隶航天与战略防御司令部。同年末，原陆军航天与战略防御司令部被重新命名为陆军航天与导弹防御司令部，并成为美国陆军的一级司令部。

陆军航天在经历了早期的急剧衰退后，逐步缓慢回升，伴随着陆军航天司令部的成立等机构变革与调整，于 20 世纪 90 年代末期基本上形成了较为稳定的体制格局。

三、改革情报界航天体制

进入 20 世纪 90 年代，冷战的结束和海湾战争的爆发给情报界航天带来迥然不同的外部环境，情报界航天的"输入"和"输出"都必须相应地做出调整，改革情报界航天体制已经势在必行。

（一）重组国家侦察局

整个冷战时期，国家侦察局为美国获得战略情报优势发挥了至关重要的作用，其"ABC 结构"也一直保持了高度的稳定性。其中，A 计划由空军航天与导弹系统中心的"特别计划办公室"（前身为"萨摩斯计划办公室"）管理，主要研究内容是高分辨率成像卫星和信号情报卫星；B 计划管理中央情报局的卫星侦察计划，国家侦察局主管科技的副局长直接负责该项目，主要研究内容是成像卫星和信号情报卫星；C 计划由海军航天与海上作战系统司令部管理，主要研究内容是"银河辐射背景卫星"等信号情报卫星[161]。国家侦察局的"ABC 结构"在其成立后的三十年左右时间里总体运行顺畅。

但是，"ABC 结构"固有的重复建设、部门竞争等弊端逐步引起国家侦察局高层的重视。如"A、B、C 计划"均发展信号情报卫星；"A、B 计划"均发展成像侦察卫星，显然不可避免会产生冗余和浪费。体制结构的缺陷呼唤国家侦察局进行内部自我更新。1989 年，国家侦察局发布《国家侦察局重组研究》报告，指出国家侦察局必须做出改变以适应未来的情报挑战。紧接着，参议院情报特别委员会也跟进表态，指出"确保强健的国家侦察计划的最好途径是重组国家侦察局，重组方式需能促进相互交流，鼓励系统和项目之间的交叉互补，发展共有的安全保卫、后勤保障和行政管理"[162]，因此建议将国家侦察局的三个计划集中于一处办公以提高效率。之后，中央情报主任也开始关注国家侦察局事务。1992 年，由洛克希德公司前首席执行官罗伯特·福尔曼领导的委员会发布《中央情报主任派驻国家侦察局特别工作小组报告》，指出国家侦察局的"ABC 结构"无法改善任务有效性，反而会导致内部竞争，更加偏离预期目标。

几乎与此同时，国家侦察局面临的宏观环境也已发生重大变化，来自外部的压力也成为推动国家侦察局改革的重要动力。一是冷战结束后，无论共和党还是民主党都希望削减军费和情报费以享受"和平红利"，国家侦察计划预算逐年增长的好日子一去不复返。从 1990—1997年，国家对外情报计划经费下降了 14%，迫使国家侦察局想办法节省开支。二是海湾战争后，美国情报界尤其是国家侦察局向战场指挥官提供情报支援的水平饱受斯瓦茨科普夫以及众议院武装部队委员会的批评，他们要求国家侦察局大幅提升战役战术应用的能力，而这也与《国家侦察局重组研究》报告中要求发展"用户支持"功能，改善支援军方用户能力的建议相一致[163]。

1992 年，《中央情报主任派驻国家侦察局特别工作小组报告》发布后不久，在内外动力的共同作用之下，国家侦察局启动了改组工作。原"ABC 结构"按照技术门类被重新构造为三个处：一是信号情报系统探测与作业处，负责电子侦察卫星业务；二是图像情报系统探测与作业处，负责成像侦察卫星业务；三是通信处，负责信息技术与通信系统业务。此外，还成立了一个管理服务与运行机构，将国家侦察局内部所有的通信、人力资源管理、后勤采购等管理服务业务集中到一起，以消除行政管理方面的冗余环节。与此相适应，国家侦察局所有业务与人员都搬到了位于弗吉尼亚州钱迪利的综合办公大楼内。国家侦察局如此大规模的重组与搬迁行动显然很难做到严格的保密。于是，国防部在该年九月对国家侦察局的存在、任务、高级官员身份等信息进行了解密[164]。

毫无疑问，国家侦察局于 1992 年的重组对于消除空军、中央情报局、海军三方在航天侦察领域的重复建设具有十分积极、正面的意义。与此同时，这一重组也打破了原有的一些机构间关系。例如，空军器材司令部航天与导弹系统中心的副司令不再兼任 A 计划的主任，航天与导弹系统中心与国家侦察局之间原有的规律性的人员交叉任职规模大幅缩减；空军、中央情报局、海军三方人员分散于新的组织结构中，原有的人员身份属性逐渐变淡[165]。不过，这些附带性的效应并没有损害重组的进程和结果。总的来看，国家侦察局的这次重组是在内外压力之下适时进行的一次完全正确的体制改革。

（二）成立国家图像与测绘局

整个冷战时期，美国航天侦察技术发展迅猛，而且技术进步的速度远远超出相应组织机构的变革步伐。美军缺乏将航天侦察情报有效应用于军事任务的组织机构。在此情况下，"有人则冀望国家侦察局的TENCAP 计划能提供解决方案，但该计划不仅缺乏管理整个影像情搜与生产过程的通信装备与人员，且其管理者甚至不了解其涵盖内容为何"[166]。由此，形成了国家层级航天图像情报军事应用的"组织真空"。而且，许多相关能力分散于各个不同组织，包括国防测绘局、中央图像处等。这种组织机构的碎片化导致无法形成航天图像情报应用的有效合力，无法对联合作战实施有效的信息支援。斯瓦茨科普夫"在国会作证，并对一般尚称良好的情报支援表示不满。尽管他并未特别指出影像情报乃是问题的症结所在，但就其评论意见而言，那可能就是根本所在"[167]。

这种航天图像情报军事应用的"组织真空"一直是情报界的重大缺失，美国国会也数度关注该议题。"参议院勃伦于 20 世纪 80 年代末期所提出的情报界改革立法草案中，即承认此一问题，并呼吁应成立国家影像情报局。自此以后这方面的许多其他建议案也陆续被提出"[168]。但是，在严重的官僚阻力下，直到 1996 年 10 月国家图像与测绘局才最终正式成立。国家图像与测绘局是国防测绘局、中央图像处，以及其他相关机构图像部门的组合体，被誉为"是一个将（航天情报）支援聚焦于战斗人员需求的超级范例"[169]。

第三节　21 世纪初，国家安全航天体制的第三波大调整

进入 20 世纪 90 年代，冷战的结束使美国国家安全航天预算削减，海湾战争的爆发使国家安全航天力量开始大规模应用于战役战术层次，原来在充足经费保障、战略层次应用为主条件下被掩盖的各种组织与管理上的问题逐渐暴露出来，国家安全航天必须做出改变，以适应新的外部

环境与内部需求。由此，催生了新世纪初以拉姆斯菲尔德担任主席的太空委员会为标志的美国国家安全航天体制的第三波大调整。与第二波大调整由军方主导不同，新一波的大调整是在国家安全航天的公众关注度提高条件下由国会主导和推动的。因此，这一波调整的范围能够将情报界航天涵盖进来，从而实现了对国家安全航天体制整体上的初步集中化。

一、调整的动因

美国国家安全航天体制第三波大调整的直接内因是碎片化现象依然很严重；直接外因是国会等外部力量开始高度关注这一碎片化现象。与此同时，拉姆斯菲尔德就任国防部长后推行军事改革，是国家安全航天体制这一波调整的大环境。

（一）管理上的碎片化

长期以来，碎片化的领导是美国航天活动最显著的特点[170]已经成为美国航天界一个公认的判断。碎片化的特点渗透到了美国航天体制、国家安全航天体制、军事航天体制等不同的层面。即使在经过了前两波大的体制调整后，碎片化依然是制约美国航天和国家安全航天健康高效发展的主要障碍。

美国航天层面的碎片化体现在国家航空航天局、国家海洋大气局、中央情报局、商务部、内政部、交通运输部等机构均拥有一定的航天资源，军方和情报界更甚。军、情、民这三个属于政府的航天部门相互竞争航天资源，不断自我扩张，拥有过多的设施和雇员，带来了冗余的监管活动。而且，由于缺乏相关的机制保障，导致不同的航天部门无法消除计划和设施方面的冗余、无法共享能力与技术、无法形成不同部门之间的合力[171]。而从军、情、民、商这四个部门来看，"每一部门都有自己的机构文化，这些文化鼓励重复，不鼓励合作"[172]。这种管理职权上的碎片化给美国航天带来了巨大的浪费。最典型的例子就是在十来年的时间里，由于无法形成部门间的共识，美国对航天运载系统的发展优柔寡断、摇摆不定，导致"高级发射系统""国家发射工具""太空升降机"等计划相继失败，造成数亿美元的浪费。实际上，美国政府和国会很早就意识到这个问题。1992年12月，在副总统詹姆斯·丹·奎尔指示下，由劳埃尔·魏肯宁主导的《冷战后对美国航天政策的评估》报告呼吁军民航天之间更加集中化，军民商航天之间加强合作以更好地应对国际竞争[173]。但该报告出台之后，恰逢老布什总统任期届满且未能连任，只能供新上台的克林顿政府做参考。1992年10月，众参两院协商委员会关于1993财年国防授权法的报告曾要求国防部长制定一份发展、部署、运行国防部航天系统的综合性采办战略。但该战略由于和国防部对主要防务项目实施的自下而上审查在时间上发生冲突，更由于国防部内无法达成一致意见而最终未能出台。此外，1994财年国防拨款法案附带的众议院拨款委员会报告也曾要求国防部长提供一份国家安全航天领域组织和管理改革的详细五年计划[174]。总的来看，20世纪90年代美国航天的碎片化状态虽已引起各方重视，但仍未得到有效改善。

国家安全航天层面的碎片化主要体现在航天采办、航天发射、卫星控制、空间态势感知①等多个方面。如在航天发射领域，空军的航天器由自己发射，国家侦察局的航天器也由空军提供发射服务。但是，弹道导弹防御办公室、高级研究计划局和海军，均与国家航空航天局或商业公司签订有航天发射合同。海军子午仪卫星由国家航空航天局发射，海军特高频后继星由商业航天公司发射[175]。而从空军内部来看，空军多个机构拥有航天发射管理职权。1993年空军航天司令部的一份研究报告指出，空军器材司令部的项目办公室向航天发射合同商授出研发性任务的发射合同并实施监管；空军航天司令部负责国防部作战性航天任务的发射工作；情报界则对携带有自己载荷的运载器拥有发言权。报告认为，有过多的机构涉足航天发射，每个机构都有着不同的发展方向，但没有一个机构对整体状况有一个"大的图景"[176]。

（二）空军的航天管理遭到质疑

20世纪90年代，美国航天界甚至是美国国会都对国家安全航天的前景，以及对空军履行航天管理的水平表示忧虑。尤其是作为军事航天主体的空军航天遭到了各种质疑。一是质疑空军的组织结构能否满足航天任务的需要。二是质疑空军能否全力满足其他军种的航天需求。三是认为空军没有平等地对待空军内部的空与天，仅仅把航天当做支持空中作战行动的支援性力量[177]。在1998年的一次会议上，参议员鲍勃·史

---

①　空间态势感知是美军术语，意同我国的"空间目标监视"。

密斯甚至毫不客气地要求空军领导层为空军航天分配更多的预算，以证明空军对军事航天职能的承诺，否则就放弃航天职权，为建立独立的天军廓清道路。而太空委员会的成立也事实上隐含了对空军未能很好履行其航天职责的批评[178]。

二、太空委员会的调整举措

拉姆斯菲尔德领导的太空委员会认为，"美国政府——尤其是国防部和情报界——仍然没有准备好，也没有聚焦于满足21世纪的国家安全航天需求"[179]，美国国家安全航天的组织和管理需要改革。为此，太空委员会对美国国家安全航天体制现状进行了全面的审查，并在13名委员一致同意的前提下提出了10条主要建议[180]。针对这10条建议，国防部长拉姆斯菲尔德于2001年10月18日签署了一份备忘录，指示国防部要落实32条具体的执行措施[181]。由此，国家安全航天体制出现了自DoDD5160.32号指令以来最为深刻的变革。

（一）空军副部长兼任国家侦察局局长

根据太空委员会的建议，空军副部长同时被指定为国家侦察局局长、空军航天采办执行官、拥有里程碑决策权的国防部航天执行代理人[182]。空军副部长兼任国家侦察局局长始自1961年国家侦察局成立之时。类似做法持续了很长一段时间。2001年国防部恢复这一做法的目的很简单，就是为了缓解情报界航天与军事航天（即"黑""白"航天）的分离问题，减少二者之间的重复建设和浪费，撷取各自长处以应用于整个国家安全航天领域[183]。而且，这一职位的层级相对较高，在与其他机构商讨航天事务时也更具影响力[184]。而此次改革之前，是由负责航天的空军部助理部长兼任国家侦察局局长。然而，在多种原因的作用下，2005年空军副部长与国家侦察局局长职位再度分离。

（二）空军获得国防部航天执行代理人职权

空军虽然一直是军事航天的主体力量，但从平衡军种利益等角度考虑，国防部一直没有明确授予空军军事航天领导地位。因此，获得国防部航天执行代理人职权一直是空军追求的目标。自20世纪70年代起，空军主动发起了两次争取国防部航天执行代理人的努力，但均未成功。直到2001年太空委员会报告出台，空军才艰难地实现这一目标。

　　空军的第一次努力发生在 20 世纪 70 年代下半期。空军陆续发布政策原则，阐释空军对航天的态度和立场，核心思想是空军拥有军事航天的主体力量，应被授予军事航天领导地位。尤其是 1977 年 7 月由空军参谋部计划与作战办公室发布的《未来空军航天政策与目标研究》报告明确声称"空军应当积极追求'唯一代理人'地位，至少也是国防部所有航天事务事实上的执行代理人，最后再被正式确认为唯一的执行代理人"[185]。这一表态是当时为止国防部内最为直接地宣扬"唯一代理人"政策的立场陈述。但是，由于在空军以外这些立场无法得到共识性的认同，而在空军内部注意力开始聚焦于空军航空航天防御司令部的调整改革，致使空军的这一次努力归于失败。

　　空军的第二次努力发生在 20 世纪 90 年代上半期。这一次努力比上一次规模更大，且空军军职、文职领导人携手推进，甚至还得到了国会的支持。这次努力发端于空军航天司令部副司令摩尔曼中将领导的蓝带委员会所发布的《1992 年蓝带研究》报告。报告建议空军应成为国防部航天采办"单独的管理者"。之后，空军又获得了参联会主席鲍威尔上将的大力支持。在 1993 年 2 月 12 日的《美国武装力量的职能、使命与作用》报告中，鲍威尔建议将国防部所有航天采办和航天运行业务的管理权单独授予空军。受鲍威尔表态的鼓舞，空军参谋长麦克皮克上将在 4 月 15 日的第九届国家航天研讨会主旨演讲中宣称："我们所有的军事航天业务——包括采办和运行——都应并入空军"[186]。1994 年 9 月16 日，在盐湖城举行的"对话航天 1994"研讨会上，麦克皮克虽然在演讲中把空军的职权争取范围从"采办和运行"缩减至"发展和采办"（实际上就是采办），但却明确提出了空军要做国防部航天执行代理人、国防部航天领导军种的意图。麦克皮克还乐观地表示："经过许多积极和必要的争论，参联会已经认可了我们所提建议的主要观点。目前，该建议已经送至国防部长办公厅。我相信，剩下的事情很快就会得到解决。"[187]与此同时，空军部长希拉·怀德娜尔也同步发起了游说工作。在 10 月的一份政策函中，怀德娜尔声称"应当允许最了解太空的军种来管理航天系统的采办……我们已经提议，空军部长担任军事航天的执行代理人"[188]。此外，国会也对空军表现出支持的立场。1994 财年众参两院国防拨款会议报告要求，所有航天系统的研发和采办应并入空军[189]。为了安抚陆、海军，空军还于 1993 年 11 月 1 日正式成立了空间战中心[①]，目的是满足陆、海军对于战役战术层级太空能力的需要；空军于 1994 年所提方案中也明确指出空军追求的是所有航天采办的执行代理人，但并非所有航天运行业务的执行代理人，海军航天司令部和陆军航天司令部仍然会继续他们的工作[190]。然而，陆、海军对此并不买账，空军的这些努力也"并不比以前更成功"[191]。根本原因是陆、海军仍然对当上国防部航天执行代理人后的空军能否全力为他们提供太空能力表示怀疑。事实上，当空军提出自己的建议之后，"没有一个人，甚至包括谙熟华盛顿官场文化的摩尔曼将军，预料到来自其他军种和联合参谋部的敌意"[192]。

2001 年，太空委员会建议"国防部长应指定空军为国防部航天执行代理人"[193]。拉姆斯菲尔德随后在 2001 年 10 月 18 日的备忘录中吸收了这一建议，初步指定空军为国防部航天执行代理人[194]，并要求在60 天之内（发布正式指令）来落实空军的新角色与新地位[195]。然而，这一建议成为太空委员会 10 条建议中落实得最迟的一项。直到 2003 年6 月 3 日，国防部副部长保罗·沃尔福威茨签署 DoDD5101.2 号指令，才正式指定空军部长为国防部航天执行代理人。该指令同时规定，空军部长可以将国防部航天执行代理人授权给空军副部长，但不可再往下授权[196]。7 月 7 日，空军部长将国防部航天执行代理人授权给空军副部长[197]。此外，在拉姆斯菲尔德备忘录中，还明确要求国防部采办、技术与后勤副部长奥尔德里奇负责将所有国防部航天采办计划的里程碑决策权授予空军部长（空军部长可再授权给空军副部长）。2002 年 2 月 14日，里程碑决策权被正式授予空军部长。至少在原则上，里程碑决策权使空军拥有了一项从未如此有力的工具来履行其执行代理人地位[198]。空军先后正式获得里程碑决策权和国防部航天执行代理人职权，使美国军事航天在采办领域实现了向空军的集中。加之空军副部长还被指定为空军的航天采办执行官[199]，使得三军航天项目的采办都由空军部长（或经授权后的空军副部长）一人来统筹。从这个角度来说，这次改革有望消除军事航天领域长期存在的重复建设现象。但从历史角度来说，空军正式获得执行代理人职权和里程碑决策权，只是向四十年前DoDD5160.32 号指令精神不完全的回归。

---

① 空间战中心于 2006 年 3 月 1 日更名为"太空创新与发展中心"（SIDC）。

（三）航天与导弹系统中心转隶空军航天司令部

2001 年太空委员会报告出台后，空军迅速采取行动落实拉姆斯菲尔德指示，其中一项即为将航天与导弹系统中心从空军器材司令部转隶空军航天司令部，并指定航天与导弹系统中心司令为空军航天项目执行官，直接向空军副部长汇报[200]。空军航天司令部的主要职能是航天运行，具体包括空间目标监视、卫星控制、航天发射等[201]。航天与导弹系统中心的主要职能是负责空军所有的航天采办①。该中心转隶空军航天司令部，将空军航天采办与航天运行集中到一起，实现了空军航天"从摇篮到坟墓"的集中化管理[202]。

前太空委员会成员、美国空军退役上将霍威尔·M·埃斯戴斯三世回忆道，当年太空委员会决定将航天与导弹系统中心转隶空军航天司令部主要有三点考虑。第一，空军器材司令部的航天采办系统和空军航天司令部的航天运行系统争夺空军航天控制权，于空军航天、国家安全航天无益；第二，除了空军航天司令部之外的所有空军一级司令部（包括空军器材司令部），均以航空任务为重点。唯有空军航天司令部以航天任务为重点，也负责空军航天人才的培养[203]，因此，空军航天采办与空军航天司令部的分离，于空军航天人才的培养无益；第三，部分委员考虑，将空军所有航天业务集中于空军航天司令部还有一个好处，即如果空军没能很好地履行军事航天管理职权，那么以这个一级司令部为基础成立天兵或天军相对来说就要容易一些[204]。

但是，对于航天与导弹系统中心转隶空军航天司令部也存在质疑的声音。J·凯文·麦克拉夫林、科瑞斯·D·克劳佛德两位空军上校2007 年在《高边疆》杂志联合撰文指出："总的来说，这次合并并未获得成功。许多人认为合并航天与导弹系统中心仅仅是从空军器材司令部向空军航天司令部打了一个补丁。很多高级领导人开始公开讨论这个事情，其中一些人认为合并是一个错误。"[205]对此，埃斯戴斯三世有比较中肯的分析。他认为，将航天与导弹系统中心并入空军航天司令部"不是最美满的婚姻"，因为航天与导弹系统中心要服务于两个上级，即在

---

① 其业务内容从装备类型上包括卫星、负载、发射工具、未来的导弹系统、地面控制系统、用户设备、地面传感器；从装备功能上包括通信、导航与时统、航天发射、空间态势感知、空间控制、导弹预警、天气监测、卫星指控、导弹防御保障、地基战略威慑等各个方面。

采办职能上向空军负责采办的助理部长汇报，在组织、训练和装备职能上向空军航天司令部司令汇报。但即便如此，埃斯戴斯三世也认为这比一些人提出的将航天与导弹系统中心重归空军器材司令部要好。根据他的经验，"在如何创建有效的组织机构问题上，多数情况下，根据使命任务（航天）来筹组远远胜于根据功能（采办或作战）来筹组"[206]。

（四）美国航天司令部司令与空军航天司令部司令职位分离

2002 年 4 月，按照太空委员会的建议，美军改变了长期以来由一人身兼北美航空航天防御司令部、美国航天司令部、空军航天司令部三个司令部司令的做法，空军航天司令部司令与美国航天司令部/北美航空航天防御司令部司令职位分离。空军航天司令部首次成为独立于美国航天司令部的空军四星一级司令部。

让空军航天司令部司令独立出来是太空委员会高度一致的认识。20世纪 80 年代中期，按照哈廷格的建议，美国航天司令部司令身兼三职。但这一安排从一开始便制造了许多的紧张与冲突。委员们认为，虽然让美国航天司令部司令兼任空军航天司令部司令具有一定的合理性，但美国航天司令部司令已经兼任了北美航空航天防御司令部司令，在一人身兼三职的情况下，这位司令不可能向空军航天司令部事务投入很多时间。曾经担任过这三个职务的埃斯戴斯三世对此深有体会，他认为这种做法不符合"北美航空航天防御司令部、美国航天司令部、空军航天司令部的男人和女人的最佳利益"[207]。

空军航天司令部司令与美国航天司令部司令职位的分离并非首次。1986 年 10 月—1992 年 3 月，两个职位也曾分离。期间，空军航天司令部仍然是空军的一级司令部，但司令军衔仅为二星或三星将军，与此同时所有其他空军一级司令部均为四星，这让空军航天司令部感到航天在空军范围内没有受到足够的重视，低航空一等。

太空委员会改革后，空军航天司令部司令与美国航天司令部司令职位的分离，可以让前者全身心地投入空军航天事业，而且其上将军衔地位也具有足够的影响力。这一改革收到了积极的效果。逐渐地，空军航天事务开始从空军总部向空军航天司令部转移。由于空军航天司令部对战役战术用户及需求更加了解，由该司令部来直接感知和处理各类重要的太空事务无疑更为合适[208]。

参 考 文 献

［1］ Benjamin S. Lambeth. Mastering the Ultimate High Ground ［M］. RAND Project AIR FORCE，2003：11；Peter L. Hays. Space and the military ［C］//Damon Coletta，Frances T. Pilch，ed. Space and Defense Policy. London and New York：Routledge，2009：173.

［2］ Joshua Boehm，Craig Baker，Stanley Chan，Mel Sakazaki. A History of United States National Security Space Management and Organization ［R/OL］. ［2014 - 09 - 28］. http：//fas. org/spp/eprint.

［3］ Benjamin S. Lambeth. Mastering the Ultimate High Ground ［M］. RAND Project AIR FORCE，2003：14.

［4］ Joshua Boehm，Craig Baker，Stanley Chan，Mel Sakazaki. A History of United States National Security Space Management and Organization ［R/OL］. ［2014 - 09 - 28］. http：//fas. org/spp/eprint.

［5］ Benjamin S. Lambeth. Mastering the Ultimate High Ground ［M］. RAND Project AIR FORCE，2003：15 - 16.

［6］ Joshua Boehm，Craig Baker，Stanley Chan，Mel Sakazaki. A History of United States National Security Space Management and Organization ［R/OL］. ［2014 - 09 - 28］. http：//fas. org/spp/eprint.

［7］ Benjamin S. Lambeth. Mastering the Ultimate High Ground ［M］. RAND Project AIR FORCE，2003：10，14.

［8］ Bruce Berkowitz. THE NATIONAL RECONNAISSANCE OFFICE AT 50 YEARS：A BRIEF HISTORY ［M］. Chantilly，Virginia：National Reconnaissance Office Center for the Study of National Reconnaissance，2011：5.

［9］ David N. Spires. The Air Force and Military Space Missions：The Critical Years，1957 - 1961 ［C］//R. Cargill Hall，Jacob Neufeld，ed. The U. S. Air Force in Space 1945 to the Twenty - first Century. Washington，D. C. ：USAF History and Museums Program，1998：40.

［10］ Benjamin S. Lambeth. Mastering the Ultimate High Ground ［M］. RAND Project AIR FORCE，2003：9.

［11］ Curtis Peebles. High Frontier—The U. S. Air Force and the Military Space Program ［M］. Air Force History and Museums Program，1997：5.

［12］ Joshua Boehm，Craig Baker，Stanley Chan，Mel Sakazaki. A History of United States National Security Space Management and Organization ［R/OL］. ［2014 - 09 - 28］. http：//fas. org/spp/eprint.

［13］ Benjamin S. Lambeth. Mastering the Ultimate High Ground ［M］. RAND Project AIR FORCE，2003：13，42.

［14］ 同上。

［15］ David N. Spires. The Air Force and Military Space Missions：The Critical Years，1957 - 1961 ［C］//R. Cargill Hall，Jacob Neufeld，ed. The U. S. Air Force in Space 1945 to the Twenty - first Century. Washington，D. C. ：USAF History and Museums Program，1998：36.

［16］ 同上：33.

［17］ Benjamin S. Lambeth. Mastering the Ultimate High Ground ［M］. RAND Project AIR FORCE，2003：37.

［18］ George W. Bradley，III. The Air Force in Space Today and Tomorrow：An Overview ［C］//R. Cargill Hall，Jacob Neufeld，ed. The U. S. Air Force in Space 1945 to the Twenty - first Century. Washington，D. C. ：USAF History and Museums Program，1998：163. 亨利·H. 阿诺德是美国陆军航空队最后一任司令，也是美国空军的缔造者.

［19］ Benjamin S. Lambeth. Mastering the Ultimate High Ground ［M］. RAND Project AIR FORCE，2003：37；Bernard A. Schriever. Military Space Activities：Recollections and Observations ［C］//R. Cargill Hall，Jacob Neufeld，ed. The U. S. Air Force in Space 1945 to the Twenty - first Century. Washington，D. C. ：USAF History and Museums Program，1998：12.

［20］ Benjamin S. Lambeth. Mastering the Ultimate High Ground ［M］. RAND Project AIR FORCE，2003：12 - 13.

［21］ Curtis Peebles. High Frontier—The U. S. Air Force and the Military Space Program ［M］. Air Force History and Museums Program，1997：6；Joshua Boehm，Craig Baker，Stanley Chan，Mel Sakazaki. A History of United States National Security Space Management and Organization ［R/OL］. ［2014 - 09 - 28］. http：//fas. org/spp/eprint。但 Bruce Berkowitz. THE NATIONAL RECONNAISSANCE OFFICE AT 50 YEARS：A BRIEF HISTORY ［M］. Chantilly，Virginia：National Reconnaissance Office

Center for the Study of National Reconnaissance，2011：6 - 7 认为成立西部发展处的直接动因是 1953 年 6 月空军科学咨询委员会的建议报告，这与前两份材料略有出入.

[22]　Bernard A. Schriever. Military Space Activities：Recollections and Observations [C] //R. Cargill Hall，Jacob Neufeld，ed. The U. S. Air Force in Space 1945 to the Twenty - first Century. Washington，D. C.：USAF History and Museums Program，1998：14.

[23]　Joshua Boehm，Craig Baker，Stanley Chan，Mel Sakazaki. A History of United States National Security Space Management and Organization [R/OL]. [2014 - 09 - 28]. http：//fas. org/spp/eprint.

[24]　同上，记载的数据为 400 万美元。Curtis Peebles. High Frontier—The U. S. Air Force and the Military Space Program [M]. Air Force History and Museums Program，1997：7 记载的数据为 470 万美元.

[25]　R. Cargill Hall. Civil - Military Relations in America's Early Space Program [C] //R. Cargill Hall，Jacob Neufeld，ed. The U. S. Air Force in Space 1945 to the Twenty - first Century. Washington，D. C.：USAF History and Museums Program，1998：26.

[26]　Benjamin S. Lambeth. Mastering the Ultimate High Ground [M]. RAND Project AIR FORCE，2003：13.

[27]　Joshua Boehm，Craig Baker，Stanley Chan，Mel Sakazaki. A History of United States National Security Space Management and Organization [R/OL]. [2014 - 09 - 28]. http：//fas. org/spp/eprint；David N. Spires. The Air Force and Military Space Missions：The Critical Years，1957 - 1961 [C] //R. Cargill Hall，Jacob Neufeld，ed. The U. S. Air Force in Space 1945 to the Twenty - first Century. Washington，D. C.：USAF History and Museums Program，1998：37.

[28]　David N. Spires. The Air Force and Military Space Missions：The Critical Years，1957 - 1961 [C] //R. Cargill Hall，Jacob Neufeld，ed. The U. S. Air Force in Space 1945 to the Twenty - first Century. Washington，D. C.：USAF History and Museums Program，1998：36，38. 1958 年的第一周，国防部要求各军种提交本军种的航天项目清单。空军领导人以为这将意味着给空军航天项目开绿灯，于是空军提出了 5 项大型航天计划和 21 项相关计划。待高级研究计划局成立后，沮丧的空军才明白这实际上是在为高级研究计划局的成立做准备，以方便于高级研究计划局未来在三军之间分配航天任务.

［29］ 同上：37.

［30］ 张杨 . 新冷战前沿——美国外层空间政策研究 1945 — 1969 ［M］. 长春：
东北师范大学出版社，2009：210 - 211.

［31］ VICE PRESIDENT' S SPACE POLICY ADVISORY BOARD. A POST COLD
WAR ASSESSMENT OF U. S. SPACE POLICY—A TASK GROUP REPORT
［R］. December 17，1992：2；Clayton D. Laurie. CONGRESS AND THE
NATIONAL RECONNAISSANCE OFFICE ［M］. OFFICE OF THE
HISTORIAN NATIONAL RECONNAISSANCE OFFICE，2001：7.

［32］ Stephen B. Johnson. THE HISTORAY AND HISTORIOGRAOPFHY OF
NATIONAL SECURITY SPACE ［C］//Steven J. Dick，Roger D. Launius，
ed. CRITICAL ISSUES IN THE HISTORY OF SPACEFLIGHT. NASA，
Office of External Relations，History Division，2006：535.

［33］ R. U. 希利乌斯，杰·康奈尔 . 卓越未来——关于超人类主义与技术奇点的
小道消息大百科 ［M］. 蔡瑜，陈灼，刘思羽，等译 . 北京：新星出版社，
2016：82。国家航空航天局成立后，高级研究计划局差点被解散，但最终得
以保留，主要是因为它转攻太空研究之外的领域，如信息科技 .

［34］ David N. Spires. The Air Force and Military Space Missions：The Critical
Years，1957 - 1961 ［C］//R. Cargill Hall，Jacob Neufeld，ed. The U. S. Air
Force in Space 1945 to the Twenty - first Century. Washington，D. C. ：
USAF History and Museums Program，1998：40.

［35］ 张杨 . 新冷战前沿——美国外层空间政策研究 1945 — 1969 ［M］. 长春：
东北师范大学出版社，2009：211 - 212；R. Cargill Hall. Civil - Military
Relations in America's Early Space Program ［C］//R. Cargill Hall，Jacob
Neufeld，ed. The U. S. Air Force in Space 1945 to the Twenty - first
Century. Washington，D. C. ：USAF History and Museums Program，1998：
28 - 29.

［36］ Joshua Boehm，Craig Baker，Stanley Chan，Mel Sakazaki. A History of
United States National Security Space Management and Organization ［R/
OL］. ［2014 - 09 - 28］. http：//fas. org/spp/eprint.

［37］ MARK ERICKSON. Into the Unknown Together The DOD，NASA，and
Early Spaceflight ［M］. Maxwell Air Force Base，Alabama：Air University
Press，2005：283 - 284.

［38］ Peter L. Hays. SPACE AND SECURITY—A Reference Handbook ［M］.
Santa Barbara，California • Denver，Colorado • Oxford，England：ABC -
CLIO，2011：181.

[39]　MARK ERICKSON. Into the Unknown Together The DOD, NASA, and Early Spaceflight [M]. Maxwell Air Force Base, Alabama: Air University Press, 2005: 275 - 276.

[40]　Joshua Boehm, Craig Baker, Stanley Chan, Mel Sakazaki. A History of United States National Security Space Management and Organization [R/ OL]. [2014 - 09 - 28]. http: //fas. org/spp/eprint.

[41]　David N. Spires. The Air Force and Military Space Missions: The Critical Years, 1957 - 1961 [C] //R. Cargill Hall, Jacob Neufeld, ed. The U. S. Air Force in Space 1945 to the Twenty - first Century. Washington, D. C.: USAF History and Museums Program, 1998: 42 - 43.

[42]　Peter L. Hays. SPACE AND SECURITY—A Reference Handbook [M]. Santa Barbara, California · Denver, Colorado · Oxford, England: ABC - CLIO, 2011: 181.

[43]　MARK ERICKSON. Into the Unknown Together The DOD, NASA, and Early Spaceflight [M]. Maxwell Air Force Base, Alabama: Air University Press, 2005: 274 - 275.

[44]　David N. Spires. The Air Force and Military Space Missions: The Critical Years, 1957 - 1961 [C] //R. Cargill Hall, Jacob Neufeld, ed. The U. S. Air Force in Space 1945 to the Twenty - first Century. Washington, D. C.: USAF History and Museums Program, 1998: 43.

[45]　MARK ERICKSON. Into the Unknown Together The DOD, NASA, and Early Spaceflight [M]. Maxwell Air Force Base, Alabama: Air University Press, 2005: 276.

[46]　R. Cargill Hall. Civil - Military Relations in America's Early Space Program [C] //R. Cargill Hall, Jacob Neufeld, ed. The U. S. Air Force in Space 1945 to the Twenty - first Century. Washington, D. C.: USAF History and Museums Program, 1998: 30.

[47]　David N. Spires. The Air Force and Military Space Missions: The Critical Years, 1957 - 1961 [C] //R. Cargill Hall, Jacob Neufeld, ed. The U. S. Air Force in Space 1945 to the Twenty - first Century. Washington, D. C.: USAF History and Museums Program, 1998: 38.

[48]　Peter L. Hays. SPACE AND SECURITY—A Reference Handbook [M]. Santa Barbara, California · Denver, Colorado · Oxford, England: ABC - CLIO, 2011: 15 - 16。NASA负责太空探索等民用航天任务，但急缺推进器研究能力。而陆军弹道导弹局（ABMA）的冯·布劳恩团队是美国实力最

强大的推进器研究队伍。1958 年 10 月，夸莱斯和首任 NASA 局长 Keith Glennan 商定，将喷气推进实验室（JPL）和冯·布劳恩团队移交 NASA。但此举遭到 ABMA 司令 Medaris 和陆军部长 Wilber Brucker 的强烈反对。作为折衷，JPL 被移交 NASA，但冯·布劳恩团队仍然留在 ABMA 控制之下，以合同的方式为 NASA 研制"土星"火箭。在围绕冯·布劳恩团队控制权的竞争中，ABMA 的弱势是缺乏研制"土星"火箭的合理军事需求。为此，ABMA 决定主动出击。1959 年上半年，陆军组织了一项名为《Project Horizon》的研究。该研究提出了一个异常雄心勃勃的太空计划，设想在 1966 年 11 月建设一个 12 人的月球前哨站，为此需要发射"土星"火箭 149 次。陆军的这一举措反而弄巧成拙。该计划过于大胆，反而令基斯佳科夫斯基、夸莱斯、国防研究与工程局局长赫伯特·约克其至包括艾森豪威尔总统等人都觉得冯·布劳恩团队应该转交 NASA。1960 年 1 月，国会批准了这一动议。7 月 1 日，NASA 依托冯·布劳恩团队建立了马歇尔航天飞行中心，艾森豪威尔总统亲自主持了成立仪式.

[49] J. Kevin McLaughlin. Forward to the Future: A Roadmap for Air Force Space (Part I) [J]. HIGH FRONTIER, August 2007, Volume 3, Number 4: 25.

[50] Benjamin S. Lambeth. Mastering the Ultimate High Ground [M]. RAND Project AIR FORCE, 2003: 13.

[51] R. Cargill Hall. Civil – Military Relations in America's Early Space Program [C] //R. Cargill Hall, Jacob Neufeld, ed. The U. S. Air Force in Space 1945 to the Twenty – first Century. Washington, D. C.: USAF History and Museums Program, 1998: 21.

[52] Benjamin S. Lambeth. Mastering the Ultimate High Ground [M]. RAND Project AIR FORCE, 2003: 13.

[53] Peter L. Hays. Space and the military [C] //Damon Coletta, Frances T. Pilch, ed. Space and Defense Policy. London and New York: Routledge, 2009: 172.

[54] 沃尔特·博伊恩. 跨越苍穹——美国空军史 1947 — 1997 [M]. 郑道根, 译. 北京: 军事谊文出版社, 1999: 156.

[55] David N. Spires. The Air Force and Military Space Missions: The Critical Years, 1957 – 1961 [C] //R. Cargill Hall, Jacob Neufeld, ed. The U. S. Air Force in Space 1945 to the Twenty – first Century. Washington, D. C.: USAF History and Museums Program, 1998: 44.

[56] David N. Spires. Beyond Horizons: A Half Century of Air Force Space

　　　　Leadership ［M］. Air Force Space Command，Air University Press，
　　　　1998：162.

［57］　郑晓明. 组织行为学 ［M］. 北京：清华大学出版社，2011：363.

［58］　沃尔特·博伊恩. 跨越苍穹——美国空军史 1947 — 1997 ［M］. 郑道根，
　　　　译. 北京：军事谊文出版社，1999：25.

［59］　同上：28.

［60］　同上：43.

［61］　Dwayne A. Day. Invitation to Struggle：The History of Civilian - Military
　　　　Relations in Space ［C］//John M. Logsdon，ed. EXPLORING THE
　　　　UNKNOWN. Washington，D. C. ：NASA History Office，1996：242.

［62］　同上：243.

［63］　David N. Spires. The Air Force and Military Space Missions：The Critical
　　　　Years，1957 - 1961 ［C］//R. Cargill Hall，Jacob Neufeld，ed. The U. S. Air
　　　　Force in Space 1945 to the Twenty - first Century. Washington，D. C. ：
　　　　USAF History and Museums Program，1998：39，41.

［64］　同上：36.

［65］　Stephen B. Johnson. THE HISTORAY AND HISTORIOGRAOPFHY OF
　　　　NATIONAL SECURITY SPACE ［C］//Steven J. Dick，Roger D. Launius，
　　　　ed. CRITICAL ISSUES IN THE HISTORY OF SPACEFLIGHT. NASA，
　　　　Office of External Relations，History Division，2006：536.

［66］　David N. Spires. The Air Force and Military Space Missions：The Critical
　　　　Years，1957 - 1961 ［C］//R. Cargill Hall，Jacob Neufeld，ed. The U. S. Air
　　　　Force in Space 1945 to the Twenty - first Century. Washington，D. C. ：
　　　　USAF History and Museums Program，1998：40 - 41.

［67］　沃尔特·博伊恩. 跨越苍穹——美国空军史 1947 — 1997 ［M］. 郑道根，
　　　　译. 北京：军事谊文出版社，1999：281.

［68］　David N. Spires. The Air Force and Military Space Missions：The Critical
　　　　Years，1957 - 1961 ［C］//R. Cargill Hall，Jacob Neufeld，ed. The U. S. Air
　　　　Force in Space 1945 to the Twenty - first Century. Washington，D. C. ：
　　　　USAF History and Museums Program，1998：35.

［69］　沃尔特·博伊恩. 跨越苍穹——美国空军史 1947 — 1997 ［M］. 郑道根，
　　　　译. 北京：军事谊文出版社，1999：152，152.

［70］　David N. Spires. The Air Force and Military Space Missions：The Critical
　　　　Years，1957 - 1961 ［C］//R. Cargill Hall，Jacob Neufeld，ed. The U. S. Air
　　　　Force in Space 1945 to the Twenty - first Century. Washington，D. C. ：

USAF History and Museums Program，1998：35.

［71］　同上：35.

［72］　同上：43.

［73］　MARK ERICKSON. Into the Unknown Together The DOD，NASA，and Early Spaceflight［M］. Maxwell Air Force Base，Alabama：Air University Press，2005：275.

［74］　Joshua Boehm，Craig Baker，Stanley Chan，Mel Sakazaki. A History of United States National Security Space Management and Organization［R/OL］.［2014 - 09 - 28］. http：//fas. org/spp/eprint.

［75］　David N. Spires. The Air Force and Military Space Missions：The Critical Years，1957 - 1961［C］//R. Cargill Hall，Jacob Neufeld，ed. The U. S. Air Force in Space 1945 to the Twenty - first Century. Washington，D. C.：USAF History and Museums Program，1998：43.

［76］　David N. Spires. Beyond Horizons：A Half Century of Air Force Space Leadership［M］. Air Force Space Command，Air University Press，1998：169.

［77］　Stephen B. Johnson. THE HISTORAY AND HISTORIOGRAOPFHY OF NATIONAL SECURITY SPACE［C］//Steven J. Dick，Roger D. Launius，ed. CRITICAL ISSUES IN THE HISTORY OF SPACEFLIGHT. NASA，Office of External Relations，History Division，2006：536.

［78］　Peter L. Hays. SPACE AND SECURITY—A Reference Handbook［M］. Santa Barbara，California · Denver，Colorado · Oxford，England：ABC - CLIO，2011：2；Bernard A. Schriever. Military Space Activities：Recollections and Observations［C］//R. Cargill Hall，Jacob Neufeld，ed. The U. S. Air Force in Space 1945 to the Twenty - first Century. Washington，D. C.：USAF History and Museums Program，1998：14 - 15；David N. Spires. The Air Force and Military Space Missions：The Critical Years，1957 - 1961［C］//R. Cargill Hall，Jacob Neufeld，ed. The U. S. Air Force in Space 1945 to the Twenty - first Century. Washington，D. C.：USAF History and Museums Program，1998：34.

［79］　Curtis Peebles. High Frontier—The U. S. Air Force and the Military Space Program［M］. Air Force History and Museums Program，1997：4。TCP 委员会原名 "Surprise Attack Panel"（突然袭击委员会），从一个侧面体现了艾森豪威尔政府对遭受苏联突然核打击的忧虑。

［80］　同上：2 - 3.

[81]　Peter L. Hays. SPACE AND SECURITY—A Reference Handbook [M].
　　　Santa Barbara, California · Denver, Colorado · Oxford, England: ABC -
　　　CLIO, 2011: 221.

[82]　R. Cargill Hall. Civil - Military Relations in America's Early Space Program
　　　[C] //R. Cargill Hall, Jacob Neufeld, ed. The U. S. Air Force in Space 1945
　　　to the Twenty - first Century. Washington, D. C. : USAF History and
　　　Museums Program, 1998: 30.

[83]　J. Kevin McLaughlin. Forward to the Future: A Roadmap for Air Force
　　　Space (Part I) [J]. HIGH FRONTIER, August 2007, Volume 3, Number
　　　4: 25.

[84]　David Christopher Arnold. Space and intelligence [C] //Damon Coletta,
　　　Frances T. Pilch, ed. Space and Defense Policy. London and New York:
　　　Routledge, 2009: 214, 220.

[85]　Peter L. Hays. SPACE AND SECURITY—A Reference Handbook [M].
　　　Santa Barbara, California · Denver, Colorado · Oxford, England: ABC -
　　　CLIO, 2011: 221. 总统科学顾问基斯佳科夫斯基觉得, 主要是优先级、组
　　　织方面的问题, 而非技术挑战导致侦察卫星项目步履维艰.

[86]　Peter L. Hays. SPACE AND SECURITY—A Reference Handbook [M].
　　　Santa Barbara, California · Denver, Colorado · Oxford, England: ABC -
　　　CLIO, 2011: 12.

[87]　J. Kevin McLaughlin. Forward to the Future: A Roadmap for Air Force
　　　Space (Part I) [J]. HIGH FRONTIER, August 2007, Volume 3, Number
　　　4: 25.

[88]　R. Cargill Hall. THE NRO AT FORTY: ENSURING GLOBAL
　　　INFORMATION SUPREMACY [DB/OL]. [2015 - 04 - 23] . http: //
　　　www. nro. gov/foia/docs/foia - nro - history. pdf.

[89]　Robert Kohler. Recapturing What Made the NRO Great: Updated
　　　Observations on " The Decline of the NRO " 　　　[J] . NATIONAL
　　　RECONNAISSANCE—Journal of the Discipline and Practice, 2005 - U1: 51.

[90]　Robert Kohler. One Officer's Perspective: The Decline of the National
　　　Reconnaissance Office [J]. NATIONAL RECONNAISSANCE—Journal of
　　　the Discipline and Practice, 2005 - U1: 37.

[91]　同上.

[92]　Peter L. Hays. Space and the military [C] //Damon Coletta, Frances T.
　　　Pilch, ed. Space and Defense Policy. London and New York: Routledge,

2009：174.

[93] Peter L. Hays. Space and the military [C] //Damon Coletta, Frances T. Pilch, ed. Space and Defense Policy. London and New York：Routledge, 2009：174.

[94] 威廉·欧丹. 情报改革 [M]. 台北： "国防部史政编译室" 译印, 2003：120.

[95] David Christopher Arnold. Space and intelligence [C] //Damon Coletta, Frances T. Pilch, ed. Space and Defense Policy. London and New York：Routledge, 2009：220, 229.

[96] David Christopher Arnold. Space and intelligence [C] //Damon Coletta, Frances T. Pilch, ed. Space and Defense Policy. London and New York：Routledge, 2009：221.

[97] 同上.

[98] J. Kevin McLaughlin. Forward to the Future：A Roadmap for Air Force Space (Part I) [J]. HIGH FRONTIER, August 2007, Volume 3, Number 4：26.

[99] David Christopher Arnold. Space and intelligence [C] //Damon Coletta, Frances T. Pilch, ed. Space and Defense Policy. London and New York：Routledge, 2009：222.

[100] Stephen B. Johnson. THE HISTORAY AND HISTORIOGRAOPFHY OF NATIONAL SECURITY SPACE [C] //Steven J. Dick, Roger D. Launius, ed. CRITICAL ISSUES IN THE HISTORY OF SPACEFLIGHT. NASA, Office of External Relations, History Division, 2006：536.

[101] David N. Spires. Beyond Horizons：A Half Century of Air Force Space Leadership [M]. Air Force Space Command, Air University Press, 1998：171 - 173.

[102] 同上：176 - 177.

[103] Thomas S. Moorman, Jr. The Air Force in Space, its Past and Future [C] //R. Cargill Hall, Jacob Neufeld, ed. The U. S. Air Force in Space 1945 to the Twenty - first Century. Washington, D. C. ：USAF History and Museums Program, 1998：172.

[104] Stephen B. Johnson. THE HISTORAY AND HISTORIOGRAOPFHY OF NATIONAL SECURITY SPACE [C] //Steven J. Dick, Roger D. Launius, ed. CRITICAL ISSUES IN THE HISTORY OF SPACEFLIGHT. NASA, Office of External Relations, History Division, 2006：536.

[105] David N. Spires. Beyond Horizons: A Half Century of Air Force Space Leadership [M]. Air Force Space Command, Air University Press, 1998: 184.

[106] Rick W. Sturdevant. The United States Air Force Organizes for Space: The Operational Quest [C] //Roger D. Launius, ed. Organizing for the Use of Space: Historical Perspectives on a Persistent Issue. AMERICAN ASTRONAUTICAL SOCIETY, 1995: 175.

[107] JACK MANNO. ARMING THE HEAVENS—The Hidden Military Agenda for Space, 1945 - 1995 [M]. New York: DODD MEAD&COMPANY, 1984: 125.

[108] Jeff Kueter, John B. Sheldon. An Investment Strategy for National Security Space [R]. The Heritage Foundation, FEBRUARY 20, 2013: 5.

[109] David N. Spires. Beyond Horizons: A Half Century of Air Force Space Leadership [M]. Air Force Space Command, Air University Press, 1998: 274.

[110] 麦克·P·C·卡恩（前空军副参谋长）在 1994 年 11 月 National Security Industrial Association 举办的有关《SPACECAST 2020》研讨会上的发言. [2015 - 02 - 26]. http://fas. org/spp/military/docops/usaf/2020/carns. htm.

[111] David N. Spires. Beyond Horizons: A Half Century of Air Force Space Leadership [M]. Air Force Space Command, Air University Press, 1998: 198.

[112] Joshua Boehm, Craig Baker, Stanley Chan, Mel Sakazaki. A History of United States National Security Space Management and Organization [R/OL]. [2014 - 09 - 28]. http://fas. org/spp/eprint.

[113] Rick W. Sturdevant. The United States Air Force Organizes for Space: The Operational Quest [C] //Roger D. Launius, ed. Organizing for the Use of Space: Historical Perspectives on a Persistent Issue. AMERICAN ASTRONAUTICAL SOCIETY, 1995: 184.

[114] George W. Bradley, III. The Air Force in Space Today and Tomorrow: An Overview [C] //R. Cargill Hall, Jacob Neufeld, ed. The U. S. Air Force in Space 1945 to the Twenty - first Century. Washington, D. C. : USAF History and Museums Program, 1998: 165.

[115] David N. Spires. Beyond Horizons: A Half Century of Air Force Space Leadership [M]. Air Force Space Command, Air University Press, 1998:

180 - 181。20 世纪 50 年代，空军曾进行过空天飞机的升力机身试验，后又实施过 Dyna - Soar 计划，以及载人轨道实验室（MOL）计划。

[116] Stephen B. Johnson. THE HISTORAY AND HISTORIOGRAOPFHY OF NATIONAL SECURITY SPACE [C] //Steven J. Dick, Roger D. Launius, ed. CRITICAL ISSUES IN THE HISTORY OF SPACEFLIGHT. NASA, Office of External Relations, History Division, 2006: 536 - 537.

[117] David N. Spires. Beyond Horizons: A Half Century of Air Force Space Leadership [M]. Air Force Space Command, Air University Press, 1998: 175, 180.

[118] David N. Spires. Beyond Horizons: A Half Century of Air Force Space Leadership [M]. Air Force Space Command, Air University Press, 1998: 179.

[119] George W. Bradley, III. The Air Force in Space Today and Tomorrow: An Overview [C] //R. Cargill Hall, Jacob Neufeld, ed. The U. S. Air Force in Space 1945 to the Twenty - first Century. Washington, D. C.: USAF History and Museums Program, 1998: 165.

[120] Peter L. Hays. SPACE AND SECURITY—A Reference Handbook [M]. Santa Barbara, California • Denver, Colorado • Oxford, England: ABC - CLIO, 2011: 33.

[121] 同上: 33.

[122] David N. Spires. Beyond Horizons: A Half Century of Air Force Space Leadership [M]. Air Force Space Command, Air University Press, 1998: 199 - 200, 205.

[123] 虽然艾伦在成立航天司令部问题上立场相对保守，但其在美国空军航天历史上的地位仍然比较高。据 John L. Mclucas. The U. S. Space Program Since 1961: A Personal Assessment [C] //R. Cargill Hall, Jacob Neufeld, ed. The U. S. Air Force in Space 1945 to the Twenty - first Century. Washington, D. C.: USAF History and Museums Program, 1998: 92 记载，麦克卢卡斯认为空军对航天的兴趣来得比较迟，而空军对航天的真正兴趣是在一位具有航天背景的空军参谋长，即卢·艾伦上台之后。另据 T. Michael Moseley. Dominating the High Frontier: The Cornerstone of Global Vigilance, Global Reach, and Global Power [J]. HIGH FRONTIER, August 2007, Volume 3, Number 4: 6 记载，T. Michael Moseley 上将认为"艾伦上将强烈地感到必须发展作战性航天，因此，他努力推动空军建立航天司令部"。但这一说法明显过誉。

[124] Rick W. Sturdevant. The United States Air Force Organizes for Space: The Operational Quest [C] //Roger D. Launius, ed. Organizing for the Use of Space: Historical Perspectives on a Persistent Issue. AMERICAN ASTRONAUTICAL SOCIETY, 1995: 172 - 174.

[125] Joshua Boehm, Craig Baker, Stanley Chan, Mel Sakazaki. A History of United States National Security Space Management and Organization [R/OL]. [2014 - 09 - 28]. http: //fas. org/spp/eprint.

[129] Rick W. Sturdevant. "Just a Matter of Time" How and Why the US Air Force Established a Space Command [J]. HIGH FRONTIER, August 2007, Volume 3, Number 4: 33.

[127] Rick W. Sturdevant. The United States Air Force Organizes for Space: The Operational Quest [C] //Roger D. Launius, ed. Organizing for the Use of Space: Historical Perspectives on a Persistent Issue. AMERICAN ASTRONAUTICAL SOCIETY, 1995: 174.

[128] Joshua Boehm, Craig Baker, Stanley Chan, Mel Sakazaki. A History of United States National Security Space Management and Organization [R/OL]. [2014 - 09 - 28]. http: //fas. org/spp/eprint.

[129] David D. Bradburn. The Evolution of Military Space Systems [C] //R. Cargill Hall, Jacob Neufeld, ed. The U. S. Air Force in Space 1945 to the Twenty - first Century. Washington, D. C. : USAF History and Museums Program, 1998: 62.

[130] Rick W. Sturdevant. The United States Air Force Organizes for Space: The Operational Quest [C] //Roger D. Launius, ed. Organizing for the Use of Space: Historical Perspectives on a Persistent Issue. AMERICAN ASTRONAUTICAL SOCIETY, 1995: 177.

[131] David N. Spires. Beyond Horizons: A Half Century of Air Force Space Leadership [M]. Air Force Space Command, Air University Press, 1998: 200; Rick W. Sturdevant. The United States Air Force Organizes for Space: The Operational Quest [C] //Roger D. Launius, ed. Organizing for the Use of Space: Historical Perspectives on a Persistent Issue. AMERICAN ASTRONAUTICAL SOCIETY, 1995: 178.

[132] Rick W. Sturdevant. The United States Air Force Organizes for Space: The Operational Quest [C] //Roger D. Launius, ed. Organizing for the Use of Space: Historical Perspectives on a Persistent Issue. AMERICAN ASTRONAUTICAL SOCIETY, 1995: 180.

［133］ 蒋梦麟．西潮与新潮［M］．北京：东方出版社，2006：313.

［134］ John E. Hyten. Air Force Space Command：Accomplishments，Future Challenges and Opportunities ［DB/OL］．［2015 - 08 - 04］.http：// www. afspc. af. mil/library/speeches/speech. asp? id＝754.

［135］ David N. Spires. Beyond Horizons：A Half Century of Air Force Space Leadership ［M］.Air Force Space Command，Air University Press，1998：201.

［139］ 同上：198.

［137］ 不同文献对该职位的表述有较大文字差异，计有 Directorate for Space Operations、Directorate of Space Operations、Directorate of Space 等。本书依据 David N. Spires 著作中 Directorate for Space Operations 的表述，统一译作"太空作战处"。

［138］ David N. Spires. Beyond Horizons：A Half Century of Air Force Space Leadership ［M］.Air Force Space Command，Air University Press，1998：194 - 198.

［139］ 同上：202.

［140］ Earl S. Van Inwegen. The Air Force Develops an Operational Organization for Space ［C］//R. Cargill Hall，Jacob Neufeld，ed. The U. S. Air Force in Space 1945 to the Twenty - first Century. Washington，D. C. ：USAF History and Museums Program，1998：140.

［141］ David N. Spires. Beyond Horizons：A Half Century of Air Force Space Leadership ［M］.Air Force Space Command，Air University Press，1998：174 - 176.

［142］ John L. Mclucas. The U. S. Space Program Since 1961：A Personal Assessment ［C］//R. Cargill Hall，Jacob Neufeld，ed. The U. S. Air Force in Space 1945 to the Twenty - first Century. Washington，D. C. ：USAF History and Museums Program，1998：92；David N. Spires. Beyond Horizons：A Half Century of Air Force Space Leadership ［M］.Air Force Space Command，Air University Press，1998：199.

［143］ David N. Spires. Beyond Horizons：A Half Century of Air Force Space Leadership ［M］.Air Force Space Command，Air University Press，1998：199.

［144］ 艾伦的立场在其他事情中也有体现。《航空周刊》曾刊发一篇文章介绍1981年9月成立的太空作战处（该处当时的办公地点是五角大楼的一间地下室）。文中有一句评论："成立太空（作战）处就是要驱除空军内部那些把太空视

作研发事务而非作战事务的看法。"据传，艾伦见此评论后骂道："如果这真是地下室里的那帮太空实习生所想的，那他们将永远无法从地下室里走出来!"见 Earl S. Van Inwegen. The Air Force Develops an Operational Organization for Space [C] //R. Cargill Hall, Jacob Neufeld, ed. The U. S. Air Force in Space 1945 to the Twenty – first Century. Washington, D. C.: USAF History and Museums Program, 1998: 140.

[145] Rick W. Sturdevant. "Just a Matter of Time" How and Why the US Air Force Established a Space Command [J]. HIGH FRONTIER, August 2007, Volume 3, Number 4: 35.

[146] 据 David N. Spires. Beyond Horizons: A Half Century of Air Force Space Leadership [M] . Air Force Space Command, Air University Press, 1998: 202; Rick W. Sturdevant. The United States Air Force Organizes for Space: The Operational Quest [C] //Roger D. Launius, ed. Organizing for the Use of Space: Historical Perspectives on a Persistent Issue. AMERICAN ASTRONAUTICAL SOCIETY, 1995: 178 记载, 这是奥尔德里奇于 1981 年 11 月在参议院武装部队委员会上的证词。但据 Earl S. Van Inwegen. The Air Force Develops an Operational Organization for Space [C] //R. Cargill Hall, Jacob Neufeld, ed. The U. S. Air Force in Space 1945 to the Twenty – first Century. Washington, D. C.: USAF History and Museums Program, 1998: 141 记载, 这是奥尔德里奇在 American Astronautical Society 上的演讲。两个来源有出入。

[147] David N. Spires. Beyond Horizons: A Half Century of Air Force Space Leadership [M] . Air Force Space Command, Air University Press, 1998: 202; Rick W. Sturdevant. The United States Air Force Organizes for Space: The Operational Quest [C] //Roger D. Launius, ed. Organizing for the Use of Space: Historical Perspectives on a Persistent Issue. AMERICAN ASTRONAUTICAL SOCIETY, 1995: 178.

[148] David N. Spires. Beyond Horizons: A Half Century of Air Force Space Leadership [M] . Air Force Space Command, Air University Press, 1998: 203.

[149] Rick W. Sturdevant. The United States Air Force Organizes for Space: The Operational Quest [C] //Roger D. Launius, ed. Organizing for the Use of Space: Historical Perspectives on a Persistent Issue. AMERICAN ASTRONAUTICAL SOCIETY, 1995: 182.

[150] AIR FORCE SPACE COMMAND. ALMANAC 2004 – 2005 [M]: 4.

[151] David N. Spires. Beyond Horizons: A Half Century of Air Force Space Leadership [M]. Air Force Space Command, Air University Press, 1998: 211.

[152] 同上: 237.

[153] Rick W. Sturdevant. The United States Air Force Organizes for Space: The Operational Quest [C] //Roger D. Launius, ed. Organizing for the Use of Space: Historical Perspectives on a Persistent Issue. AMERICAN ASTRONAUTICAL SOCIETY, 1995: 182.

[154] David N. Spires. Beyond Horizons: A Half Century of Air Force Space Leadership [M]. Air Force Space Command, Air University Press, 1998: 232.

[155] 同上: 240.

[156] Thomas S. Moorman, Jr. The Air Force in Space, its Past and Future [C] //R. Cargill Hall, Jacob Neufeld, ed. The U. S. Air Force in Space 1945 to the Twenty – first Century. Washington, D. C.: USAF History and Museums Program, 1998: 173.

[157] Rick W. Sturdevant. The United States Air Force Organizes for Space: The Operational Quest [C] //Roger D. Launius, ed. Organizing for the Use of Space: Historical Perspectives on a Persistent Issue. AMERICAN ASTRONAUTICAL SOCIETY, 1995: 184.

[158] Bruce Berkowitz. THE NATIONAL RECONNAISSANCE OFFICE AT 50 YEARS: A BRIEF HISTORY [M]. Chantilly, Virginia: National Reconnaissance Office Center for the Study of National Reconnaissance, 2011: 5, 7 – 8.

[159] Joshua Boehm, Craig Baker, Stanley Chan, Mel Sakazaki. A History of United States National Security Space Management and Organization [R/OL]. [2014 – 09 – 28]. http: //fas. org/spp/eprint.

[160] 同上.

[161] National Reconnaissance Office Review and Redaction Guide—For Automatic Declassification of 25 – Year – Old Information, NRO APPROVED FOR RELEASE 8 MAY 2013: 21.

[162] Joshua Boehm, Craig Baker, Stanley Chan, Mel Sakazaki. A History of United States National Security Space Management and Organization [R/OL]. [2014 – 09 – 28]. http: //fas. org/spp/eprint.

[163] Bruce Berkowitz. THE NATIONAL RECONNAISSANCE OFFICE AT 50

YEARS: A BRIEF HISTORY ［M］. Chantilly, Virginia: National Reconnaissance Office Center for the Study of National Reconnaissance, 2011: 19.

［164］ Center for the Study of National Reconnaissance. NATIONAL RECONNAISSANCE ALMANAC (JANUARY 2011) ［M］. 2011: 27.

［165］ J. Kevin McLaughlin. Military Space Culture ［R/OL］. ［2014 - 09 - 28］. http: //fas. org/spp/eprint.

［166］ 威廉·欧丹. 情报改革 ［M］. 台北: "国防部史政编译室"译印, 2003: 136.

［167］ 同上.

［168］ 同上.

［169］ George E. Slaven Jr. WHAT THE WARFIGHTER SHOULD KNOW ABOUT SPACE A REPORT ON U. S. SPACE COMMAND JOINT SPACE SUPPORT TEAMS ［R］. Maxwell Air Force Base, Alabama: AIR WAR COLLEGE, AIR UNIVERSITY, 1997: 37.

［170］ Russell E. Dougherty, Charles A. Gabriel, Michael J. Dugan, etc. Facing Up to Space ［J］. AIR FORCE Magazine, January 1995: 50; 65. Timothy K. Roberts. A New Fundamental Mission for the US Space Program ［DB/OL］. ［2017 - 04 - 10］. http: //commons. erau. edu/cgi/viewcontent. cgi? article=1629&context=space - congress - proceedings.

［171］ VICE PRESIDENT'S SPACE POLICY ADVISORY BOARD. A POST COLD WAR ASSESSMENT OF U. S. SPACE POLICY—A TASK GROUP REPORT ［R］. December 17, 1992: 26.

［172］ NATIONAL SPACE ISSUES—Observations on Defense Space Programs and Activities ［R］. United States General Accounting Office, August 1994: 8.

［173］ David N. Spires. Beyond Horizons: A Half Century of Air Force Space Leadership ［M］. Air Force Space Command, Air University Press, 1998: 276.

［174］ NATIONAL SPACE ISSUES—Observations on Defense Space Programs and Activities ［R］. United States General Accounting Office, August 1994: 12.

［175］ Russell E. Dougherty, Charles A. Gabriel, Michael J. Dugan, etc. Facing Up to Space ［J］. AIR FORCE Magazine, January 1995: 52.

［176］ NATIONAL SPACE ISSUES—Observations on Defense Space Programs and Activities ［R］. United States General Accounting Office, August 1994: 23 - 24.

[177] J. Kevin McLaughlin. The Space Commission: 10 Years Later, But Not Quite 10 Years Closer [J]. HIGH FRONTIER, August 2011, Volume 7, Number 4: 16.

[178] Benjamin S. Lambeth. Mastering the Ultimate High Ground [M]. RAND Project AIR FORCE, 2003: 1 – 2.

[179] Report of the COMMISSSION TO ASSESS UNITED STATES NATIONAL SECURITY SPACE MANAGEMENT AND ORGANIZATION [R]. 2001: ix, 99.

[180] Howell M. Estes III. The Space Commission: 10 Years Later – Still a Work in Progress [J]. HIGH FRONTIER, August 2011, Volume 7, Number 4: 8.

[181] Richard W. McKinney. Reconsidering the Space Commission 10 Years Later [J]. HIGH FRONTIER, August 2011, Volume 7, Number 4: 13.

[182] 同上.

[183] Howell M. Estes III. The Space Commission: 10 Years Later – Still a Work in Progress [J]. HIGH FRONTIER, August 2011, Volume 7, Number 4: 9.

[184] Donald H. Rumsfeld, Stephen A. Cambone. Enduring Issues: The Space Commission 10 Years Later [J]. HIGH FRONTIER, August 2011, Volume 7, Number 4: 5.

[185] David N. Spires. Beyond Horizons: A Half Century of Air Force Space Leadership [M]. Air Force Space Command, Air University Press, 1998: 191 – 192.

[186] Rick W. Sturdevant. The United States Air Force Organizes for Space: The Operational Quest [C] //Roger D. Launius, ed. Organizing for the Use of Space: Historical Perspectives on a Persistent Issue. AMERICAN ASTRONAUTICAL SOCIETY, 1995: 185 – 186.

[187] Merrill A. McPeak. The Future of America in Space – Speech, SPACETALK 94 [G] //Merrill A. McPeak. SELECTED WORKS 1990 – 1994. Maxwell Air Force Base, Alabama: Air University Press, 1995: 323.

[188] David N. Spires. Beyond Horizons: A Century of the Air Force in Space, 1947 – 2007 [M]. Air Force Space Command, 2007: 294.

[189] Russell E. Dougherty, Charles A. Gabriel, Michael J. Dugan, etc. Facing Up to Space [J]. AIR FORCE Magazine, January 1995: 53.

[190] Robert S. Dickman. Near Term Prospects for the Air Force in Space [C] //

R. Cargill Hall, Jacob Neufeld, ed. The U. S. Air Force in Space 1945 to the Twenty - first Century. Washington, D. C. : USAF History and Museums Program, 1998: 152.

[191] David N. Spires. Beyond Horizons: A Century of the Air Force in Space, 1947 - 2007 [M] . Air Force Space Command, 2007: 294.

[192] Robert S. Dickman. Near Term Prospects for the Air Force in Space [C] // R. Cargill Hall, Jacob Neufeld, ed. The U. S. Air Force in Space 1945 to the Twenty - first Century. Washington, D. C. : USAF History and Museums Program, 1998: 153.

[193] Report of the COMMISSSION TO ASSESS UNITED STATES NATIONAL SECURITY SPACE MANAGEMENT AND ORGANIZATION [R]. 2001: 89.

[194] Eligar Sadeh, Brenda Vallance. The Policy process [C] //Damon Coletta, Frances T. Pilch, ed. Space and Defense Policy. London and New York: Routledge, 2009: 133.

[195] DEFENSE SPACE ACTIVITIES—Organizational Changes Initiated, but Further Management Actions Needed [R] . General Accounting Office, 2003: 8.

[196] David C. Arnold, Peter L. Hays. Getting There From Here: Realizing the Space Commission's Vision 10 Years Later [J]. HIGH FRONTIER, August 2011, Volume 7, Number 4: 34.

[197] David N. Spires. Beyond Horizons: A Century of the Air Force in Space, 1947 - 2007 [M] . Air Force Space Command, 2007: 298.

[198] Benjamin S. Lambeth. Mastering the Ultimate High Ground [M] . RAND Project AIR FORCE, 2003: 139.

[199] Richard W. McKinney. Reconsidering the Space Commission 10 Years Later [J]. HIGH FRONTIER, August 2011, Volume 7, Number 4: 13.

[200] 同上。

[201] Rick W. Sturdevant. The United States Air Force Organizes for Space: The Operational Quest [C] //Roger D. Launius, ed. Organizing for the Use of Space: Historical Perspectives on a Persistent Issue. AMERICAN ASTRONAUTICAL SOCIETY, 1995: 186.

[202] John T. "Tom" Sheridan. Space and Missile Systems Center "Building the Future of Military Space Today" [J]. HIGH FRONTIER, November 2009, Volume 6, Number 1: 10.

［203］据 J. Kevin McLaughlin. Military Space Culture ［R/OL］. ［2014 - 09 - 28］. http：//fas. org/spp/eprint 记载，太空委员会也建议，将太空专业类别管理职能由空军参谋部转给空军航天司令部司令.

［204］Howell M. Estes III. The Space Commission：10 Years Later - Still a Work in Progress ［J］. HIGH FRONTIER，August 2011，Volume 7，Number 4：9.

［205］J. Kevin McLaughlin，Chris D. Crawford. Forward to the Future：A Roadmap for Air Force Space (Part II) ［J］. HIGH FRONTIER，November 2007，Volume 4，Number 1：32.

［206］Howell M. Estes III. The Space Commission：10 Years Later - Still a Work in Progress ［J］. HIGH FRONTIER，August 2011，Volume 7，Number 4：9.

［207］同上：10.

［208］Shawn J. Barnes. The Space Commission Recommendations in Retrospect：Four Key Lessons ［J］. HIGH FRONTIER，August 2011，Volume 7，Number 4：37.

第三章　美国国家安全航天决策与咨询体制

决策管理体制处于美国国家安全航天体制的顶点，是美国国家安全航天体制运行的开端。其行为主体通常是由多人组成的智能集团。在决策机构中，根据每个人所处的职位不同，可分为两类：一类是拥有决策权的决断者，另一类是处于辅助地位的决策参谋人员和专家咨询人员[1]。美国国家安全航天体制中拥有决策权的决断者，顶层是总统和国会，中间层是国防部长、国家情报主任，下层是各军种、国家侦察局等。其中，中间层、下层同时也是国家安全航天领导管理体制、作战指挥体制的主体部分。另外，国家安全航天体制中的辅助决策机构对于实现国家安全航天决策的法制化、民主化和科学化具有十分重要的意义。

第一节　顶层决策体制

在美国国家安全航天的顶层决策体制中，总统领导的政府决定国家安全航天的宏观发展方向与战略，作为立法机关的国会对政府实施监督并通过授权、拨款等手段对国家安全航天的发展施加影响。多数情况下，总统与国会对美国国家安全航天的作用力是相向而行的，二者共同主导了美国国家安全航天的发展路径。

一、总统

美国总统兼任武装部队总司令，是三军最高统帅，通过国防部长经各军种部长对全军实施行政领导；通过国防部长经参谋长联席会议主席至各联合作战司令部对作战部队实施作战指挥[2]。同时，总统也是国家情报事务的总负责人、情报指挥链上的最高权威，通过国家情报主任对情报界进行宏观管理，提供总体的、基本功能上的规定与指导[3]。

（一）总统决策的地位

美国总统在国家安全航天决策中占据十分重要的地位。这不仅是因为总统掌握了最大的行政权力及这种权力的唯一性，更是因为美国国家安全航天体制所特有的双峰结构及其所带来的对总统决策的强烈需求。

正是美国总统的深度参与和决策造就了美国国家安全航天体制的双峰结构。1957 年苏联率先发射人造卫星使美国举国震惊，民族自信心和国际威望遭受巨大打击。在巨大压力下，艾森豪威尔对军方的太空侦察计划投入了大量的精力和关注。整个 20 世纪 50 年代，艾森豪威尔政府为太空计划设定了虽然保密，但非常具体的目标[4]，并最终催生了国家侦察局。国家侦察局的诞生宣告情报界作为一个重要成员参与到了美国航天界，更宣告美国国家安全航天体制双峰结构的形成。而双峰结构之一的国家侦察局，作为一个拥有极大自主权的"专项办公室"，其积极意义是极大地推动了美国航天侦察能力的发展，但伴随而来的则是双峰之间在权力、需求、资源上的分歧与争夺。

非正常状态会逐步转向正常状态，应急性决策会逐步转向常态性决策。1969 年登月成功，美国在太空竞赛中大获全胜，美国民众对航天的兴趣大减，迫使政府、国会削减了对航天的投入。20 世纪 90 年代初，海湾战争爆发后对太空侦察的战役战术性军事需求大增，标志着太空在战略情报获取上的地位相对降低，美国总统不可能如 20 世纪 50 年代末期一般重视航天，不可能像艾森豪威尔一样投入大量的时间和精力去关注国家安全航天事务。但与此同时，在预算偏紧、各方对国家安全航天需求反而增大的情况下，双峰结构固有的内部矛盾与冲突进一步浮出水面。因此，20 世纪 90 年代之后各类相关机构的研究报告大都把渴求的目光投向总统，希望总统亲自关注和领导国家安全航天事务。如1993 年 1 月，时任副总统奎尔在向老布什总统提交的关于航天项目的报告中，建议白宫给予强有力的关注来推进机构变革，以鼓励合作、集成，消除政府航天活动中的重复建设[5]。2001 年，太空委员会面对美国国家安全航天组织与管理的复杂局面，也不得不诉诸总统，指出"委员会所有成员强烈认为，为了建立并运行一个更为高效的航天组织与管理结构，以降低美国航天资产存在的明显的、且持续增加的脆弱性，总统有必要实施坚强有力的领导"[6]。2008 年，国防分析研究所报告指出，作为国家安全航天主力的国家侦察局和航天与导弹系统中心分别在情报界和国防部内有着独立的、平行的需求和经费渠道，"为了在国家安全航天各机构间就太空事务优先级达成共识，需要总统的领导"[7]。

总统决策的极端重要性实际上折射了美国国家安全航天体制双峰结构内在的困局。国家安全航天双峰背后分别站立的是国防部长和国家情报主任，二者均为总统极为倚重的阁僚。虽然国防部长在国家安全航天事务里占据大部分的预算权力，但军方也无法撼动国家情报主任在情报界航天事务中的地位。因此，就连太空委员会也承认，即便是诉诸于总统，但如果国防部长和国家情报主任不能达成一致意见的话也不行[8]。尤其是9·11之后国家情报主任的权力还得到了增强，国家安全航天双峰之间达成一致意见的概率也相应降低。可以预见，在冷战后相对趋缓的总体国际环境与美国国内环境之下，总统的决策意愿与力度将很难对国家安全航天体制的双峰结构带来根本性改变。事实上，即使是对太空事务持强烈单边主义立场的小布什总统也未能很好地满足太空委员会对于增强军事航天、情报界航天之间联系的建议要求。因此，国家安全航天双峰之间的权力冲突和资源争夺仍将继续下去。

（二）总统决策的样式

按照决策的动力来源，总统在国家安全航天事务上的决策大体上可以划分为内部驱动的决策和外部驱动的决策两大类[9]。内部驱动的决策是指由总统、国家安全顾问、国防部长和国防部主要官员、国家情报主任和情报界主要官员等提出，最后由总统实施的决策。外部驱动的决策是指由国会或智库根据监督评估或跟踪研究的结果，向总统提出建议，最后由总统实施的决策。按照决策的手段，总统在国家安全航天事务上的决策大体上可以划分为对人、对财、对政策的决策三大类。

对人的决策主要是指任命相关的航天部门领导人。为了通过该决策贯彻总统的意图和思想、影响国家在该领域的具体走向，总统往往会提名价值观、观点与其一致的人选来领导相关航天机构。

对财的决策主要是指利用年度预算报告来评估、控制相关国家安全航天机构的运转情况[10]。

对政策的决策主要是指通过发布《国家航天政策》等总体性航天政策或某一具体领域的航天政策来主导国家安全航天的发展。在决策流程上，无论由总统办公厅内哪个机构来主导航天政策的制定，其流程都是类似的。首先，由行政部门相关部局的各位代表与总统办公厅内航天主导机构的人员合作，起草一份新的政策草案或修订原有的政策文件。这一过程最初一般由中级官员实施，之后更高级的官员逐步介入，直至草案达成共识，并呈送各部局首脑批准。实际上，能够对新政策的内容达成共识并最终呈送至总统及其高级助手的政策文件很少，很多时候各部局之间的分歧在部局首脑或以下层面都无法解决。少数呈送至总统、并由总统批准生效的政策文件，其内容可能是保密的，但即使是保密文件一般也会发布一份该文件的非保密摘要[11]。

（三）总统决策的特点

总统决策往往要依靠某种形式的咨询机构、智囊或智囊集团生成核心思想，然后由总统办公厅的相关办事机构具体成文。在这一过程中，体制内部包含的不同利益诉求、不同部门导向和不同发力效果从多个角度塑造了总统决策的特点。

（1）总统决策效力易被诸多实权部门分化和弱化

能够对美国总统航天决策产生影响的部门很多。在白宫内部有国家安全委员会、科技政策办公室、管理与预算署和国家经济委员会，这些部门负责为总统起草相关的航天政策。在白宫以外，国防部长、国家情报主任向总统提供国家安全航天方面的意见建议；国家航空航天局局长可以直接向总统汇报；商务部、交通运输部、内政部、国土安全部、中央情报局等部门首脑也可向总统提供有关情报界航天、民用航天或商业航天方面的意见建议[12]。很显然，总统任命的这些部门首脑在政策思路上多会与总统保持一致。但是，当政策思路与本部门利益不一致时，这些部门首脑将会遭遇官僚系统强大体制惯性的抵制。虽然他们的观念多与总统相似，"但是，几乎无一例外地，这些人赴任之后会发现他们对白宫的忠诚与对本行政机构利益的忠诚被撕裂，很少出现这两个方面是一致的情况"[13]。"由于各部门间不同的政治哲学、不同的目标和优先级、对发展现状上的不同理解，或者是由于一些部门正在寻求新的职能使命，导致不可避免地产生政策分歧和部门利益争斗"[14]。因此，除非是像艾森豪威尔一样对国家安全航天事务给予具体的、直接的指导，多数情况下总统的决策效力都会因部门利益的阻碍而打上一定的折扣。如小布什早在 2002 年 6 月即下达命令，要求审查国家航天政策，但由于机构间的分歧，国家安全委员会和科技政策办公室的工作人员不得不先后五易其稿，拖延至 2006 年 8 月才将草案提交总统批准。

（2）总统决策机构变化快

总统对国家安全航天事务的决策常常是作为整体航天事务的一部分，与民用航天事务等一并进入总统航天决策流程。自艾森豪威尔开始，美国总统国家安全航天决策机构持续发生或大或小的变化，无明显延续性，且多数情况下与民用航天决策机构呈分离状态。

艾森豪威尔时期，国会在讨论成立国家航空航天局过程中，认为有必要建立一个单独的机构来统一领导和协调军、民两个方面的航天事务，并最终促成在《国家航天法》中规定在总统办公厅内建立由总统任主席的国家航空与航天委员会。由此，国家航空与航天委员会成为艾森豪威尔时期在法律意义上最主要的国家安全航天决策机构。1960 年 1 月，艾森豪威尔通过国家航空与航天委员会在政府内部发布了一份 21 页的国家航天政策声明。这也是此后十八年内唯一由总统批准的国家航天政策声明。尽管如此，艾森豪威尔始终对军、民航天的结合以及国家航空与航天委员会存有一定的疑虑。因此，艾森豪威尔在总统能够完全做主的政府内另辟一条路径，在国家安全委员会内增加了一些人手，通过国家安全委员会而非国家航空与航天委员会来处理航天政策事务[15]。

肯尼迪时期，改由副总统任主席的国家航空与航天委员会虽然仍然是总统的航天决策机构，但其影响力已大幅下降。此时的肯尼迪总统在航天事务上信赖与其有着良好私交的总统科学顾问威斯勒和国家航空航天局局长詹姆斯·韦伯。韦伯喜欢由其本人直接面对总统，刻意垄断对总统的建议权，反感国家航空与航天委员会对总统的影响。国家航空与航天委员会几次尝试出台一份综合性的国家航天政策声明均以失败告终。具体到国家安全航天领域，国家航空与航天委员会更无法施加任何影响[16]。

约翰逊时期，国家航空与航天委员会的作用进一步式微，在约翰逊政府末期甚至几乎濒于死亡。造成这种状况的部分原因是国家航空与航天委员会主席、副总统休伯特·汉弗莱对航天事务缺乏热情。更重要的原因是总统在航天事务上更加依赖韦伯和预算主任查尔斯·舒尔茨，造成实际决策机构与名义决策机构之间严重脱节。

尼克松时期，阿波罗 8 号的航天员威廉·安德斯接替爱德华·威尔士出任已经没有一名专职工作人员的国家航空与航天委员会的行政秘书。在尼克松第一任期的后三年半内，安德斯具体负责的国家航空与航天委员会积极参与了总统在后阿波罗航天计划、国际太空合作、航天飞机等事务上的决策论证。但国家航空与航天委员会仍然没有介入国家安全航天事务。而且，与该委员会相比，总统科学顾问和管理与预算署在国家安全航天事务上有着更大的发言权。鉴于这种状况，1973年尼克松在其第二任期内取消了国家航空与航天委员会。对此，尼克松总统给出的说法是"美国航天事业的基本政策事务已经解决，必要的机构间相互关系已经建立。因此，我决定终止该委员会。这也得到了副总统的同意"[17]。一并撤销的还有科技政策办公室。

福特时期，总统办公厅内没有一个机构专责（国家安全）航天事务，有关的决策建议均来自总统科学顾问。1976年，国会通过法案，重建了白宫科技政策办公室。航天事务上的决策建议也由该机构提供。不过，国会建立的这一机构将航天事务仅仅界定为一种科技事务，实际上制约了航天事务更为宏大的战略意义。

卡特时期，科技政策办公室仍然负责总统航天事务的决策建议。但与福特时期不同的是，科技政策办公室内专责航天事务的工作人员也兼任国家安全委员会的工作人员，这使得该员可以接触高度机密的情报信息，同时也建立了国家安全委员会与科技政策办公室两个机构之间的联系。所以，科技政策办公室能够深入参与卡特政府与苏联开展的限制太空武器的谈判。虽然只有一两名航天专职工作人员，但科技政策办公室仍然成功地发布了自艾森豪威尔之后的首份综合性国家航天政策声明。

里根时期，在前18个月内科技政策办公室仍然是总统首要的航天事务决策机构。但是，1982年7月4日由科技政策办公室发布的国家航天政策声明中指出，有必要建立一个常态化的机构间协调机制来为总统提供必要的、有序的、快速的决策建议。因此，科技政策办公室"革了自己的命"，将总统航天事务决策咨询权转交给在国家安全委员会内新成立的太空事务局际高级小组。太空事务局际高级小组由总统国家安全事务助理任主席，成员包括国务院常务副国务卿或副国务卿、国防部常务副部长或副部长、商务部常务副部长或副部长、中央情报主任、参谋长联席会议主席、军备控制与裁军署署长、国家航空航天局局长。在里根政府后六年半期间内，国家安全委员会利用太空事务局际高级小组主导了美国的（国家安全）航天政策制定。与卡特时期类似，里根时期国家安全委员会也只有一名工作人员专责航天事务，并与科技政策办公室的一到两名工作人员密切合作。

老布什时期，成立了与 1958—1973 年间的国家航空与航天委员会类似的国家空间委员会，由副总统奎尔任主席，专职工作人员包括行政秘书和六名以上工作人员。在老布什四年任期内，国家空间委员会在民用航天事务上表现得十分积极主动且作风强势。国家空间委员会直接参与了老布什政府所有航天政策的制定与实施。与此相反，科技政策办公室和国家安全委员会在总统航天决策中均未占据主导地位。但是，"没有证据表明（国家空间）委员会人员在国家安全航天项目上也发挥了同样积极的作用"[18]，另外，委员会也被批"提出的以航天为中心的方式背离了政治现实"[19]。

克林顿时期，为了兑现竞选时减少 25% 总统办事机构的承诺，他上任后很快就废止了国家空间委员会和 1992 年中期成立的副总统航天政策顾问委员会，其航天决策机构回归到与里根模式较为类似的状况。国家安全委员会和科技政策办公室成为总统航天决策的主要依托机构。原国家空间委员会的民用航天职权被分配给科技政策办公室的技术副主任，国家安全航天职权被分配给科技政策办公室的国家安全与国际事务副主任。不过，科技政策办公室内两到三名航天专职工作人员主要关注的还是民用航天领域。国家安全航天领域的总统决策主要依托国家安全委员会，具体负责人员是太空主任，他与科技政策办公室工作人员紧密合作，向国家安全委员会负责国防政策和军备控制的高级主任汇报[20]。

小布什时期，成立了许多政策协调委员会来处理日常的机构间国家安全事务，航天政策协调委员会也是其中之一。委员会成员主要是相关部局中助理部长层级的官员。具体的业务工作则由国家安全委员会的太空主任、科技政策办公室负责航天与航空事务的助理主任和一名科技政策办公室高级分析员三人来承担，在业务层面上融合了往届政府中国家安全委员会和科技政策办公室的相关内容。

（3）国家安全委员会内外的总统航天决策机构效能不同

自艾森豪威尔以来，历届美国总统尝试的多种国家安全航天决策机构除了在模式上存在延续性差、变动性大的特点外，在效力上也有大有小，主要体现为两种情况。

第一种，国家安全委员会以外的各决策机构往往效力有限。这些决策机构主要包括国家航空与航天委员会、国家空间委员会、科技政策办公室等。具体来看，虽然国家航空与航天委员会从 1958 年一直存续到 1973 年，但其效力随着政府换届呈逐步递减状态，很少成为总统航天决策主要的、更遑论唯一的依托机构。1989 年再次建立国家空间委员会后。在其工作人员的积极努力下，委员会于 1989—1992 年间组建了两个高层次航天事务外部审查委员会，并开展了审查工作；组建了一个高质量的外部航天政策顾问委员会，并在短期内完成了三份高质量的报告。然而，国家空间委员会提出的最重要的决策建议"空间探索倡议"虽经老布什总统批准，但完全无法说服国家航空航天局执行该计划，导致该计划出生即死亡。至于科技政策办公室，往往从研发工作的视角来看待航天事务，不能完整地把握航天事务尤其是国家安全航天事务各个方面的重要意义，无法为总统决策提供高价值的意见建议。

第二种，国家安全委员会内部专责（国家安全）航天事务的决策机构相对而言具有更大的效力。如里根时期的太空事务局际高级小组、小布什时期的空间政策协调委员会。造成这种局面的根本原因是美国航天的四部门结构和国家安全航天体制的双峰结构。国家安全委员会以外的决策机构无权介入军事航天、情报界航天事务，导致其在国家安全航天事务中不具发言权。但国防部长、国家情报主任均参加国家安全委员会，使得国家安全委员会内部专责（国家安全）航天事务的决策机构能够比较便利地协调国家安全航天事务，且能够与民用航天、商业航天相关决策机构如科技政策办公室建立密切的合作关系。因此，"在白宫范围内，只有国家安全委员会具备所需的视角、地位来有效地推进美国天权的发展，且将国家安全航天与美国的科学、经济、国家安全等各方面的利益联系起来。"所以，约翰·M·罗格斯登对总统决策机构的建议就是建立一个小型的空间委员会，但是必须置于国家安全委员会内部[21]。这既是对美国总统航天决策实践的总结，在理论上也具有很强的合理性。

二、国会

作为立法机关，所有有关军队和国防的重大事项均由国会立法决定；国会通过军事拨款来控制武装力量的建立、维持，包括装备采办经费[22]。但是，与航天政策相关的立法并不多，所以，国会主要通过对政府的监督以及控制钱袋子来影响国家航天政策[23]。

（一）国会决策机构

对于军事航天事务，美国国会参众两院都设有军事委员会、预算委员会、科学技术与空间委员会、拨款委员会，由它们审查、通过、批准重大的军事航天决策、规划、计划和预算。对于情报界航天事务，国会设有参议院情报特别委员会和众议院常设情报特别委员会[24]。而就军事航天、情报界航天、民用航天三个领域来看，"国会增加了审查工作。目前，有多达 10 个国会委员会在军事、情报界、民用航天领域拥有权力"[25]。

国会在国家安全航天事务上的决策权力主要"分散于各授权委员会和拨款委员会。授权委员会为航天活动制定政策架构并监督政策的落实；拨款委员会为航天事务提供资金"[26]。具体来看，就军事航天领域来说，国会的相关权力包括：军事航天法案必须经国会通过才能正式生效；总统的国情咨文和预算咨文必须经国会批准才予拨款；对外订立的有关空间条约和协议必须经国会批准才能执行；对任何重大的太空事项举行听证会，请有关部门领导和当事人到会作证，对其进行质询；国会可以以 2/3 的总票数通过否定总统的咨文和建议；总统对有关部、局、委首脑的任命必须经国会认可。

（二）国会决策特点

国会决策实质上是美国政治体系中分权制衡原则在军事领域的具体体现[27]，主要发挥的是对政府的限制和监督作用。因此，在国家安全航天事务上国会的决策意图不一定与总统一致。这也决定了国会的决策与监督有着十分鲜明的特点。

（1）国会的决策与监督具有重大影响力

国会介入国家安全航天事务的程度比较深，范围也比较广。如1993 年国会要求，2000 年之前所有主要武器平台均需嵌入 GPS，否则将无法获得国会授权[28]。总的来看，国会对国家安全航天事务的决策与监督大致分为两种情况。

一是利用立法手段直接改革国家安全航天的组织与管理。比较典型的例子就是国家空间委员会的成立。早在 1982 年 6 月，国会技术评估办公室就建议重建一个类似于国家航空与航天委员会的机构。该建议也得到总审计局的同意[29]。里根政府时期，总统航天事务决策主要由国家安全委员会内部的太空事务局际高级小组主导。这令国会中的民主党人士十分不悦。因为太空事务局际高级小组作为国家安全委员会内部机构，其决策流程是采取保密方式进行的。而且，国家安全委员会主任（同时也是总统国家安全事务助理）并非是由总统提名、国会批准的政府官员，国会无法令其在国会听证会上接受质询，这意味着国会尤其是民主党在美国航天事务决策中没有发言权[30]。加之1986年"挑战者号"失事之后国会对太空事务局际高级小组决策速度的缓慢尤其不满，最终促成了国会在《1989财年国家航空航天局授权法》中直接设立了国家空间委员会[31]，将这一机构"强加给了不情愿的白宫"[32]。

　　二是利用立法手段间接推动国家安全航天组织与管理的改革。这在20世纪90年代之后表现得更为明显。冷战结束后，美国民众及国会普遍认为需要享受"和平红利"，但始终迟迟不见政府采取实际行动，国会逐渐失去耐心。在1995财年预算中，国会大幅削减了国防部和国家航空航天局的航天经费[33]。在国会的压力，尤其是众议院武装部队委员会的直接干预下，国防部启动了对航天事务组织与管理的审查[34]，并分别于1994年12月和1995年3月设立了国防部航天副部长帮办和国防部航天设计师职位，目的是"提供最高层级的政策审查，并提供一项总体性机制，以将不同航天部门之间的系统、能力集成起来"。但随着国防部航天副部长帮办在1997年国防部长科恩发布国防改革倡议后被废止，此次改革也基本宣告失败[35]。同样，也是为了改善美国国家安全航天的组织与管理，整合不同航天部门、机构之间的能力，在对创建天军抱有极大兴趣的参议员罗伯特·史密斯的极力推动下①，国会授权成立了在美国航天史上具有重要历史地位的太空委员会。委员会委员由众参两院武装部队委员会主席，资深少数党成员，以及国防部长（商中央情报主任）联合提名。委员会于2001年1月11日发布的最终报告被提交给9个人，除国防部长外，其余8人均为国会人士②。而早在委

――――――――――

　　①　美国国会一直不乏热心太空事务的议员。在2017年4月初的第33届太空研讨会上，国会议员Mike Rogers就表达了对丁天军、天兵及在空军参谋部设立航天副参谋长（A11）的想法。

　　②　这8人分别是：众议院武装部队委员会主席、众议院武装部队委员会资深少数党成员、参议院武装部队委员会主席、参议院武装部队委员会资深少数党成员、众议院议长、众议院少数党领袖、参议院多数党领袖、参议院少数党领袖。

员会报告发布之前的 2000 年 12 月 28 日，委员会主席拉姆斯菲尔德即被小布什提名为国防部长。二度赴任国防部长的拉姆斯菲尔德接受了委员会报告中的绝大多数建议，并对国家安全航天的组织与管理实施了自1961 年以来幅度最大的改革。此后，总审计局于 2002 年 6 月 26 日和2003 年 4 月 18 日接连发布调查报告《国防航天活动：重组的状态》[36]和《国防航天活动——虽开展了组织机构改革，但尚需跟进更多管理方面的举措》，持续追踪太空委员会报告成果的落实进展，并提交给参众两院武装部队委员会主席及资深少数党成员，敦促国防部和情报界扎实推进国家安全航天体制的改革。这两份报告显示，2002 年 6 月国防部计划采纳的 10 项改革措施中已完成 6 项；2003 年 4 月已完成 9 项，仅"国防部长应指定空军为国防部航天执行代理人"一项尚未落实[37]。

　　1995 年前后、2001 年的两次国家安全航天体制改革，若论改革的规模可以大致分别定性为中、大规模改革。除了规模之外，这两次改革最大的不同在于国会推进的路径或者说扮演的角色不同，即国会从1995 年的直接实施者转变为 2001 年的幕后推动者。事后结果也表明，后一次改革的效果和持久力要明显好于前一次。当然，其中不能排除1995 年改革存在国会面对冷战后强烈民意的应景成分，但更本质的原因则在于国会作为立法和监督机关，在国家安全航天具体事务上很难精准掌握全面的状况与态势，也很难具备专业层面的决策能力。

　　（2）国会的决策与监督可能遭到政府的软性抵制

　　在国会与政府二者的关系上，作为被监督者的政府在面临约束时往往会有意无意地消极对待国会的决策或监督举措，且操作手法根据具体情况的不同而表现得多种多样，在国家安全航天事务上也是如此。

　　一是利用政府的职权合理地抵制国会的决策。例如，虽然国会在《1989 财年国家航空航天局授权法》中成功地为白宫设立了国家空间委员会，但克林顿总统甫一上任便决定不为该委员会配备人员[38]，使得该委员会名存实亡。换个视角，国家空间委员会的"早逝"也在一定程度上说明了国会这一初衷很好的改革实际上缺乏可操作性。

　　二是对国会的决策采取消极应对措施。例如，《1993 年国防授权法》要求国防部长制定一份全方位的航天采办战略，涵盖国防部航天系统的发展、部署和运行等方面。国会的目的是通过系统性地处理政策、需求、项目、经费等问题来降低费用、提高效益。按照国会要求，该航天采办战略应于 1993 年 4 月提交，但被 1993 年 10 月完成的国防部对主要防务项目实施的自下而上审查打断。而且，1994 年 4 月之后，由于在国防部内无法形成一致意见，该航天采办战略仍然未能完成[39]。

三是在预算报告中做文章。多数国会人士毕竟不具备国家安全航天领域专业人员所具备的业务知识，专门聚焦航天政策事务的议员相对来说很少[40]。所以，军方对预算报告进行的各类"加工"往往能够在国会蒙混过关[41]。如国会曾指示空军在 2005 财年内不得将"猎鹰"计划用于任何与武器相关的工作，并且将"通用航天器"的经费砍掉了一半。此后，空军宣称"通用航天器"被迫取消。但实际上这一项目很快被重新命名为"超高声速技术飞行器"而继续存在[42]。

（3）国会对国家侦察局的监督具有一定的特殊性

国会对国家侦察局的监督存在一个明显的由弱到强的变化过程，大致可以划分为三个阶段：

第一阶段，弱监督阶段。这一阶段时间上从国家侦察局成立至 1974 年。在这一时期，整体上看国会对情报界的监督力度十分弱。一方面，政府对于国会介入情报界事务十分反感，尤其是艾森豪威尔更是强力抵制。另一方面，国会似乎也无意改变现状，"从 1947 到 1974 年，有超过 200 件提案呼吁改进国会对情报界尤其是中央情报局的监督……但是，许多提案被政府或者是重权在握的参众两院武装部队委员会、拨款委员会主席阻拦或直接封杀。主席们认为没有合理理由去做出改变，或者认为这些提案威胁到了自身或者委员会的权位"[43]。这也使得外界看来在情报界事务上国会与总统处于失衡状态。在这一背景下，国会对国家侦察局的监督基本处于空白状态。国家侦察局成立时，众议院拨款委员会内只有 5 人知情。准确地说，国会对国家侦察局的监督完全处于一种消极的状态，即仅依靠政府来提供国家侦察局的信息，且信息量严格控制在尽可能低的水平。"不是国会，而是情报界在决定国会山上哪些人可以知道哪些信息，以及他们何时可以知道这些信息"[44]。这一时期国会对国家侦察局监督消极的原因主要有五个方面：一是国家侦察局的情报产品国会用不上；二是对国家侦察局的监督需要较深的专业知识；三是对国家侦察局的监督缺乏政治回报；四是在这一时期国会普遍对情报界具有强烈的信任感，认为情报机构是由有能力、诚实、忠诚的人来领导的，这些人值得信赖、值得依靠，他们自然会去做大家认为是合理的事情，无需那些不熟悉情报事务、爱管闲事的国会议员们去打扰和监督；五是国会议员们也不太喜欢情报界严格的保密规定，这与他们向选民负责（信息披露）的职责相悖[45]。

第二阶段，中等强度监督阶段。这一阶段时间上从 1975 至 1994 年。20 世纪 70 年代上半期，中央情报局在国外的秘密行动逐渐引起国会议员们的不满，加强国会对情报界监督的呼声进一步高涨。尤其是记者西摩·M·赫什于 1974 年 12 月 22 日在《纽约时报》刊文揭露中央情报局、联邦调查局的丑恶行径，更将国会焦点引导至情报界上。此后，参众两院分别于 1976、1977 年成立了参议院情报特别委员会和众议院常设情报特别委员会，在体制上加强了对情报界的监督。直至 21 世纪初期，国家侦察局的运行、财政、管理流程等在很大程度上正是来源于 20 世纪 70 年代中后期国会施加于情报界的监督措施[46]。

第三阶段，强监督阶段。这一阶段时间上始自 1995 年。此前，国家侦察局于 1992 年的解密对其产生了重大影响。"1992 年之前，无论何时国家侦察局遇到资金困难，很少有人知道情况，而国家侦察局也总有足够的预算余额来弥补。随着解密，对国家侦察局的财政控制变得严格，国家侦察局的公开性增加，国会、国防部、情报界越来越多的人觉得自己有权设计国家侦察局的未来或是点评它所做的一切"[47]。在这一背景下，国会开展了一项对国家侦察局 1991—1995 年财务记录的审查。由此引发了国家侦察局历史上最大的一次危机，即"远期资金事件"。该事件也成为国家侦察局发展史上的分水岭。国会审查显示，国家侦察局历年来累积的结余资金高达 38 亿美元，且其对于这笔资金既没有向国家侦察局审计长报告，也没有向国会监督委员会报告。当然，按照当时的会计规则，只有单独的项目办公室清楚相关资金的去向[48]。这一事件曝光后引起舆论的巨大反弹，极大地损害了国家侦察局一直以来卓著的声誉，国家侦察局局长和副局长旋即被撤换。为了严明财务纪律，新任局长设立了资源监管副局长。到 1999 年，国家侦察局已经成为联邦政府中优秀财务管理的样板[49]。此后，国会持续跟进对国家侦察局事务的监督，并在《2008 财年情报授权法》中增加了与纳恩-麦克科尔迪修正案类似的条款，要求情报界装备系统采办费用超支达到一定比例门槛后，必须向管理与预算署和国家情报主任办公室报告[50]。

国会对国家侦察局监督由弱变强的变化，实质上反映了国家侦察局从一个冷战时期享受充足经费保障、不受国会监督等"优越"条件的非常态化情报机构，转变为一个在经费、政策等方面接受国会正常监督的常态化情报机构。然而，在多种因素的综合作用下，成为财务管理样板的国家侦察局在进入新世纪后却接连遭遇"未来成像体系"光学部分、天基雷达等重大侦察卫星项目的失败。不可否认的原因之一是这些系统的资金需求极大且不断攀升，而国会批准的预算未能满足军方和军事工业部门的胃口。在此背景下，国防部于 2011 年 6 月 28 日发布新版 DoDD5105.23 号指令《国家侦察局》，呼吁国家侦察局局长需要预算上的灵活性来应对项目上的挑战。这些灵活性包括在法律许可范围内，尽最大可能地在项目内部或是项目之间腾挪经费[51]。很显然，这种"灵活性"正是 1995 年"远期资金事件"之前国家侦察局所享有的巨大的经费自由度的翻版。国防部发布指令为国家侦察局"背书"，在很大程度上是为了满足军方对航天情报的迫切需求。但是，完成了从非常态化向常态化转变的国家侦察局已经不可能回到从前的状态，美国国会及其背后的美国民众不会放弃对国家侦察局的监督。DoDD5105.23 号指令的呼吁，在很大程度上只是国防部的一厢情愿。

（4）国会与政府的矛盾焦点主要是空间武器化问题

国会和总统之间是监督与被监督的关系，二者在国家安全航天事务上出现矛盾属于正常现象。其中，空间武器化问题一直是双方决策冲突的焦点。

在公开政策上，美国政府反对空间武器化。自艾森豪威尔确立"太空仅用于和平目的"基本原则起，考虑到冷战时的美苏争霸、冷战后美国对太空的依赖程度最高等因素，历任美国总统的国家航天政策始终没有突破，而是沿袭了这一基本原则。军方至少在公开表态上严格遵守了这一原则。埃斯戴斯三世也说，"在空间控制及所需武器系统的问题上，无论我们选出来的领导人做出什么决策，我们都会支持"。也正因为如此，立场相对克制的国家航天政策一直被认为是美国推进空间武器化的最大障碍[52]。但是，"太空仅用于和平目的"基本原则并不能完全约束政府和军方追求空间霸权以及空间武器化的冲动，空间武器化往往是军方的实际选项。因此，美国政府常常会在空间武器化问题上采取"两面"做法。例如，1976 年福特总统就确立了"在危机和冲突时期，按照计划中的用途"来使用反卫武器的相关政策[53]。这些政策实质上是卡特总统追求反卫能力的第 37 号总统指令、里根政府时期更为强硬的空间武器化立场以及规模庞大的太空武器计划的发端。

在国会方面，始终存在支持与反对太空武器的两种声音。许多情况下国会充当着政府和军方空间武器化企图的制约力量。从 20 世纪 70 年代中期开始，反卫武器和空间武器化成为国会争论的焦点。国会在反空间武器化上态度最强硬、力度最大的一次是针对里根总统的反卫武器计划。1983 年 7 月 18 日，参议员鲍尔·松加斯提出的《1984 财年国防部授权法》修正案拒绝了"小型自动寻的飞行器"反卫武器的试验经费，除非总统证明美国正在诚心地与苏联进行反卫谈判，同时还要证明试验是美国国家安全所需。众议院拨款委员会则走得更远，他们拒绝了 1984 财年 1940 万美元的"小型自动寻的飞行器"采购经费[54]。不过，国会的整体氛围逐步趋向于空间武器化。"掌管钱袋子的国会和太空武器之间的关系却是复杂的。大多数国会议员不支持美国大叫大嚷地搞太空武器"，但"大多数议员愿意支持潜在太空武器在一定限度内的研发，在钱财可能流入他们州的情况下尤其如此""而有些议员，主要是参议院里的，基本上相信一定意义上的太空武器对于保卫美国来说是必要的"[55]。尤其是"2007 年以来，美国认为中国和俄罗斯正在积极发展空间对抗能力，美国的空间系统面临日益严峻的现实威胁，可能会遭到'太空珍珠港'式攻击"[56]，美国国会对军方"寓军于民""打擦边球"发展空间武器的做法更多地采取了睁一眼闭一眼的做法，由此形成的真实状况便是"国会和军方强调美国没有任何太空武器计划，实际上美国在上述所有领域都有计划"[57]。

（5）国会的决策存在利益集团的影响

美国政治的体制性特色造成国会的政治分肥，国会的决策会受到许多利益集团的影响，在国家安全航天事务方面莫不如此。尤其是被称为美国"第四个军种"的军事-工业复合体的强大影响力有可能对国家安全航天相关的机构设置及职能分配产生直接或间接的影响。统一空间作战中心就是在科罗拉多州国会代表的强烈支持下选择建在临近夏延山的斯普林斯[58]。而航天装备系统更是议员们及其背后游说集团大力争取的目标。"由于太空系统都是非常昂贵的，国会总是对之兴味盎然。国会议员能将政府的合同带到自己的选区，雇佣很多选民"[59]。国会议员很自然会努力争取这些具有丰厚政治回报的太空项目。例如，卡特政府末期由洛克希德公司的马克斯韦尔·亨特领导，包括汤姆森拉莫伍尔德里奇公司、北美罗克韦尔公司、贝尔航天公司以及激光（反射）镜制造商珀津·埃尔默公司代表的游说集团成功地游说国会在两年内先后两次为天基激光武器项目拨款总计达 7 000 万美元。作为明显的太空武器，天基激光武器若研制成功将使美国军事航天向"控制太空"实质性迈进。不过，这一武器计划的技术难度极为巨大。激光武器需要能源，其功率越大，所需能源也就越多。据估算，每一个在轨的化学激光武器战斗站需要高达 200 万磅（907 吨）的化学能源物质[60]。而这一指标要求即使是 21 世纪初期的航天运输技术也是根本不可能实现的。这也说明，军事-工业复合体对国家安全航天事务的游说工作有可能不符合国家安全航天的发展规律和现实需求。此外，军方、情报界也是利益集团之一员，他们也可以正常地游说国会。例如，来自阿拉巴马州第二选区的泰瑞·埃佛莱特在 2008 年就声称"去年，国会收到了一些来自作战人员和情报参谋人员支持这个项目（天基雷达）的信件"[61]。不过，即便如此，国会仍然取消了天基雷达项目。在 J-8 联合星飞机这一空基雷达能够较好地满足军事需求的情况下，国会没有批准技术挑战性更大、经费需求量更多的天基雷达，这在一定程度上说明，与 20 世纪 70 年代相比，国会在面对利益集团游说时在国家安全航天事务上的决策变得更加理性、科学。

第二节　辅助决策体制

"'断'与'谋'的分工，是决策学发展的一大进步"[62]。自 20 世纪中期起，美国国家安全航天决策与发展的每一步几乎都刻有辅助决策机构的印记。随着航天系统的成本愈加高昂、航天力量的体系建设越来越复杂，辅助决策机构将继续在美国国家安全航天领域彰显其价值。

一、辅助决策机构的形式

美国国家安全航天领域的辅助决策机构主要可以分为常设性和临时性两类。

常设性辅助决策机构既有官方智库，也有民间智库。官方智库典型者如国防科学委员会、空军科学咨询委员会、国家侦察研究中心等。其中，国防科学委员会接受国防部采办、技术与后勤副部长的领导；国家侦察研究中心向国家侦察局商业计划与运营副局长汇报。部分常设性辅助决策机构有着较为悠久而光辉的历史。如20世纪40年代末期，空军科学咨询委员会"成就斐然，以致政府里的其他许多机构都纷纷效法，建立了由研究专家组成的类似的专门单位。令人啼笑皆非的是，这样做的结果却是导致流入科学顾问委员会的人才减少"。在这种情况下，委员会"当初的使命现在改由像兰德公司和麻省理工学院研究与工程组这样一些智囊机构以及其他类似的民间研究与发展机构来完成了"[63]。这些民间智库与官方智库之间不存在"地盘"之争，是美国国家安全航天决策层充分利用民间智力支持的一种有效形式。

临时性辅助决策机构多为总统、国会或其他相关决策部门专门针对国家安全航天事务而成立的机构，其寿命往往是决策部门的任期或短至决策咨询活动自身期限。与常设性辅助决策机构相比，其针对性更强、研究对象更聚焦。例如，1961年刚刚上任不久的肯尼迪成立了由威斯勒领导的委员会来评估国家的航天计划[64]；里根当选后，也提名了一支专家队伍为其太空和科学政策提供咨询建议，其中就有爱德华·泰勒和已经退休的施里弗上将[65]。

无论是常设性还是临时性辅助决策机构，目的都是通过其意见建议使决策层做出的决策更为科学合理。当然，除了关注的领域不同之外，各辅助决策机构实现辅助决策的路径也不尽相同。如国防科学委员会主要强调独立建议；空军科学咨询委员会主要"提供空军与科学界之间的连接"，这也正符合阿诺德当年的"我们在先进技术方面需要科学界的帮助。……有必要将技术与作战需求相结合并进行系统分析"的初衷[66]；国家侦察研究中心的职责则是为国家侦察局领导层提供分析架构和历史语境，确保其能够提出有效的政策和项目决策[67]。

二、辅助决策机构的特点

美国国家安全航天辅助决策机构有着美国制度文明下辅助决策机构典型的优点与不足。

（一）往往能够延揽各路精英

为确保所提供咨询建议的质量，各辅助决策机构的成员往往是精选出来的声望卓著的退休高官、卓有建树的技术专家、知名企业的高级管理人员，他们所具备的战略视野、管理经验、技术才能对于美国国家安全航天的发展无疑具有重大价值。而且，不同专业、不同门类的人才组成的咨询团队往往能够打造出单一专业部门所无法实现的成就。国防科学委员会公布的一份新一届成员名单曾引起媒体广泛关注。因为，"除法伦外，这份将星闪烁的名单中还包括前海军陆战队司令迈克尔·哈梅海军陆战队上将、前美陆军器材司令部司令保尔·克恩陆军上将、前国防部副部长约翰·多彻、前国防部负责装备采购和后勤的副部长雅各·甘斯勒、前国家情报局常务副局长唐纳德·克尔、前空军部长惠腾·彼得斯等"[68]。同样，美国国家安全航天辅助决策机构也往往会汇集各路精英。如拉姆斯菲尔德领导的太空委员会的其他 12 名委员均为国家安全航天领域的权威或专家[69]。而之所以选择这些成员，是因为"无论是把太空作为一个物理域或一项任务，无论是每名委员还是全体成员，他们都懂得太空对于美国国家安全的重要性。他们不仅热切地了解太空行动对于军方和情报界用途的必要性，而且也懂得太空在外交、国家经济生活、美国人民日常活动中的影响"[70]。

（二）可以发挥十分重大的作用

从 20 世纪四五十年代以来，美国国家安全航天发展的每一个关键节点背后必然都有辅助决策机构的支持。从这个角度来说，辅助决策机构的意见建议能够产生十分重大的影响。艾森豪威尔总统的航天思想就极大地受到其于 1954 年 3 月组建的技术能力小组的影响。该小组的报告强烈建议迅速发展美国的技术情报收集手段，支持过顶侦察政策，是 U - 2 飞机和 WS - 117L 计划的关键幕后推手[71]。20 世纪 80 年代初期，天基反导技术路线遭到国防部明确抵制。后来，连里根的科学顾问也逐渐相信天基反导是不可行的。"但是，1983 年 3 月 18 日，里根在其声名狼藉的'星球大战'演讲中公开支持天基反导概念，令其参谋团队大吃一惊。很显然，里根相信了他的好友兼顾问爱德华·泰勒，认为天基反导不但可行而且势在必行"[72]。

不过，虽然辅助决策机构作用巨大，但对于当事的国家安全航天部门而言，由于可能涉及职权的调整甚至利益受损，他们的体验或许并不美妙。在 2000 年 11 月 17 日的空军学会洛杉矶座谈会上，美国航天司令部/北美航空航天防御司令部/空军航天司令部司令拉尔夫·E·艾伯哈特说，对于空军来说，成立太空委员会的感觉就像是要去看牙医：官员们并不愿意去，但事情结束后对自己有益处。艾伯哈特还透露，如果 2000 年年初有人问他对于太空委员会的态度，他会说不喜欢。但是自那以后，他的态度发生了变化。按照他的说法，委员会的调查迫使空军开始反思与内省，这种反思与内省对于空军是有好处的，对于其他军种和国防部也有好处[73]。太空委员会推动美国国家安全航天体制进行了广泛的改革，其报告的"许多建议都付诸实施。……太空委员会是最重要、最有影响力的委员会"[74]。而太空委员会在初期的不受待见，其主要原因可能仅仅是"良药苦口"而已。

（三）作用的实现往往是一个综合的过程

很多情况下，辅助决策机构咨询建议的实现往往不是单一机构、单一咨询报告能够实现的，而是多种辅助决策力量综合作用的结果。具体来看，主要有四种情况：

第一，一段时期内，同一机构的连续作用。

多数情况下，同一机构的单一咨询报告的辅助决策能量往往不是十分巨大，不足以推动政策的调整或机构的改革，而同一机构的一系列咨询报告则可能累积起足够强大的辅助决策能量。最典型者如兰德公司于1946—1954 年间发布的系列咨询报告。

1946 年 4 月，兰德推出首份报告《试验性绕地飞行宇宙飞船的初步设计》。其后，兰德还陆续发布了具体卫星军事应用领域的研究报告，如关于气象卫星的《天气侦察可行性调查》报告，以及关于导航卫星、通信卫星等的研究报告[75]。尤其是 1951 年 4 月，兰德的第一份关于卫星侦察的详细技术报告《侦察用卫星飞行器的价值》出炉。该报告论证了运用电视技术（如摄像管、真空管等用于电视摄像机中的技术），将卫星照片数据读取之后发送至地面站的技术方案。该方案在侦察卫星技术、工程可行性上迈进了一大步。兰德的罗伯特·索尔特甚至动用其私人关系去全国广播公司在好莱坞的录音棚做研究[76]。美国的胶片回收型侦察卫星方案就是兰德于 1957 年卖给空军的[77]。兰德的这些创新工作类似于美国今天的国防高级研究计划局。由此可见，兰德早期对航天的一系列研究报告奠定了今天航天应用的技术雏形。

除了技术议题，兰德还涉足与航天相关的战略与政策事务。1950年10月，兰德的一份报告预测了首颗卫星将会给公众造成的心理影响，并提出了"过顶飞行"和"空间自由"等概念和观点，兰德由此也成为首家综合性分析开放太空政治含义的机构。同样，兰德对太空活动中的政治和战略因素的分析，对于美国国家安全航天的决策也具有重要的参考价值。

第二，一段时期内，不同机构的共同作用。

单一机构的辅助决策力量可能不足以推动决策的形成，往往需要一段时期内多个辅助决策机构的共同作用才能达成目标。20世纪70年代中后期至1982年，空军裁撤空军航空航天防御司令部，成立航天司令部的辅助决策过程就是典型。在这一过程中，总计有六个临时性、常设性辅助决策机构参与。具体来看，首先是1977年负责《纳瓦霍图表》研究的辅助决策机构；《纳瓦霍图表》研究引发空军参谋长琼斯接连授权成立了由空军参谋部的詹姆斯·克里登准将和助理副参谋长威廉·克里奇中将领导的两个小组；之后是1978年9月11日空军部长约翰·斯特森在副部长汉斯·马克催促下批准成立的《航天任务组织规划研究》机构；其后是1980年提交《夏季研究》报告的空军科学咨询委员会；最后是1982年1月对国防部航天项目管理提出批评报告的总审计局。正是这些不同辅助决策机构接连的助推促成了美国国家安全航天体制第二波大的调整。

第三，同一时期内，多个机构的同时作用。

同一决策议题若仅采用一个辅助决策机构，则有可能出现战略方向的偏差。为防止这种情况的发生，国家安全航天决策部门可能会同时选择多个辅助决策机构同步开展研究，以进一步确保决策的科学性。例如，针对战略防御倡议计划这一极其重大的战略决策，里根总统在国家安全研究指令6-83号中要求完成两份相关研究。其中，《国防技术研究》团队由前国家航空航天局局长詹姆斯·弗莱彻领导；《未来安全战略研究》则由两个团队分别独立实施。一个是由富兰克林·米勒领导的由相关部局人员组成的团队；另一个是由弗莱德·霍夫曼领导的由外部专家组成的团队。结果是，三个辅助决策团队提交的研究报告均对实施战略防御倡议计划和成立战略防御倡议办公室持支持意见[78]。战略防御倡议计划在进入 20 世纪 90 年代后规模大幅削减，在一定程度上说明了即使是有着完备的辅助决策机构的支持，重大战略决策的生命力也有可能无法抵御战略形势的急剧变化。但多数情况下，两个以上辅助决策机构的一致性意见往往是十分科学的。20 世纪 90 年代中期，针对是否取消限制 GPS 用户精度的措施，国会同时成立了两个咨询委员会。两个委员会均建议取消限制用户精度的措施[79]。事实证明，取消精度限制措施为美国迅速占领全球卫星导航市场发挥了重要作用。

第四，同一机构内，不同意见的融合作用。

同一辅助决策机构有多名委员，其间无法达成一致性结论的可能性很大。在这种情况下，就必须协调辅助决策机构内部的不同立场并最终形成一份具有确定性结论的咨询报告。一般情况下，如果成员之间无法达成一致意见，最终报告会将少数派的意见以附录形式附于报告后部，以给决策层提供最全面的参考咨询。太空委员会则属于比较特殊的情况。该委员会从一开始就追求形成一份全体一致同意的报告[80]。这也是该委员会提出的建议大多数最终被国防部和情报界采纳的重要原因。

（四）总体辅助决策水平有所下降

美国国家安全航天辅助决策机构存在一些美军辅助决策体制共性的问题。主要体现在泛滥和无序、辅助决策质量水平下降等方面。美军辅助决策机构设立简便，数量庞大，缺乏严格的统计和管理。据称，拉姆斯菲尔德在二度就任国防部长后的前八个月内，成立了十几个称作"战略审查小组"的外部工作组。也有说法认为"拉姆斯菲尔德就任之初即设立了很多小组评估美国国防结构，没人知道有多少小组在进行相应的评估工作，陆军的估计是 11 个小组，空军估计有 21 个，海军估计有 20 个"[81]。而具体到军事航天领域，机构间和国防部层级有形形色色的航天委员会，其中许多的委员会不受国防部领导。辅助决策机构的泛滥和无序必然导致辅助决策质量水平的下降。有研究表明，几十年来各种特别委员会、蓝带委员会，以及其他一些咨询委员会，除极少数例外，基本都属于徒劳无功，有些甚至把事情搞得更糟。这直接影响了辅助决策机构咨询建议的实际采用比率。埃斯戴斯三世上将就曾回忆道，"在国家安全舞台上每年都有许许多多各式各样的委员会为决策者提供建议。我的体会是，虽然绝大多数的建议决策层都曾考虑过，但实际落实的是少数"[82]。在国家安全航天领域总体上也是如此。不过，埃斯戴斯三世也提及，太空委员会算是一个例外。

参 考 文 献

[1] 刘继贤. 军事管理学 [M]. 北京：军事科学出版社，2009：117.

[2] 赵超阳，谢冰峰，王磊，等. 变革之路——美军装备采办管理重大改革与决策 [M]. 北京：国防工业出版社，2014：7.

[3] 申华. 美国国家情报管理制度研究 [M]. 北京：军事科学出版社，2010：4 - 5.

[4] J. Kevin McLaughlin. Forward to the Future：A Roadmap for Air Force Space (Part I) [J]. HIGH FRONTIER，August 2007，Volume 3，Number 4：25.

[5] NATIONAL SPACE ISSUES—Observations on Defense Space Programs and Activities [R]. United States General Accounting Office，August 1994：8.

[6] Donald H. Rumsfeld，Stephen A. Cambone. Enduring Issues：The Space Commission 10 Years Later [J]. HIGH FRONTIER，August 2011，Volume 7，Number 4：5.

[7] A. Thomas Young，Edward Anderson，Lyle Bien，etc. Leadership，Management，and Organization for National Security Space—Report to Congress of the Independent Assessment Panel on the Organization and Management of National Security Space [R] .INSTITUTE FOR DEFENSE ANALYSES，July 2008：ES4.

[8] Donald H. Rumsfeld，Stephen A. Cambone. Enduring Issues：The Space Commission 10 Years Later [J]. HIGH FRONTIER，August 2011，Volume 7，Number 4：5.

[9] 赵超阳，谢冰峰，王磊，等. 变革之路——美军装备采办管理重大改革与决策 [M]. 北京：国防工业出版社，2014：155 - 157.

[10] Michael Gleason，John M. Logsdon. The civil sector [C] //Damon Coletta，Frances T. Pilch，ed. Space and Defense Policy. London and New York：Routledge，2009：255. 例如，管理与预算办公室内一个小的工作班子全年都与相关机构保持沟通。当这些机构将其年度预算报上来之后，这个班子就开始审核这些预算。一方面，管理与预算办公室将与 NASA 等机构进行密切的沟通磋商；另一方面，也将与白宫的政策制定者密切磋商，形成一份符合总统意图和财政状况的航天预算。

［11］ 同上：254 - 255.

［12］ 同上：253；Michael P. Gleason. Space Policy Primer—Principles，Issues，
and Actors ［M］. Eisenhower Center for Space and Defense Studies，2010：
33 - 34.

［13］ John M. Logsdon. Emerging Domestic Structures：Organizing the Presidency
for Spacepower ［C］//Charles D. Lutes，Peter L. Hays，ed. Toward a
Theory of Spacepower — Selected Essays. Institute for National Strategic
Studies，National Defense University：520 - 521.

［14］ 同上：530.

［15］ 同上：524 - 525.

［16］ 同上：525 - 526.

［17］ 同上：527.

［18］ 同上：529.

［19］ Peter L. Hays. SPACE AND SECURITY—A Reference Handbook ［M］.
Santa Barbara，California · Denver，Colorado · Oxford，England：ABC -
CLIO，2011：223.

［20］ 同上：222.

［21］ John M. Logsdon. Emerging Domestic Structures：Organizing the Presidency
for Spacepower ［C］//Charles D. Lutes，Peter L. Hays，ed. Toward a
Theory of Spacepower — Selected Essays. Institute for National Strategic
Studies，National Defense University：532，534；David C. Arnold，Peter L.
Hays. Getting There From Here：Realizing the Space Commission's Vision 10
Years Later ［J］. HIGH FRONTIER，August 2011，Volume 7，Number
4：34.

［22］ 赵超阳，谢冰峰，王磊，等. 变革之路——美军装备采办管理重大改革与决
策 ［M］. 北京：国防工业出版社，2014：5.

［23］ Michael Gleason，John M. Logsdon. The civil sector ［C］//Damon Coletta，
Frances T. Pilch，ed. Space and Defense Policy. London and New York：
Routledge，2009：253.

［24］ 申华. 美国国家情报管理制度研究 ［M］. 北京：军事科学出版社，
2010：28.

［25］ VICE PRESIDENT'S SPACE POLICY ADVISORY BOARD. A POST
COLD WAR ASSESSMENT OF U.S. SPACE POLICY—A TASK GROUP
REPORT ［R］. December 17，1992：5.

［26］ Michael Gleason，John M. Logsdon. The civil sector ［C］//Damon Coletta，

Frances T. Pilch, ed. Space and Defense Policy. London and New York: Routledge, 2009: 255; Michael P. Gleason. Space Policy Primer——Principles, Issues, and Actors [M]. Eisenhower Center for Space and Defense Studies, 2010: 34.

[27] 赵超阳, 谢冰峰, 王磊, 等. 变革之路——美军装备采办管理重大改革与决策 [M]. 北京: 国防工业出版社, 2014: 5.

[28] DANA J. JOHNSON, SCOTT PACE, C. BRYAN GABBARD. SAPCE——EMERGING OPTIONS FOR NATIONAL POWER [R]. RAND·National Defense Research Institute, 1998: 36.

[29] COMPTROLLER GENERAL. Implications of Joint NASA/DOD Participation in Space Shuttle Operations [R]. United States General Accounting Office, 1983: ii.

[30] John M. Logsdon. Emerging Domestic Structures: Organizing the Presidency for Spacepower [C] //Charles D. Lutes, Peter L. Hays, ed. Toward a Theory of Spacepower — Selected Essays. Institute for National Strategic Studies, National Defense University: 528.

[31] Marcia S. Smith. U. S. Space Programs: Civilian, Military, and Commercial (Updated February 24, 2006) [R]. Congressional Research Service, 2006: 5.

[32] John M. Logsdon. Emerging Domestic Structures: Organizing the Presidency for Spacepower [C] //Charles D. Lutes, Peter L. Hays, ed. Toward a Theory of Spacepower — Selected Essays. Institute for National Strategic Studies, National Defense University: 531.

[33] Timothy K. Roberts. A New Fundamental Mission for the US Space Program [DB/OL]. [2017 - 04 - 10]. http://commons. erau. edu/cgi/viewcontent. cgi? article=1629&context=space - congress - proceedings.

[34] John L. Mclucas. The U. S. Space Program Since 1961: A Personal Assessment [C] //R. Cargill Hall, Jacob Neufeld, ed. The U. S. Air Force in Space 1945 to the Twenty - first Century. Washington, D. C. : USAF History and Museums Program, 1998: 101.

[35] Peter L. Hays. Space and the military [C] //Damon Coletta, Frances T. Pilch, ed. Space and Defense Policy. London and New York: Routledge, 2009: 173.

[36] Defense Space Activities: Status of Reorganization [R]. United States General Accounting Office, June 26, 2002.

[37] DEFENSE SPACE ACTIVITIES—Organizational Changes Initiated, but

Further Management Actions Needed [R] . General Accounting Office, 2003：26.

[38] Peter L. Hays. SPACE AND SECURITY—A Reference Handbook [M] . Santa Barbara, California • Denver, Colorado • Oxford, England：ABC - CLIO，2011：38.

[39] NATIONAL SPACE ISSUES—Observations on Defense Space Programs and Activities [R]. United States General Accounting Office，August 1994：12.

[40] Michael Gleason，John M. Logsdon. The civil sector [C] //Damon Coletta, Frances T. Pilch，ed. Space and Defense Policy. London and New York： Routledge，2009：255.

[41] NATIONAL SPACE ISSUES—Observations on Defense Space Programs and Activities [R]. United States General Accounting Office，August 1994：22 - 23. 1992 年国防部向国会提交了一份总额为 25 亿美元的预算申请，用于维护和改进发射场系统、运载火箭等，且专门指出有些设施的状况已十分糟糕，存在着迫在眉睫的危险，可能会造成无法承受的损失。但国会只能拨付 14 亿美元，尚有 11 亿美元的缺口。1994 年 4 月，空军再次向国会提交新版的预算申请。该申请的总金额为 14 亿美元，正好比 1992 年版本少 11 亿美元。字面上看，这一新版预算申请没有给国会带来额外的经费压力。但实际上空军的目标并没有变小，只是新版预算申请中并未包含老版预算申请中的全部项目，如运载火箭系统就被完全剔除出去，留待以后的预算申请来处理。

[42] 琼·约翰逊-弗里泽. 空间战争 [M] . 叶海林，李颖，译. 北京：国际文化出版公司，2008：103.

[43] Clayton D. Laurie. CONGRESS AND THE NATIONAL RECONNAISSANCE OFFICE [M]. OFFICE OF THE HISTORIAN NATIONAL RECONNAISSANCE OFFICE，2001：18.

[44] 同上：11 - 12.

[45] 同上：14 - 16.

[46] 同上：18.

[47] Dennis D. Fitzgerald. The Impllctications of Losing Focus：The Need for the NRO to Change Its Business Practices [J] . NATIONAL RECONNAISSANCE— Journal of the Discipline and Practice，Winter 2009/2010，Issue 2009 - U：88.

[48] Dennis D. Fitzgerald. Commentary on：Kohler's "Recapturing What Made the NRO Great：Updated Observations on "'The Decline of the NRO'" [J]. NATIONAL RECONNAISSANCE—Journal of the Discipline and Practice,

2005 - U1：59.

[49]　R. Cargill Hall. THE NRO AT FORTY：ENSURING GLOBAL INFORMATION SUPREMACY ［DB/OL］．［2015 - 04 - 23］. http：// www. nro. gov/foia/docs/foia - nro - history. pdf.

[50]　REYES. REPORT ON CHALLENGES AND RECOMMENDATIONS FOR UNITED STATES OVERHEAD ARCHITECTURE ［R］. WASHINGTON：U. S. GOVERNMENT PRINTING OFFICE，OCTOBER 3，2008：16. 参议员 Sam Nunn 和众议员 David McCurdy 提出《1982 财年国防部授权法》修正案，要求武器系统采办费用超支达到一定比例门槛后须向国防部长及参议院报告.

[51]　DoDD 5105. 23，National Reconnaissance Office（NRO）［M］. Department of Defense，June 28，2011：6.

[52]　James P. Cashin，Jeffrey D. Spencer. SPACE AND AIR FORCE：RHETORIC OR REALITY?［R］. Maxwell Air Force Base，Alabama：AIR COMMAND AND STAFF COLLEGE，AIR UNIVERSITY，1999：31 - 32.

[53]　Thomas S. Moorman，Jr. The Air Force in Space，its Past and Future ［C］//R. Cargill Hall，Jacob Neufeld，ed. The U. S. Air Force in Space 1945 to the Twenty - first Century. Washington，D. C.：USAF History and Museums Program，1998：171.

[54]　Peter L. Hays. SPACE AND SECURITY—A Reference Handbook ［M］. Santa Barbara，California · Denver，Colorado · Oxford，England：ABC - CLIO，2011：37.

[55]　琼·约翰逊-弗里泽. 空间战争 ［M］. 叶海林，李颖，译. 北京：国际文化出版公司，2008：114.

[56]　方勇. 信息时代战略威慑新高地——美国空间威慑战略分析 ［J］. 国际太空，2016（6）：23.

[57]　琼·约翰逊-弗里泽. 空间战争 ［M］. 叶海林，李颖，译. 北京：国际文化出版公司，2008：106.

[58]　David N. Spires. Beyond Horizons：A Half Century of Air Force Space Leadership ［M］. Air Force Space Command，Air University Press，1998：197.

[59]　琼·约翰逊-弗里泽. 空间战争 ［M］. 叶海林，李颖，译. 北京：国际文化出版公司，2008：115.

[60]　JACK MANNO. ARMING THE HEAVENS—The Hidden Military Agenda for Space，1945 - 1995 ［M］. New York：DODD MEAD&COMPANY，

1984：167，169.

[61] Terry Everett. SPEECH FOR THE 2008 NATIONAL SPACE FORUM ［J］
SPACE and DEFENSE，Volume Two，Number Two，Winter 2008.

[62] 刘继贤. 军事管理学 ［M］. 北京：军事科学出版社，2009：117.

[63] 沃尔特·博伊恩. 跨越苍穹——美国空军史 1947—1997 ［M］. 郑道根，
译. 北京：军事谊文出版社，1999：29-30.

[64] David N. Spires. The Air Force and Military Space Missions：The Critical
Years，1957-1961 ［C］//R. Cargill Hall，Jacob Neufeld，ed. The U. S. Air
Force in Space 1945 to the Twenty-first Century. Washington，D. C.：
USAF History and Museums Program，1998：42.

[65] JACK MANNO. ARMING THE HEAVENS——The Hidden Military Agenda
for Space，1945-1995 ［M］. New York：DODD MEAD&COMPANY，
1984：157.

[66] Bernard A. Schriever. Military Space Activities：Recollections and
Observations ［C］//R. Cargill Hall，Jacob Neufeld，ed. The U. S. Air Force
in Space 1945 to the Twenty-first Century. Washington，D. C.：USAF
History and Museums Program，1998：12.

[67] Bruce Berkowitz. THE NATIONAL RECONNAISSANCE OFFICE AT 50
YEARS：A BRIEF HISTORY ［M］. Chantilly，Virginia：National
Reconnaissance Office Center for the Study of National Reconnaissance，2011.

[68] 徐国荣，王惊涛，叶过芳，等. 现代外军领导与管理 ［M］. 北京：蓝天出版
社，2014：48.

[69] David C. Arnold，Peter L. Hays. Getting There From Here：Realizing the
Space Commission's Vision 10 Years Later ［J］. HIGH FRONTIER，August
2011，Volume 7，Number 4：33. 其余 12 名委员是（按照曾任的最高"太
空"职务排名）：杜安·安德鲁斯（国防部指挥、控制、通信与情报助理部
长）；罗伯特·戴维斯（国防部航天副部长帮办）；霍威尔·埃斯戴斯（美国
航天司令部司令）；罗纳德·福格尔曼（空军参谋长）；简·加勒（陆军航天
与战略防御司令部司令）；威廉·格拉汉姆（总统科学顾问，国家航空航天
局代理局长）；查尔斯·霍纳（美国航天司令部司令）；大卫·杰莱麦（参联
会副主席）；托马斯·摩尔曼（空军副参谋长）；道格拉斯·奈西瑟瑞（众议
院武装部队委员会委员）；格林·奥迪斯（陆军训练与条令司令部司令）；马
尔科姆·瓦洛普（参议员）.

[70] Donald H. Rumsfeld，Stephen A. Cambone. Enduring Issues：The Space
Commission 10 Years Later ［J］. HIGH FRONTIER，August 2011，Volume

7，Number 4：4.

[71] Peter L. Hays. SPACE AND SECURITY—A Reference Handbook ［M］. Santa Barbara，California · Denver，Colorado · Oxford，England：ABC - CLIO，2011：3 - 4.

[72] JACK MANNO. ARMING THE HEAVENS—The Hidden Military Agenda for Space，1945 - 1995 ［M］.New York：DODD MEAD&COMPANY，1984：166.

[73] Peter Grier. the FORCE and SPACE ［J］.AIR FORCE Magazine，February 2001：52.

[74] Richard W. McKinney. Reconsidering the Space Commission 10 Years Later ［J］. HIGH FRONTIER，August 2011，Volume 7，Number 4：12.

[75] Peter L. Hays. SPACE AND SECURITY—A Reference Handbook ［M］. Santa Barbara，California · Denver，Colorado · Oxford，England：ABC - CLIO，2011：2.

[76] David Christopher Arnold. Space and Intelligence ［C］//Damon Coletta，Frances T. Pilch，ed. Space and Defense Policy. London and New York：Routledge，2009：206 - 207.

[77] R. Cargill Hall. Civil - Military Relations in America's Early Space Program ［C］//R. Cargill Hall，Jacob Neufeld，ed. The U. S. Air Force in Space 1945 to the Twenty - first Century. Washington，D.C.：USAF History and Museums Program，1998：28.

[78] Peter L. Hays. SPACE AND SECURITY—A Reference Handbook ［M］. Santa Barbara，California · Denver，Colorado · Oxford，England：ABC - CLIO，2011：34.

[79] John L. Mclucas. The U.S. Space Program Since 1961：A Personal Assessment ［C］//R. Cargill Hall，Jacob Neufeld，ed. The U.S. Air Force in Space 1945 to the Twenty - first Century. Washington，D.C.：USAF History and Museums Program，1998：93.

[80] Donald H. Rumsfeld，Stephen A. Cambone. Enduring Issues：The Space Commission 10 Years Later ［J］. HIGH FRONTIER，August 2011，Volume 7，Number 4：4.

[81] 樊吉社. 美国军事——冷战后的战略调整 ［M］. 北京：社会科学文献出版社，2011：125.

[82] Howell M. Estes III. The Space Commission：10 Years Later - Still a Work in Progress ［J］. HIGH FRONTIER，August 2011，Volume 7，Number 4：10.

第四章 美国国家安全航天领导管理体制

美国国家安全航天领导管理体制的功能是在平时对国家安全航天的力量建设和各项活动实施领导和管理。其结构在宏观上表现为"总统—国防部长—各军种航天机构"与"总统—国家情报主任—情报界航天机构"两条并行的链路。两条链路所包含的双峰结构既是国家安全航天体制碎片化的重要表现，也是造成碎片化的重要原因。而在中观和微观层次上，内部的交流与合作则是维系国家安全航天体制生存的必然要求。此外，国家安全航天力量与民用、商业航天力量也建立了密切的互惠关系。

第一节 双峰结构基本固化

长期以来，美国军事航天、情报界航天这两座国家安全航天的"山峰"虽有高度的差别，双峰之间的间距也发生过小幅的变化，但二者始终未能出现实质性的集成，更遑论合并。反恐战争的开启和持续进行拓宽了国家侦察局的生存空间，稳固了国家侦察局的地位，美国国家安全航天体制的双峰结构基本固化。

一、长期以来集成军事航天与情报界航天的努力未获进展

国家侦察局自成立起便秉承"从摇篮到坟墓"的管理理念，其业务流程涵盖了卫星采办、卫星运行、数据接收等方面，在体制上基本独立于以空军航天力量为主体的军事航天。毫无疑问，以国家侦察局为核心的情报界航天在美国获得冷战胜利的过程中发挥了重要作用。但是，冷战结束后国际战略格局发生重大变化，合并军事航天与情报界航天的呼声也逐渐提高，甚至几度形成较强影响，不过始终未能生成实质性举措。

（一）20 世纪 90 年代，合并的呼声逐渐出现

1993 年，摩尔曼报告触及了"'国家'侦察航天界"（指国家侦察

局）这一"敏感"议题，指出国家侦察局侦察卫星系统的需求生成过程处于国防部流程之外，建议建立一个更加正式的机制，确保在这一需求生成过程中能够充分考虑军方的需求[1]。摩尔曼报告虽然只论及了军事航天与情报界航天在需求环节的结合，但已经属于融合二者的初始呼声。

1994年，总审计局的一份报告在摩尔曼报告基础上迈进了一步。报告首先建议将所有军事航天系统的采办业务整合为一项单独的预算，由国防部长办公厅内一个独立的机构负责，由一名文职人员领导。与此同时，报告也认为需要考虑将国家侦察局的需求和项目管理职能纳入该独立机构，确保为联合部队提供足够的支援[2]。总审计局报告的建议实质上是想将国家侦察局的采办业务纳入军方系统，但这些建议未获落实。

1999年，陆军科学委员会发布的《优先处理陆军太空需求》报告也聚焦航天采办，建议陆军应当推动建立一个新的特别的联合采办组织（可命名为国家航天组织），将国家侦察局和国防部的航天采办职能整合进国家航天组织，由国家航天组织负责所有太空系统的采办。由此，国防部的相关预算也将脱离军种而成为"紫色"，能够更好地满足各军种用户的需求[3]。该建议也未获落实。

此外，威廉·欧丹所著《情报改革》一书也对解散国家侦察局，并将相应职权移交国家安全局和国家图像与测绘局持赞同态度。作者认为"因为国家侦察局的势力垄断而经常导致荒谬延误的情形。在国家侦察局解散之后，国家安全局（以及国家影像制图局）在重新设定目标的权限上将不再有任何问题。而存在于国家侦察局卫星管理与国家安全局（以及国家影像制图局）情搜处理之间所有地面管制站的人为藩篱也将被移除"[4]。

(二) 2000—2001年，太空委员会的集中探讨与折衷妥协

2000年，在为太空委员会准备的分领域报告中，融合军事航天与情报界航天成为一项重要议题。不仅在《军事航天文化》分报告中从人力资源的角度提及空军和国家侦察局"未来可能的合并"[5]，而且还单独准备有一份《国防—情报航天融合》分报告。分报告介绍了对国防部和情报界进行调研的情况。国防部的态度是将国家侦察局分拆给陆、

海、空三军。情报界则从情报种类、流程等的完整性角度论证了国家侦察局不可或缺。分报告最终向太空委员会建议的方案明确而大胆，即国家侦察局"回归黑色"，其"遗产项目"并入国防部。具体地说，一方面，由于国家侦察局越来越忙于为国防部提供情报支援，其多年来塑造的研发、追求革命性航天能力的标志性特点正开始受损，建议国家侦察局回归至 20 世纪 60 年代的状态，即致力于研发革命性的航天技术，以满足情报界和国防部的需要；另一方面，建议将国家侦察局的大部分，尤其是"遗产项目"的采办、运行、管理全部移交国防部。这一方案实际上是该分报告准备的 4 个备选方案中的 A 方案。B 方案的主要精神有五点：一是将国家侦察局局长在空军的级别从助理部长升级为副部长；二是国防采办执行官将该副部长指定为空军航天项目军种采办执行官，原来由负责采办的空军部助理部长承担的航天采办职能转交该副部长；三是国家安全航天设计师①向空军副部长/国家侦察局局长汇报；四是航天与导弹系统中心和空军研究实验的航天部分从空军器材司令部转隶空军航天司令部，实现空军航天项目"从摇篮到坟墓"的管理；五是空军航天司令部司令（四星上将）与美国航天司令部司令分离。C 方案是将国家侦察局卫星通信系统的采办职权转交空军，国家侦察局仍然保留其卫星通信系统的操作运行职权。D 方案是将国家侦察局"遗产项目"的操作运行职权转交国防部，接受美国航天司令部司令的作战指挥，由美国航天司令部各军种组成部分分别操作运行，国家侦察局仍然保留其"遗产项目"的采办职权[6]。可见，太空委员会最终选择的是 B 方案。对于军事航天尤其是空军航天而言，B 方案提高了空军航天集中化的水平。对于国家安全航天的双峰关系而言，B 方案基本上只是在既有体制上做了加法，没有做减法，对于融合军事航天与情报界航天的作用不大，实际上是体制调整幅度最小、最为保守的方案，距离《国防—情报航天融合》分报告作者的初衷也最远。

（三）2001 年以后，合并的呼声仍然清晰存在

太空委员会改革是美国国家安全航天历史上最有可能实现军事航天、情报界航天深度融合的时机。9·11 事件爆发后，情报界地位显著

---

① 国家安全航天设计师（NSSA）于 1998 年设立，前身是国防部航天设计师（DoDSA）。

提高，在国防部与情报界的利益博弈中拥有了更多的话语权。虽然合并军事航天与情报界航天仍然具有理论上的正确性，但要想从情报界剥离国家侦察局并入军事航天，其难度无疑更大了。2008 年，政府问责局向参议院武装部队委员会战略力量分委员会提交了一份报告《国防航天活动：需要利用国家安全航天战略来指导国防部未来的航天努力》，呼吁国会施压，推动国家安全航天战略的出台，目的是为军事航天活动提供战略指导，更好地协调军事航天与情报界航天活动，既避免二者间出现重复建设，也避免二者间出现空档[7]。事实上，早在 2004 年国家安全航天办公室就已完成国家安全航天战略草案的撰写工作，但由于各种原因，首份国家安全航天战略的正式文件拖延至 2011 年才正式出台①。这在一定程度上表明，军事航天与情报界航天之间仍然缺乏足够强的向心力和加强结合的主观意愿，融合二者的动力主要存在于外部。

2008 年，继太空委员会之后第二份在融合军事航天与情报界航天事务上具有重要影响力的报告出台，即由 A·托马斯·杨领衔完成的国防分析研究所报告《国家安全航天的领导、管理与组织》。该报告在对现状的描述上与《国防—情报航天融合》报告比较一致，指出了国家侦察局解密、航天采办人员缺乏、采办过程中出现"拖、降、涨"现象、运行老旧在轨资产分散了国家侦察局注意力等问题。报告认为，当前军事航天与情报界航天分离的国家安全航天体制结构已经完成了历史使命，继续分割军事航天与情报界航天这两种文化将极大损害为军方和情报界用户提供集成化航天服务的能力，也将阻碍航天采办业务的改进。该报告措辞含蓄，没有直接言明国家侦察局的存废问题，但其字面背后的含义实际上是认为国家侦察局已经没有独立存在的价值，有必要与军事航天融合起来。对此，报告提出了两点主要建议：一是设立国家安全航天权，其主任为国防部航天副部长、负责航天的国家情报副主任级别，是航天执行代理人，拥有里程碑决策权，向国防部长和国家情报主任汇报；二是设立国家安全航天组织，将国家侦察局、空军航天与导弹系统中心、空军研究实验室的航天器处、空军航天司令部的作战性职能以及陆、海军的相关航天部门都整合进国家安全航天组织，航天器的指

①　直接和表层的原因是国家安全委员会要求该战略延至 2006 年《国家航天政策》发布之后再出台，而深层次的原因则是军事航天、情报界航天之间在利益、文化等方面的分歧。

挥控制、数据接收以及航天发射任务均由国家安全航天组织负责。国家安全航天组织在政策、需求、采办事务上向国家安全航天权汇报，在组织、训练、装备事务上向空军航天司令部汇报[8]。该建议实质上是将几乎所有的国家安全航天资源都整合至空军航天司令部内，其大胆程度超过了《国防—情报航天融合》报告。很显然，与2000—2001年间相比，阿拉德委员会报告出台时情报界的地位相对提高，而阿拉德委员会设定的改革目标比太空委员会更高，自然更无实现的可能。可资作证的是，三年后国防部长和国家情报主任联合签发的《国家安全航天战略》中，完全未提军事航天与情报界航天合并的问题，相关的表态仅仅是"我们将增强现有国家安全系统之间的互操作性和兼容性"[9]。

纵观国家侦察局成立以来军事航天与情报界航天之间在体制结构上的疏离程度，可以发现与20世纪相比，21世纪初的军事航天与情报界航天实际上呈现分割局面逐渐巩固，且略有加剧的状态。

二、国家侦察局逐渐丧失既有优势，但影响力依然强大

从20世纪90年代起，国家侦察局进入了一个"下行通道"。根源于冷战结束、民众和国会渴望"和平红利"的大背景，国家侦察局开始遭遇多方面不利。此前国家侦察局所获得的巨大成功，大致可以归因于七个方面的有利因素：一是总统的亲自关注和国防部长、中央情报主任有效的联合管理；二是作为美国政府唯一负责发展航天侦察系统的机构，国家侦察局有着优势的地位；三是国防部和中央情报局提供工作人员；四是充足的经费保障以及合理的经费储备；五是高度的保密；六是先进的航天侦察技术；七是拥有决定权的优秀项目管理人员[10]。进入20世纪90年代之后，这些因素中过半已经消失或遭到削弱。具体看，如艾森豪威尔总统一样对航天侦察的亲身关注再未在国家侦察局历史上出现过；国防部长与中央情报主任关系的实际运作层次已经降低；冷战结束后经费被削减；"远期资金事件"后经费储备及储备经费的自由调配权被取消；国家侦察局自1992年起逐步解密[11]；人才队伍稳定性受到侵蚀等。这些不利因素的总爆发就是2005年"未来成像体系"光学部分的研发失败，造成国家侦察局技术发展史上最大的"滑铁卢"。国家侦察局面临的这些不利状况虽然尚未危及其生存，但毫无疑问对其地位和名誉构成了严重损害。

　　另一方面，苏联解体造成的安全错觉很快消逝，反恐战争、局部冲突、大规模杀伤性武器扩散等挑战迅速浮出水面，"美国面临的威胁从未如此复杂，新用户的情报需求从未如此巨大"[12]"在恐怖主义威胁下，我们本土面临一种新形态的危险。……存在（与面临苏联洲际弹道导弹威胁时）一样的不确定感，甚至是恐惧。恐惧于不知道威胁的程度、不知道该怎么做，短期内也不知道如何最好地防御这种危险"[13]。虽然在经费缺乏的情况下，国家侦察局面临着"投入少，需求多"、航天侦察系统任务过重的难题，且来自国防部长和中央情报主任的需求经常发生冲突，导致国家侦察局两头受气，但军队和政府的庞大而稳定的情报用户群和情报需求显然对于提升国家侦察局的存在价值具有至关重要的作用。进入21世纪的国家侦察局重新巩固了自己的舞台，重塑了自己在多重安全威胁格局下的历史定位。

　　然而，国家侦察局最令人瞩目的成就是创新性军事技术的研发，其前三十年的历史也基本上属于专注于技术创新的历史。之后，其一部分注意力被分散至为用户提供航天侦察情报这一服务性业务上来，这一变化曾招致许多质疑。有人建议国家侦察局放弃服务业务，回归技术创新的传统。不过，从国家侦察局角度来看，侦察卫星技术创新的黄金时期已经逝去，而航天侦察情报服务业务已然成为一个新兴增长点。但与其初创时期的辉煌相比，20世纪90年代以后的国家侦察局已经黯然失色；与经济界的一些老牌企业相比，其自我革新的力度与魄力也逊色许多。可以说，国家侦察局已经从一个先锋性的技术创新机构演变为一家普通的、臃肿的，甚至带有一定官僚习气的军事机构。"而官僚机构一般都不是冒险家，也没什么主动性。这是因为只有让别人高兴他们才能存在下去。别把船弄翻，别太引人注意，是符合一个官僚机构的最佳利益的"[14]。

三、设立国家情报主任职位使情报界航天地位上升

　　长期以来，军事航天与情报界航天之间存在一种"角力"的态势。而且，这种角力在很大程度上又受到国防部长与中央情报主任/国家情报主任关系此消彼长的影响。总体上看，国防部长在与中央情报主任/国家情报主任关系中占据优势地位[15]。但就航天事务而言，力量的天平在二者之间出现过来回"钟摆"的现象。

　　20世纪60年代，在国防部长与中央情报主任关系上，依据二者间的四份协议，前者建立了明显的优势地位。第一份协议签署于1961年9月6日，明确了国家侦察局为空军部下属机构，负责新设立的国家侦察计划。第二份协议签署于1962年5月2日，明确了国家侦察局局长由国防部长指派，经中央情报主任同意。第三份协议签署于1963年3月13日，明确了国防部长为国家侦察计划的执行代理人。因情报界认为第二份协议中中央情报局地位受损而感到不满，遂在第三份协议中增设国家侦察局副局长一职，由中央情报主任指派，经国防部长同意。第四份协议签署于1965年8月11日。在这份协议中，国防部不仅负责国家侦察局的运行，而且获得了对国家侦察局预算的"最后批准"权；国防部长指派的国家侦察局局长无需中央情报主任同意，但中央情报主任指派的副局长须经国防部长同意。可见，这四份协议尤其第四份协议使国防部长在国家侦察局事务上基本占据了主导地位[16]。

　　1977年，卡特总统在第12306号《行政命令》中指定国家侦察局为国家对外情报计划的一部分，且赋予中央情报主任在国家对外情报计划预算（包括国家侦察局预算）事务上"完全且排他性的权力"[17]。结果，到1978年末国家侦察局局长开始就国家侦察计划的需求和预算等问题直接向中央情报主任汇报，权力的天平向中央情报主任小幅回摆。

　　1986年，《哥德华特—尼科尔斯国防改组法》设立国防部采办副部长，负责审查包括国家侦察局项目在内的各类国防项目[18]。该法案巩固了国防部在国家侦察局事务上的职权，权力的天平又向国防部小幅回摆。

　　2004年，《情报改革与恐怖主义预防法（2004）》将主要情报项目（包括国家侦察局项目）的里程碑决策权赋予新设立的国家情报主任[19]。此前，作为太空委员会的改革措施，国防部曾将国家侦察局项目的里程碑决策权赋予空军部长。毫无疑问，该法案强化了国家情报主任的权力，"'中央'情报主任变为'国家'情报主任，增强了国家情报管理的正当性，增加了职位本身的权威性与明确性"[20]。由此，情报界航天相对于军事航天的地位也相应提高。

　　国防部长与中央情报主任/国家情报主任关系、军事航天与情报界航天关系上的"钟摆"现象到2010年有了一个缓和的折衷。9月21日，国防部长和国家情报主任签署一项新的协议，规定国家侦察局局长是国防部长和国家情报主任二人在"过顶系统"（指侦察卫星）事务上最重要的顾问，有权直接联系国防部长和国家情报主任；国防部和情报界必须对利用自身经费所开发系统的需求进行核准，不过，一旦项目获批，国家侦察局局长将拥有对该项目的里程碑决策权（除非特例）[21]。显然，这份新的协议试图将国家侦察局事务上的权力在国防部和情报界之间进行平均分配，尽可能把双方的利益都照顾到。在太空委员会改革后不到十年内，国家侦察局项目的里程碑决策权实现了从空军部长到国家情报主任，再到国家侦察局局长的回归，国家侦察局获得了更大的自主权。可见，这份协议的最大"赢家"其实是国家侦察局。而在经历了数个来回的权力"钟摆"之后，国家侦察局相对于军事航天的独立地位也变得更加稳固。

四、空军副部长与国家侦察局局长职位的分离拉大了双峰间距

作为一个主要由空军和中央情报局支撑的机构，国家侦察局自1961年成立至2005年，其局长便一直同时在空军部担任高级职务，包括空军助理部长、副部长甚至是部长[22]。2005年6月29日，国防部长拉姆斯菲尔德、国防部情报副部长斯蒂芬·坎伯恩、国家情报主任约翰·D·内格罗蓬特共同决定，取消2001年太空委员会后的做法，将空军副部长和国家侦察局局长两个职位分离开来[23]。至此，太空委员会后两个职位合一的做法仅持续了彼得·B·提兹一个任期。

分离两个职位的原因有三个方面。一是20世纪90年代国家侦察局推行"全系统性能职责"制度失败，令一些关键的决策人士觉得一个人无法身兼国家侦察局局长和空军副部长二职，这样做对国家侦察局和空军都不好[24]。二是太空委员会推动的由空军部助理部长兼任国家侦察局局长调整为由空军副部长兼任国家侦察局局长的做法普遍被视为是不成功的改革。2001年后，实际上是一个人同时身兼空军副部长、国家侦察局局长、国防部航天执行代理人三职，职责范围扩大了，但并没有被赋予足够的、相应的权力来统筹军事航天和情报界航天事务[25]。三是黑白航天分离的观念还具有一定的市场。太空委员会成员埃斯戴斯三世在2011年的文章中仍然持有这种思想，且建议由国家侦察局来负责所有国家安全航天的采办，由空军负责操作运行[26]。

分离两个职位的做法固然具有合理性，但也产生了一些不利影响。

第一，令人对国防部执行太空委员会建议的态度和决心产生怀疑。整合黑白航天是太空委员会诸项建议措施的核心目标，但分离两个职位在形式上恰好背离了这一目标，因为"很难理解两个人如何能够比一个人更好地融合（黑白航天）"。第二，暴露了美国国家安全航天管理与组织改革存在严重的不连贯性。表面上，将国家侦察局局长与空军副部长职位分离开来可以给太空领域提供更多的来自情报界高层的关注，但三年前将美国航天司令部并入战略司令部，却毫无疑问显著降低了作战司令部对太空领域的关注[27]。来自军方高层的关注减少，来自情报界高层的关注增多，两厢对比，相关组织机构的调整改革显得顾此失彼、缺乏统一。总起来说，空军副部长与国家侦察局局长的分离，无益于美国国家安全航天双峰的融合，使双峰的疏离进一步恶化。

第二节　职权分布长期呈现碎片化状态

碎片化是美国国家安全航天体制自"群雄逐鹿"的诞生之日起便已植入的顽固基因。虽然国家安全航天体制的历次调整改革均将碎片化作为靶子、将集中化设为目标，随之碎片化程度不断降低、集中化水平不断提高，但碎片化的顽疾始终未能得到根除，进入 21 世纪后的国家安全航天体制在部分领域仍然存在碎片化的现象。

一、情报界航天职权与其他航天职权的分离

太空委员会曾有一项重要建议，即成立国防部航天与情报副部长。成立该职位属于国防部长办公厅层面的体制调整。设想中的国防部航天与情报副部长将在国防部内项目安排和预算决策方面拥有相当大的发言权[28]。不过国防部最终并未采纳该建议，而所有采纳的建议当中也没有国防部长办公厅层面的调整改革措施①。不过，2003 年国会批准设立了国防部情报副部长。作为国防部长最重要的情报顾问，国防部情报副部长代表国防部长对国防部内所有情报和安全机构（包括国家安全局、

---

①　事实上，设立国防部航天与情报副部长是太空委员会极为重要的建议之一。但拉姆斯菲尔德为何在上任国防部长后却拒绝了这项重要建议，关于这一疑问，各类文献或回忆材料均躲躲闪闪、语焉不详，似乎有一些"为尊者讳"的味道。

国防情报局、国家地理空间情报局、国家侦察局、国防安全局以及各作战司令部和各军种的情报单位）进行指导和控制。国防部情报副部长监督着军事情报计划、国家情报计划中的军事部分，在"作战空间感知"领域代表情报部门的利益，管辖人员超过了 11 万人[29]。为了改进与国防部的协调，国家情报主任也专门在其办公室内设立国防情报主任职位，由国防部情报副部长兼任[30]。

　　然而，尽管国防部情报副部长已经属于国防部长办公厅内的高级职位，且兼任情报界高级职务，但无法实现对国家安全航天力量整体上的集中化管理，原因是其职权仍然存在明显局限。首先，其职权范围仅涉及情报界航天（"黑色"航天），不包括导弹预警、卫星通信、卫星气象、GPS 等国防部掌管的"白色"航天部分[31]。因此，国防部情报副部长不属于完全意义上的国家安全航天职位。其次，缺乏国防部内相关业务的采办决策权。这一权力由国防部采办、技术与后勤副部长掌握。所以，即便国防部情报副部长和国家情报主任确定了某一项目，国防部采办、技术与后勤副部长也有权否定它[32]。再次，首任国防部情报副部长斯蒂芬·坎伯恩博士曾是太空委员会的"参谋主任"，具体负责委员会各项工作，是拉姆斯菲尔德在国防部航天事务上的先锋队员。将其任命为首任国防部情报副部长，虽然符合美国官僚文化和传统，但拉姆斯菲尔德在拒绝太空委员会设立国防部航天与情报副部长建议的情况下，却另行设立完全不符合太空委员会初衷的国防部情报副部长职位，不能不让人有"因人设岗"的猜疑。而且，"这一'依附于个人的做法'并未能以一种可持续的方式，对国防部长办公厅内集中的国家安全航天职权实现机制化……（反而）导致国防部长办公厅各部门之间持续的恶性竞争，也导致国防部长办公厅与国防部航天执行代理人之间的重复建设、业务断层以及职权界限的模糊化"[33]。因此，国防部情报副部长的设立只是在原空军副部长/航天执行代理人基础上增加了一个新的国家安全航天权力中心，实际效果是将国家安全航天的职权进一步碎片化。

二、航天采办职权的碎片化

　　美国国家安全航天采办主要是指国防部和情报界在卫星系统、地面系统的需求、研发、生产、购买等环节开展的各类相关活动。采办工作是国家安全航天领域的重要内容。在国家安全航天力量开始大规模战役战术应用之前，采办工作更是国家安全航天领域的主要内容。然而，碎片化问题却始终伴随并困扰着国家安全航天采办。

　　国家安全航天采办的碎片化首先体现为军方、情报界航天采办的分离。长期以来，国家侦察局在国防部之外单独地、平行地掌控着一套航天采办体系，这一直被视为国家安全航天最根本、最大的碎片化。因此，总审计局在 1994 年 8 月发布的《国家航天议题——对国防航天项目与活动的观察》报告中就曾建议将国家侦察局的需求和项目管理职能并入一个单一的国防部航天采办机构[34]。其次，军事航天内部的采办也呈碎片化状态。20 世纪末期，国防部内担负有航天采办职能的部门按照预算份额从大到小依次是空军、陆军、海军、弹道导弹防御办公室①、高级研究计划局和国防信息系统局。其中，空军占有绝大多数的份额，1999 年的预算比例约占 84%[35]。但空军的绝对优势地位并没有影响其他军种争取航天地位的积极性。陆军航天政策宣称："陆军在确立太空体系结构和军事需求以支援空地一体作战和战场行动方面是国防部内的领导者"[36]。这样一种航天采办的碎片化状态导致了装备和人员上的重复建设，"几个军种均在发展航天硬件，除了各军种使用的频率不同以外，其他的基本都是相同的"[37]。例如，1994 年陆、海军共同开发了无需美国本土地面站预先处理，直接接收"国防支援计划"卫星数据的"联合战术地面站"。一年后，空军也开发了具有类似功能的"向战区发出的攻击与发射早期报告"系统。二者区别仅在于后者提高了对短程导弹的预警能力[38]。相对而言，"联合战术地面站"与"向战区发出的攻击与发射早期报告"系统之间的重复建设尚不属最糟糕的情形，二者尚且共同构成了美国航天司令部的"战术事件系统"②，而那些由各个部门发展的不具备互操作性的系统，还会降低联合作战的效率。另外，采办领域的碎片化也体现在"即便是在空军内部，空军航天司令部的四星司令也没有对航天事务的最后发言权"[39]，因为空军器材司令部还控制有许多关键的航天资产。

----

　　①　克林顿总统第一任期将原战略防御倡议办公室（SDIO）改成弹道导弹防御办公室（BMDO）。

　　②　也称"战术节次系统"，指战区弹道导弹事件报告系统。

2001 年太空委员会改革实现了美国国家安全航天历史上程度最高的集中化，但仍然未能根治碎片化的问题。此次改革后，空军副部长兼任国家侦察局局长，被授予国防部航天执行代理人职权，拥有国家安全航天项目发展的里程碑决策权，对于整个国家安全航天领域的项目发展拥有决定权，包括空军自身的航天采办。然而，空军副部长的"集权"地位存在着天生的缺陷：级别仍然偏低，空军副部长无论是作为军种的副部长还是作为国家侦察局局长，在所有探讨、决策国家安全航天事务的部际和部门内会谈中均无席位[40]；缺乏财权，"从未被授予 2001 年太空委员会所设想的足够的权力。该执行代理人缺乏预算权"[41]。与此同时，五角大楼的预算改革开始聚焦于"能力输出"。不能否认，这一改革的出发点是完全正确的。然而，其客观后果是使航天项目的预算权广泛散布于各需求方。与此相一致，多年来国家安全航天领域的利益主体十分分散，每一个利益主体同时也是一个航天采办的需求主体。进入 21 世纪后，除了美国航天司令部并入战略司令部之外，其他需求主体没有发生变化，国防部层面包括了情报副部长，采办、技术与后勤副部长，政策副部长，网络与信息融合助理部长。其他部门包括有空军、海军、陆军、海军陆战队、国防高级研究计划局、导弹防御局等[42]。面对着国家安全航天领域众多的利益主体，空军副部长脆弱的集权地位尚未来得及进一步巩固，便随着 9·11 事件后情报界地位的迅速上升而解体，短暂集中于空军副部长的采办职权被逐步"肢解"：

首先是在 2005 年，当彼得·B·提兹于三月份卸任国防部航天执行代理人后不久，原授予空军部长的里程碑决策权被收归国防部采办、技术与后勤副部长。这一做法刚开始被解释为临时性的权宜之计，原因是"在当时缺乏一位由参议院批准的能够行使此项权力的空军领导人"，但也含有对空军在航天采办事务上表现欠佳的惩罚[43]。由此，里程碑决策权这项采办事务中十分关键的权力回归国防部长办公厅。于美国国防部而言，此举实现了国防采办的集中化；于国家安全航天而言，此举削弱了航天采办的自主权、独立权，弱化了国家安全航天的地位和影响力。事实上，空军副部长兼任的国防部航天执行代理人头衔自从 2007年上一任执行代理人辞职之后就没再派人接任过[44]。

其次是在 2008 财年国防拨款法案中设立了"主力部队计划-12"来

监管国家安全航天采办经费①。实际上，对于有没有必要设立航天领域的"主力部队计划"一直存有争议。在 2000 年 11 月 17 日的空军学会洛杉矶座谈会上，空军部长惠滕·彼得斯认为过去的"主力部队计划"表现得"有些年好，有些年差"[45]。不过，太空委员会改革之后国防部仍然采纳了委员会建议，启用了名为"虚拟主力部队计划"的会计流程，用于跟踪所有国家安全航天采办经费。但"虚拟主力部队计划"实效有限，原因包括项目不连续，导致缺乏对该项目在某些年份的跟踪；一些项目存在秘密经费等。因此，国会多次要求建立一个严格的航天"主力部队计划"，也要求指定一名国防部长办公厅官员来对"主力部队计划-12"中项目建议和预算申请的筹备和调整情况进行全面的监督。"主力部队计划-12"的正式设立是国会对该议题的实质反应。虽然国防部启动该计划的行动比较迟缓[46]，"主力部队计划-12"统筹国防部航天经费的实际效用也未有定论，但"主力部队计划-12"无疑是独立于既有国防部航天执行代理人/空军副部长体制的新增的采办经费监督体制，客观上使航天采办职权进一步碎片化。

最后是 2010 年，空军航天采办权收归负责采办的空军部助理部长[47]。这一调整实现了空军采办的集中化，但无益于空军航天采办的独立自主发展。在一定程度上也暴露了以航空力量为主体的空军整体利益与空军航天力量局部利益之间的矛盾。

至此，原来集权于空军副部长的国防部航天采办职权逐步分散至国防部采办、技术与后勤副部长，"主力部队计划-12"，负责采办的空军部助理部长等职位上。太空委员会改革之后仅仅持续数年的国防部航天采办集中化状态重新回归碎片化。

三、卫星控制职权的碎片化

卫星控制包括对卫星平台的控制和对平台上携带的有效载荷的控

---

① 其他 11 个"主力部队计划"（MFP）分别是：战略部队（MFP-1）；一般任务部队（MFP-2）；情报与通信（MFP-3）；空运与海运部队（MFP-4）；国民警卫与后备部队（MFP-5）；研究与发展（MFP-6）；统一补给与保养（MFP-7）；训练、医疗与其他个人活动（MFP-8）；管理与其他相关活动（MFP-9）；对其他国家的支援（MFP-10）；特种作战预算类别（MFP-11）。

制①，在业务内容上分为跟踪、遥测和指挥，相应的力量主要是地面的各类卫星控制系统/网络和控制设施。卫星控制系统/网络可以分为共用系统/网络和专用系统/网络，前者可以控制多个种类、不同项目的卫星，后者只能控制单一项目的卫星。另外，专用系统/网络一般既控制卫星平台，也控制卫星载荷。与各类卫星系统一样，碎片化也是美国国家安全航天地面控制系统的重要特点。

一方面，共用网络和专用网络数量众多造成了碎片化。在军事航天方面，美国有"一大三小"四个共用网络。其中，空军卫星控制网是最大的共用网络，包括了位于科罗拉多州施里弗空军基地的主运行控制中心、位于加州范登堡空军基地的副中心以及遍布全球的测控站，用于军方和情报界卫星在发射阶段、（早期）在轨阶段的测控任务，也用于太空中突发情况的应对，还是军方和情报界卫星的备份控制系统（即便这些卫星平时并非由空军卫星控制网测控）。海军卫星控制网络拥有一个运行控制中心和四个测控站，负责五项任务的测控工作。海军研究实验室卫星控制网络拥有一个运行控制中心，用于多项保密任务和科学卫星任务的测控工作。此外，陆军的卫星控制系统拥有分布于全球的五个运行中心，负责两项任务的运控工作（不负责对卫星平台的控制）。除了四个共用网络，空军还运行着一些专用测控网络，总计拥有分布于全球十处地点的二十三部测控天线。如"国防支援计划""天基红外系统""天基太空监视系统"和GPS均由专用网络测控[48]。

另一方面，卫星通信系统的平台控制与载荷控制的混乱造成了碎片化，呈现"烟囱林立"的状态。具体来看，海军负责"舰队卫星通信系统""舰队卫星极高频组件""特高频后继星"的控制；空军负责"国防卫星通信系统"的平台控制及"受保护载荷"的控制；陆军负责"国防卫星通信系统"的载荷控制；国防信息系统局则是卫星通信的总体管理机构，负责控制和分配一部分转发器，也拥有对"国防卫星通信系统"的部分运行管理职权，还负责商业通信卫星的租用任务[49]。而从同一通信卫星系统来看，相关部门之间容易产生职权交叉的现象。例如，在

①　在我国术语中，前者称"测控"，后者称"运控"。

科索沃战争中，空军第 50 航天联队第 50 航天大队第 3 太空作战中队负责"国防卫星通信系统"的测控工作；陆军第 1 卫星控制营的"国防卫星通信系统运行中心"和国防信息系统局负责卫星载荷的运控工作[50]。在测控与运控逐步合二为一的技术大背景下，美军相关部门自 20 世纪 60 年代以来在"国防卫星通信系统"地面控制上的"割据"状况显得十分突兀。这种混乱的地面控制架构使美军通信卫星地面控制系统成为美国国家安全航天碎片化的"标本"。

卫星控制网络的碎片化是有历史渊源的，属于典型的历史遗留问题。美国航天早期，三军在进行卫星竞争的同时也分别发展了相应的地面控制系统，如海军"先锋计划"的"迷你跟踪系统"；陆军喷气推进实验室的"微锁"系统；空军卫星控制设施等。空军卫星控制设施最早的控制对象只是科罗娜卫星，虽然后来为了提高通用性进行了一些改进，但由于该系统重点仍在国家侦察局卫星上，导致后来的军用气象卫星计划又发展了自己专用的地面控制系统（后该气象卫星地面系统被分配给战略空军司令部）[51]。

多年来，卫星控制网络碎片化的现象不仅未见改善，而且有愈演愈烈之势。理论上，卫星控制的技术共通性要远远高于各类卫星载荷的技术共通性，因此，合理的共用-专用网络比例应该是共用网络占绝大多数、专用网络占小幅比例的格局。然而，从 1960 年至 2010 年，专用网络比例不仅长期居高，而且有上升趋势，如图 4-1 所示。尤其是 21 世纪前十年国防部部署了更多的专用网络，导致"国防部现在至少运行着一打专用卫星控制网络"[52]。

卫星控制网络碎片化的弊端是显而易见的。众多的专用网络之间无法进行软件、硬件、人员的共享，相互之间无法进行互联互通，形成一个个的信息孤岛。如共同部署于关岛的海军卫星控制中心测控站和空军卫星控制网测控站不具备互操作性；共同部署于迭戈加西亚岛的空军卫星控制网测控站和 GPS 测控站，虽然同属空军航天司令部，但也不具备互操作性；如图 4-2 所示，在科罗拉多州施里弗空军基地，来自六个不同太空中队的八个控制中心运行着十个卫星项目[53]。互操作性缺失的直接后果是重复建设和部分领域的断层，导致经费投入、人员培训任务量不断攀升。然而，重复建设不仅是已经形成的事实，也已成为碎片化模式的"必然要求"。时任第 50 航天联队司令的海腾在 2006 年 4

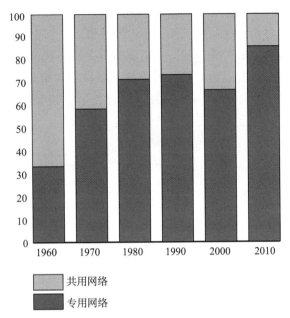

图 4-1　20 世纪 60 年代以来国防部卫星控制网络共用-专用比例

（资料来源：SATELLITE CONTROL—Long-Term Planning and Adoption
of Commercial Practices Could Improve DOD's Operations ［R］.
United States Government Accountability Office，April 2013：10）

月的《高边疆》杂志撰文指出，如果仍然采用旧有模式来运行未来的卫
星系统，那么卫星控制网络的人员和控制中心的数量必须增至原来的两
到三倍[54]，而这在预算上是根本不可能实现的。

　　实际上，卫星控制网络的碎片化现象早已引起相关研究机构和人
员的关注。早在 1994 年 1 月，美国航天司令部的一份报告中就建议
将空军和海军的卫星平台控制任务合并为一个共用卫星控制网络以提
高效率。1999 年，总审计局在一份报告中批评国防部并未遵照 1996
年国家航天政策的精神来集成、提高其卫星控制能力。2008 年，空
军航天司令部发布一份备忘录，提出需要提高卫星控制效率、增强互
操作性[55]。升任空军航天司令部司令后的海腾也在多个场合公开表
达自己一贯主张融合地面控制网络的思想。在 2014 年 12 月 5 日美国
空军学会主办的"为了作战人员的航天力量"研讨会上，海腾尖锐地
抨击国防部卫星控制网络尤其是通信卫星控制网络的混乱状况，他认

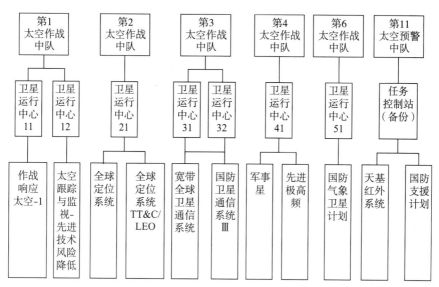

图 4 - 2　施里弗空军基地六个不同太空中队的八个控制中心运行着十个卫星项目
（资料来源：SATELLITE CONTROL—Long - Term Planning and Adoption
of Commercial Practices Could Improve DOD's Operations ［R］.
United States Government Accountability Office，April 2013：12）

为"多年来我们在卫星通信上建设的所有地面系统都是错误的。这些
地面系统没有考虑集成的效果。……如果你看看我们的 GPS、OPIR
等其他项目，（你会发现）过去九年里在我们每一个项目中，地面系
统的架构都是错的。所以，未来的关键是如何升级地面体系架构，为
全球的作战人员提供集成化的效果"[56]。在"2015 太空研讨会"上，
海腾再次严厉地指出"最后的挑战是地面体系"，且对其参谋人员发
展孤立的、专用的卫星控制系统提出公开批评，认为"这是世界上最
蠢的事情，（这种做法）无法保证我们迎接未来。我们必须发展通用
的地面系统"[57]。

　　针对卫星控制网络的碎片化现象，一些机构和个人提出了各种对策
建议。

　　国家安全航天设计师提出了"互操作型卫星控制网"的概念。这一
概念目标远大，期望通过互操作性改造，把军方、国家航空航天局、国
家海洋大气局等的军、民卫星控制系统联结成为一个联盟性质的大网

络，以最大程度地利用空闲的卫星控制资源。与此同时，容许专用网络的存在，还容许各个成员网络首先重点关注自身原来的控制对象，其次才是为联盟网络提供控制能力。2000 年 11 月，联合需求监督委员会，国防部指挥、控制、通信、情报、监视、侦察与航天助理部长办公室，国家航空航天局，国家海洋大气局等四个部门在共同批准的《卫星运行操作体系结构转型计划》中吸收了"互操作型卫星控制网"的概念。空军总部还指示空军航天司令部于 2001 年 2 月开始落实这一概念[58]。

总审计局/政府问责局、空军科学咨询委员会、国家安全航天设计师、美国航空航天学会等机构自 1996 年起发布了多份研究报告，提出了相关对策建议。尤其是 2013 年 4 月的政府问责局报告调研了七家商业航天公司降低费用、提高卫星控制效率的做法，总结出了自动化、互操作性、采用商用现货产品、复合（卫星控制）网络①等四项主要经验，并认为这四项经验均可应用于国防部卫星控制网络。政府问责局的调研数据显示，采用互操作性、自动化等商业经验将可使空军的卫星控制人员数量减少 45%；国家航空航天局采用复合网络大约可以节省 30% 的运行和维护费用，且风险很低[59]。

表 4 - 1　关于卫星控制网络的部分咨询报告

时间	报告	自动化	互操作性	利用商业经验/产品
1996	总审计局报告《卫星控制能力：国家政策能够帮助系统合并及节省经费》		●	●
1998	空军科学咨询委员会报告《21世纪航空航天部队太空路线图》	●	●	●
1999	总审计局报告《卫星控制系统：国防部落实太空政策及集成能力的机会》		●	●
1999	国家安全航天设计师卫星运行研究	●	●	●
2003	美国航空航天学会《卫星任务运行最优实践》	●	●	●

---

①　即一公司租用其他公司卫星控制网络的天线时间。

续表

时间	报告	自动化	互操作性	利用商业经验/产品
2007	国防工业协会夏季研究—空军航天司令部卫星运行业务评估	●	●	●
2009	空军卫星指挥控制兼容性研究		●	●

资料来源：SATELLITE CONTROL—Long‐Term Planning and Adoption of Commercial Practices Could Improve DOD's Operations〔R〕. United States Government Accountability Office，April 2013：22。

2006 年，海腾提出了综合作战中心的构想。该构想的立意是将烟囱式彼此独立的卫星控制网络通过机-机接口联结并打造为聚焦于作战效能的一体化控制中心。由于自动化程度的大幅提高，当前由军事人员完成的跟踪、遥测和指挥任务将主要由在军方监督下的少量文职人员或合同商人员完成，而控制中心的军方人员将主要负责提供直接的作战支援能力[60]。此外，海军也有人建议将其卫星控制以及研发、采购工作移交别的军种。

不过，五角大楼长期以来对卫星控制网络的碎片化现象并未拿出实质性举措。一名空军官员表示，国防部并未着手去把当前的专用卫星控制行动纳入能够更好地利用投资的共用卫星控制网络。而许多已经完成设计工作的新卫星也仍然采用专用网络，如作为导弹防御系统一部分的"精确跟踪太空系统"以及 GPS III 等[61]。

卫星控制网络碎片化现象长期得不到改善的根本原因是军方对这一问题并不重视。从国防部层面来说，没有关于卫星控制的长远规划，没有对所有卫星项目的地面控制系统进行的定量分析，没有要求卫星项目采办人员在选择专用网络时提供一个商业样板，也没有向卫星项目采办方授予足够的权限去实施革新，导致卫星项目采办方在信息保密、系统运行安全等顾虑下选择维持现状。从空军层面来说，"空军反对冒险的文化阻碍了在空军卫星控制网络中采用自动化"[62]。但 1994 年、2008 年空军航天司令部两次提出改革卫星控制网络的设想，说明在该一级司令部层面改革的意愿是充分的。改革的阻力更多地存在于军种层面和国防部层面。从卫星项目采办方来说，一是专用网络确实能够很好地满足当前的、本项目的卫星控制需求，采办人员没有动力去从费用、效率角度考虑更长远的、更宏观的战略层面的问题；二是即使专用网络推高了整个项目的预算，但这一更高的预算反而有利于本项目的竞争力和话语权；三是专用网络省事，采办方无须改动自己的方案和计划，也无须与别的项目进行沟通和协调。所以，项目采办人员往往对提高卫星控制系统兼容性的要求积极性不高，或者即使要求提高兼容性、互操作性，也落实得不严，不愿在自身项目上作出调整，仅希望别的项目来向自己靠拢[63]。

在国家安全航天层面，除了军方的卫星控制网络，国家侦察局卫星的载荷控制是由国家侦察局自身负责的，国家侦察局也拥有一个地基卫星控制网络。这也造成了情报界与军方在卫星控制领域的碎片化。

总起来说，地面控制系统的碎片化源于采办职权的碎片化，如同天基系统一样也已达到十分严重的程度，成为美国国家安全航天体制碎片化整体图景的一部分。

第三节　增进国家安全航天的内部合作

如果说美国国家安全航天体制的双峰格局和职权分布碎片化属于各航天利益主体之间"排斥力"的表现，那么必然需要相应的"吸引力"来联结各主体以维系体制的稳定。因此，建立增进内部联系的体制机制，发展各方的合作也是美国国家安全航天体制的内在要求。

一、成立协调机构

在军事航天内部，诸多航天利益主体之间的政策、计划、活动需要统筹和协调。为此，军方设有相应的协调机构。其中，信息作战与太空执行委员会是处理机构间太空事务最主要的平台，此外还有非正式的太空伙伴关系委员会等机构。不过，这些机构中没有一家能够为总统对国家安全航天事务的领导提供有效的决策支持[64]。可见，虽然在军事航天内部长期存在一定形式的协调机构，但其影响力和实际作用始终比较有限。

由于军事航天与情报界航天之间不存在隶属关系，更需要统筹和协调。早在 1965 年 8 月国防部长与中央情报主任之间签署的第四份协议中就曾建立了由国防部副部长（任委员会主席）、中央情报主任和总统科学技术特别助理三人组成的执行委员会[65]。虽然该委员会于 1976 年便停止运转①，但一直被拉姆斯菲尔德高度认可。直到 2011 年，拉姆斯菲尔德依然认为执行委员会是"一个非正式但有力的工具"[66]，恢复执行委员会是处理机构间太空事务的合理且有效的办法。但拉姆斯菲尔德二度就任国防部长后并未恢复执行委员会，而是在 2004 年 5 月成立了国家安全航天办公室。该办公室合并了原国家安全航天设计师、国家安全航天一体化办公室和转型通信办公室，是唯——个专注于推动军、情、民、商四个部门航天事务融合与协调的机构，"为空军、国家侦察局、联合参谋部、国防部长办公厅、国家情报主任办公室、白宫、国会、各军种、其他局署以及国家安全航天利益相关方提供直接的支持"[67]。然而，与军事航天内部之间的协调工作相比，军事航天与情报界航天之间，军、情、民、商四个部门之间融合与协调的难度无疑更大。面对强大的航天利益主体，协调机构虽然能够发挥一定的作用，但这种作用是孱弱和不稳定的。有时候，部门之间领导人的私人工作关系在帮助执行委员会推动跨部门太空事务协调上往往更加有效。如拉姆斯菲尔德与相继任职的乔治·J·特内特、波特·J·戈斯等两位中央情报主任和第一任国家情报主任内格罗蓬特之间的友好工作关系；国防部长罗伯特·M·盖茨与国家情报主任约翰·M·麦克康奈尔及其接任者詹姆斯·R·克莱珀之间的友好工作关系，后者曾在盖茨手下担任国防部情报副部长[68]。

总起来看，国家安全航天领域的协调机构长期存在，但其发挥的作用较为有限。这也与总统在统筹协调各航天利益主体时的作用比较类似。可以认为，长期存在但作用弱小的协调机构正是碎片化的美国航天体制的一个共生物。

二、整合人才培养

美军各军种十分重视太空人才的培养，都建立了自己的太空人才培养渠道。相对而言，空军的太空人才培养体系最为完善，水平最高。其中，2004 年 10 月成立，位于科罗拉多州斯普林斯的国家安全航天学院

① 1973 年，中央情报主任成为执行委员会（EXCOM）主席。但国防部副部长级别高于中央情报主任，所以国防部副部长后来不再参加委员会会议，转而指派国防部情报助理部长替他参加，直至 1976 年。

是国防部太空教育培训的核心机构，该学院源于空军空间战术学校和空间作战学校。除了为空军提供教育培训外，国家安全航天学院还积极为其他军种和政府部门提供相关教育培训。陆军"经与空军协调，已经将陆军太空教育融入国家安全航天学院。（陆、空军之间）关系的改善为陆军太空人员提供了更好的培训机会"[69]。"国家安全航天学院为来自空军、其他军种、政府部局和联盟国家的领导者们提供了机会。他们由此得以了解到空军航天司令部给作战带来了什么。学院的施教都是根据不同学员对象而专门设置的，能够在太空系统技术、能力、作战概念、采办、战术等方面提供世界级的教育，为联合作战培养了战斗人员"[70]。可以认为，国家安全航天学院在美国军事航天人才培养方面发挥着孵化器、播种机的作用。此外，空军大学、海军研究生学院、空军技术学院等单位也开设有太空教育课程[71]。

军事航天与情报界航天也积极加强双方在人才培养方面的合作。2006年6月7日，时任的空军参谋长T·麦克·莫斯利上将与国家侦察局局长唐纳德·M·科尔共同签发《意向声明——空军-国家侦察局伙伴关系》（下文简称《意向声明》）。该文件是双方合作的重要指导性文件，为空军与国家侦察局之间规划了互派高官、人才培养、卫星防护、航天发射等四个主要方面的合作。此后双方的合作基本上遵循了这一指导框架。针对"全系统性能职责""费用作为独立变量"等采办策略弱化了国家侦察局的监管，导致该局出现整整一代项目管理人员断层的状况，根据《意向声明》中的具体措施，空军与国家侦察局共同建立了航天人才分配咨询委员会，由空军航天司令部副司令和国家侦察局副局长①担任主席，直接目的是监督空军中校及以下级别受信太空专家的分配工作，其中包括分配至国家侦察局的人员；更大的目标则是为空军和国家侦察局培养更多的、拥有丰富运行或采办经验的优秀太空人才，保持一支稳定的太空人才队伍。围绕这一合作主题，国家侦察局还加强了对来自其他军种工作人员的教育培训，即国家侦察局人员在原派遣单位的教育培训不减少，分配至国家侦察局以后，国家侦察局再针对自身任

---

① 应该就是空军派遣至国家侦察局的副局长。因为该副局长有一项职责是担任所有派驻国家侦察局的空军人员的"空军分队指挥官"（AF Element Commander：AFELEM/CC），对这些人员负有行政管理职责，并向空军航天司令部司令汇报。

务需要，在采办、系统工程认证等原单位培训不涉及的方面进行进一步的培训。此外，国家侦察局也主动对国家安全航天学院予以支持，积极利用该学院的太空人才教育培训资源[72]。

三、开展业务合作

美国国家安全航天领域内的业务合作，既体现为军方各航天机构之间的合作，也体现为军事航天和情报界航天之间的合作。后者由于体现了国家安全航天的整体凝聚力和协同力而尤显重要。总的来看，国家安全航天领域内的业务合作主要包括三个方面：

一是航天发射。一方面是对现有的航天发射业务流程、硬件设施等进行评估，以进一步改善空军与国家侦察局的合作；另一方面是扩展"任务确保特别工作小组"活动，新开展"人力工程团队"研究，以更好地满足双方对航天发射人才的需求。此外，空军、国家侦察局以及航天界其他机构也通过由国家侦察局局长和国防部航天执行代理人共同领导的航天工业基础委员会在航天发射领域开展合作。

二是空间态势感知。这是实施太空防御行动和进攻行动的情报基础。在美国军方，三个军种曾经分别运行着 4 个空间目标监视系统[73]，且相互之间缺乏协调，更缺乏与国家航空航天局空间目标监视系统之间的协调，导致美国空间目标监视系统的潜能无法得到充分的发挥。这一状况曾遭到 1997 年 12 月的一份总审计局报告的批评。后来这一状况得到改善。2003 年 4 月的一份总审计局报告显示，海军太空监视系统将移交空军[74]。而在军方与国家侦察局之间，由于在空间目标监视上国家侦察局主要依赖于空军，因此国家侦察局对空军的态度十分积极主动，双方建立有良好的合作关系。国家侦察局不仅对空军的空间目标监视系统给予支持，而且支持空军 TENCAP 计划的"塔隆-光谱红云"子计划[75]。该子计划能够将不属于空军空间目标监视系统的传感器所获得的空间目标情报注入军方空间目标数据库，从而增强美国的空间态势感知能力。

三是卫星防护。美国航天界普遍认为，进入 21 世纪后美国航天系统面临的来自各方面的威胁越来越严重，有必要加强对美国航天系统尤其是卫星系统的防护。为此，国家侦察局与空军在相关领域开展了合作。一是在防护战略上。2008 年 3 月 31 日，空军航天司令部和国家侦

察局联合创立了"太空防护计划"。空军航天司令部司令 C·罗伯特·
科勒任主任，国家侦察局局长斯科特·F·拉吉任副主任。该计划目的
是通过在卫星防护领域查找不足、评估威胁、做出选择、提出建议，把
军方、情报界甚至其他相关航天机构的防护策略整合成一项集中的国家
战略[76]。二是在防护行动上。《意向声明》指出，应该提高美国战略司
令部应对太空威胁的能力，有必要授予联合太空作战司令①实施应急行
动的权力，以保护空军和国家侦察局的在轨资产。为此，空军和国家侦
察局必须建立相关的统一标准、约束条件和运行机制，为联合太空作战
司令实施应急行动提供依据。

第四节　国家安全航天与民用航天之间的合作关系

国家安全航天与民用航天之间的合作事关美国航天的整体健康发
展，是一项国家层面的事务。经过半个多世纪的竞争与磨合，国家安全
航天与民用航天逐步建立了较为平稳的合作关系。

一、从竞争走向合作

美国国家安全航天与民用航天关系的历史大致可以划分为三个
时期。

第一个时期是 1958—1961 年。1958 年 7 月 29 日《国家航天法》的
通过以及国家航空航天局的成立，标志着美国军民航天并行发展的体制
正式确立。但当时空军对国家航空航天局的成立持强烈反对态度。施里
弗就曾口无遮拦地说，"为了和平目的的太空——这是多么令人讨厌的
胡说啊！"[77]初建的国家航空航天局在或大或小的抵制下，成功地从三
军获得了起步的航天力量。三十多年后，由艾森豪威尔决策构建的军民
航天并行体制得到了美国航天界普遍的高度评价。曾任空军部长的麦克
卢卡斯认为，早期美国航天政策最具重大意义的决策之一就是建立了军
民航天并行体制，一来可以通过一个公开的民用航天部门来造福美国人

---

①　应该就是空军派遣至国家侦察局的副局长。因为该副局长有一项职责是担任所有派驻
国家侦察局的空军人员的"空军分队指挥官"（AF Element Commander：AFELEM/CC），对
这些人员负有行政管理职责，并向空军航天司令部司令汇报。

民和"全人类";二来可以通过一个秘密的军事航天部门来提高作战能力[78]。因此,在很大程度上可以说,民用航天为军事航天的发展提供了掩护。

第二个时期是1961—1986年。在这一阶段,与国家安全航天相比,民用航天的地位一直处于上升阶段。期间,空军与国家航空航天局在载人航天任务上存在竞争关系,但国家航空航天局最终通过阿波罗计划极大地提高并奠定了其在美国航天界的地位。之后,空军又与国家航空航天局在航天运输系统的发展路径上产生分歧,但国家航空航天局的航天飞机计划最终胜出,且占据了"只用航天飞机"的巨大政策优势,空军的运载火箭彻底沦为配角。与此同时,相关各方逐步开始重视国家安全航天与民用航天之间的合作。福特政府时期,空军曾要求对国家航空航天局给予有力而持续的支持。卡特的第42号总统指令也考察了航天领域的碎片化问题,要求通过部门间的合作来减少重复建设,这也为后来合并军民通信卫星计划和军民气象卫星计划打下了基础[79]。卡特的第37号总统指令还明确指出在紧急情况下可以征用民用和商业航天资源[80]。

第三个时期是1986年之后。挑战者号失事给国家航空航天局的话语权和优势地位带来沉重打击。自此,除了具体项目、局部范围的分歧之外,国家安全航天与民用航天之间基本没有了严重的职权争斗,二者的关系进入平稳合作的状态。

总的来看,国家安全航天与民用航天关系的历史是一部在上层政策层面为合法性、部门利益和优先权而竞争的历史,是一部既关注又忽视重复建设的历史,也是一部在各个操作层面协调与合作的历史[81]。

二、三个层次的协调机构

处理国家安全航天与民用航天之间的关系,推动二者合作的协调机构大致分为三层。

第一层是总统和国会层面的决策、协调机构。对于总统的航天决策机构如科技政策办公室、国家科学技术委员会等而言,虽然其协调能力有限,但国家安全航天与民用航天之间的关系无疑是其重要关注内容。此外,1958年《国家航天法》曾设立"民-军联络委员会",属于立法机构设置的民用航天-军事航天联络机构。该委员会的初衷是希望国家航空航天局和国防部能够在航空和航天活动中，在各自职权范围以内的所有事务上，相互提供建议和咨询，并及时、全面地向对方通报自己的这些活动。但该委员会自诞生之日起就因为无法约束军方的行为而运转不畅，并很快于1960年9月被取消①。

第二层是国家安全航天与民用航天双方设立的沟通协调机构。这类机构的数量较多，这可从"国家航空航天局是众多推动联合（航天）计划的委员会成员"[82]中得到印证。1997年开始，国家航空航天局和国家安全航天界联合组建了"伙伴关系委员会"，其成员包括国家航空航天局、美国战略司令部、空军航天司令部、国防研究与工程局、空军航天副部长办公室、国家侦察局和中央情报局。这一委员会"如果与一种在太空力量发展与使用上的广阔国家视野联系起来，将会是一个特别有用的工具"[83]。在该论断中，前提部分其实十分重要，前提的缺失将导致结果严重走形。事实也证明，由于相关主体很难具备"广阔国家视野"，而多是从本部门的利益出发，数量众多的这类沟通协调机构所能发挥的作用实际上是参差不齐的。如"民-军联络委员会"取消后，国家航空航天局和国防部又共同成立了一个航空与航天协调委员会，"以后的岁月里，这个委员会的重要性不断变化，时好时坏，取决于具体的事项以及委员会的成员"[84]。

第三层是具体项目层面的沟通协调机构。一般来说，在多方合作的项目中各参与方往往会成立一个相关委员会。如1994年10月国防部、国家航空航天局和商务部三方为"国家极轨运行环境卫星系统"成立的一体化项目办公室；2004年成立的GPS国家天基定位、导航与授时执行委员会（由国防部副部长、交通运输部副部长或他们指定的人员共同担任主席）。两个项目的结局截然不同，前者命运多舛终被取消，后者始终平稳发展。这也能够在一定程度上反映不同项目的沟通协调机构的实际作用与价值。

----

① 同上：253-254."民-军联络委员会"本意是用来防止军民航天之间重复建设的，但由于遭到军方的抵制而失效。典型例子是1958年12月15日，军方曾与国家航空航天局召开了一次关于发射工具的机构间会议。在这次会议上，国家航空航天局向军方通报了正在发展的"织女星"（Vega）上面级计划，但空军故意对国家航空航天局隐瞒了其正在发展的"阿金纳-B"（Agena-B）上面级计划，最终导致"织女星"计划被取消，而这一重复建设造成了1600万美元的损失。

　　总的来看，三个层次协调机构的实际作用均呈良莠不齐的状态。不过，在许多情况下，往往是由于第一层机构作用的乏力或缺位而导致"矛盾下交"，给第二层、第三层沟通协调机构带来极难克服的困难，而这实际上也是美国军事、情报界、民用航天力量在战略层面分离所造成的固有弊端。

三、合作成败的规律

　　在肯尼迪时期，国防部长麦克纳马拉和国家航空航天局局长韦伯两位强人经过激励的职权博弈，最终建立了美国航天项目军民合作的传统。半个多世纪以来，这种合作总体来看是成功的，但也遭遇了不少失败。

　　（一）多方共同主导的大型合作项目容易失败

　　美国国家安全航天与民用航天合作的主要领域包括空间态势感知系统、导航卫星、气象卫星、测绘卫星、航天运输系统、航天测控系统等。在每个合作领域中，相关参与方的话语权分配在很大程度上影响了项目合作的成败。

　　（1）合作失败的主要领域

　　气象卫星和航天运输系统（包括航天飞机和运载火箭）均属两方或多方共同主导的大型合作项目。多年来，美国国家安全航天与民用航天相关机构的合作充满波折，气象卫星合作未见成功案例，而航天运输系统合作也命运多舛。

　　在气象卫星的合作发展上，至 21 世纪的第一个十年，三次主要的努力无一成功。第一次努力是在 1961 年 4 月，国防部、商务部、国家航空航天局决心在泰罗斯气象卫星基础上共同发展国家作战性气象卫星系统，以同时满足军方和民用需求。然而，该系统在覆盖范围、数据接收地域、时效性、可靠性、保密性等方面无法满足军方需求，尤其是泰罗斯气象卫星无法覆盖高纬度地区和极轨地区，导致国家作战性气象卫星系统计划失败[85]。第二次努力是在 1972 年，管理与预算署要求国防部和商务部重新考虑把军民极轨气象卫星计划合并起来。由国家海洋大气局、国防部、国家航空航天局人员组成的指导小组认为，利用性能超过泰罗斯气象卫星的国防气象卫星计划 Block - 5D[①] 卫星组建一个由空军管理的单一的国家气象卫星系统将能够实现最大程度的节约。然而，由于国防气象卫星计划 Block - 5D 卫星进展缓慢，军方不得不转而依靠国家海洋大气局来提供卫星气象数据，合并计划无疾而终。第三次努力是在 1993 年，管理与预算署、国会要求国防部、国家海洋大气局和国家航空航天局的人员再次成立一个小组来研究分离的军民极轨气象卫星问题。与 1961 年的结论基本相同，小组认为只保留一项气象卫星计划能够消除卫星和地面站的重复建设，能够减少人员数量和相关费用，经过努力能够满足军地双方对"作战的、天基的、遥感的环境数据"的需求[86]。为此，1994 年 5 月，总统决策指令/国家科学技术委员会 2 号文件指示国防部、国家航空航天局和商务部共同发展单一的、合成的国家极轨气象卫星计划，即"国家极轨运行环境卫星系统"。然而，该计划遭遇了严重的"拖、降、涨"问题。原计划在 1995—2018 年间发射 6 颗卫星，总价 65 亿美元。但经 2006 年 6 月重组后，改为在 2013—2026 年间发射 4 颗性能稍差的卫星，总价 125 亿美元[87]。此后，该计划费用继续攀升，最终导致白宫科技政策办公室于 2010 年 2 月 1 日宣布终止国家极轨运行环境卫星系统，空军将发展新的国防气象卫星系统，国家海洋大气局将发展联合极轨卫星系统[88]。面对再度分离的军民极轨气象卫星计划，国会于 2012 年 1 月命令空军取消了国防气象卫星系统。由此，联合极轨卫星系统将成为同时满足国防部和国家海洋大气局需求的唯一的系统[89]。该系统能否摆脱前三次合作失败的命运，还存在很大的未知数。

　　阿波罗计划之后开始发展的航天飞机是国家航空航天局与国防部（主要是空军）合作的产物。该项目在航天技术上取得了巨大的成就，但总体上是不成功的。而在项目源头上，航天飞机的立项成了国家航空航天局联合军方共同对付国会的过程。

　　在航天飞机项目上，国家航空航天局与军方是相互需要的。国家航空航天局离不开军方。失去军方的支持，国会就不会同意该项目。空军也愿意支持该项目。一方面可以通过航天飞机来推进空军的载人航天任务；另一方面还可以利用航天飞机来替代一次性运载火箭，在为空军省

---

　　① 　Block - 5D（"布洛克 5D"）是改进或改装的批次。

钱的同时，把向国会争取航天飞机经费的麻烦事留给国家航空航天局[90]。此外，空军之所以同意"只用航天飞机"政策，也可能是因为空军领导人预测航天飞机项目预期的低发射费能够成功，这样可以省下钱购买更多的卫星，即使航天飞机在发射上出现不稳定的状况，也可以通过冗余的在轨卫星来弥补[91]。

在双方的共同利益基础上，国家航空航天局和军方都提出了要求，也都做出了让步，付出了努力。从空军方面来说，空军坚持货仓尺寸为直径 15 英尺、长 60 英尺（国家航空航天局的意向分别是 12 英尺和 40 英尺）；空军希望航天飞机运载能力提升至低倾角（38.5°）近地轨道 65 000 磅（1 磅≈0.453 6 千克）、近地极轨道（100 海里，98°）40 000 磅[92]。空军坚持航天飞机必须具备在出现突发状况时，仅完成一圈极轨飞行便能降落至原发射场的能力。这一要求使航天飞机的结构和防热设计进一步复杂化。此外，由于航天飞机不能从卡纳维拉尔角起飞发射极轨卫星（外挂推进剂贮箱在上升段将抛至人口稠密区），空军的此类航天发射任务必须在西海岸加州范登堡空军基地进行。作为合作的努力，空军同意对卫星进行重新设计以适应航天飞机货仓结构，还答应未来将排他性地使用航天飞机（不使用运载火箭）。作为对空军的回报，国家航空航天局同意空军提出的扩大航天飞机货仓容积的要求，同意在范登堡空军基地起降航天飞机。实际上，空军的这些要求以及在西海岸兴建第二座发射设施都将大幅推高项目费用，但军方保证，当国家航空航天局向国会争取年度拨款时将会得到国防部和空军强有力的政治支持[93]。空军与国家航空航天局通过利益交换几度提高航天飞机性能指标要求，无疑是 1986 年挑战者号失事的重要诱因。之后，航天飞机停飞了大约三年，国防部紧急将其卫星原来适应航天飞机货仓的设计改回适应运载火箭的设计，为此浪费了 160 亿美元。与此同时，欧洲"阿里安"火箭逐步实现了对美国火箭的赶超[94]。

挑战者号失事后，美国航天运输系统仓促转向一次性运载火箭。与航天飞机项目上国家航空航天局与国防部尚且能够勉强达成一致不同，二者在运载火箭上的合作过程冗长而无效。1994 年的总审计局报告就曾指出："……国家航空航天局联合国防部和航空航天工业界，已经花费了将近十年的时间来定义和倡导一项新型发射工具计划，但未能与国会就它应该发展的系统达成一致意见"[95]。1995 年美国空军学会咨询组的一份报告也指出，"在十年的犹豫不决期间，美国花费了数亿美元，但只产生了一连串的项目僵尸，包括高级发射系统、国家发射工具和太空升降机"[96]。

（2）合作失败的主要原因

一些两方或多方共同主导的大型项目合作之所以失败，原因主要有五点。

第一，各方需求难统一。虽然航天运输系统是国家航空航天局与国防部最具共同利益、最具合作可行性的领域，但由于各方过分维护自身利益，往往导致在需求定义环节出现较大分歧。而且，由于双方只是合作关系而非隶属关系，在缺乏总统或国会层面的直接干预下，出现分歧后往往会形成双方谁也说服不了谁的僵局，高级发射系统等就是航天机构间无法达成一致意见的牺牲品。和需求难统一同样糟糕的是需求不明确，如"航天飞机出现了，但没有对它未来太空飞行的目标做出决策。阿波罗计划的目的是要去月球，于是发展任何可以将我们带到那儿的技术；航天飞机计划则是发展一项技术，然后它能把我们带到哪儿我们就去哪儿"[97]。需求的不明确和不坚定，也给日后国家航空航天局和国防部不断提高航天飞机性能指标要求留下了变通空间。

第二，缺乏顶层统筹或顶层统筹不力。普遍认为老布什总统时期国家航空航天局和国防部合作发展新型航天运输系统的努力是失败的。继任的克林顿总统虽然发布了一份《国家太空运输战略指令草案》，试图来指导和统筹美国航天运输系统的发展，但该政策草案完全没有涉及组织机构及职能的调整改革，反而明确要求国防部和国家航空航天局各自发挥自身的优势，国防部担任"当前美国一次性运载火箭改进和发展的牵头机构"，国家航空航天局担任"先进技术发展演示的牵头机构，以验证下一代可重复使用发射系统所需的技术"[98]。该政策草案产生的实际效果是肯定了二者的各自为政，甚至纵容了一定程度的重复建设，与设想的指导和统筹美国航天运输系统发展的初衷背道而驰。

第三，经费分配上的困难。美国航天界的大型项目多采用费用各家分摊的形式，这容易造成分摊比例上的分歧。如在"国家发射工具"项目上就遭遇经费困局：国家航空航天局无力承担一半的费用，但国防部也无力承担超过一半的费用，造成项目经费出现缺口。

第四，国会不同委员会之间缺乏协调。由于航天项目合作各方对应不同的国会授权委员会或拨款委员会，在面临合作项目的拨款问题时，每个委员会都倾向于把经费包袱甩给其他的委员会[99]。这样一种经费申请与拨付机制无疑使得联合项目的经费保障变得更加困难。

第五，"衰败文化"的影响。1994 年总审计局报告指出，"在政府内存在一种'衰败文化'。这种文化倾向于复杂性、脆弱性，倾向于适应单个负载的需求。目前为止，无论是政府还是工业界都还没有试图在航天发射业务中采用他们在汽车、火车、轮船或飞机运输中运用的路径。在这些领域，标准化、抗造设计、性能裕量、低费用、反应性等居于最重要的地位"[100]。当然，航天运输与陆、海、空运输相比有其特殊性，但在标准化等方面存在的巨大差距也是事实。不过，进入 21 世纪之后，美国航天界对这些问题的重视程度正逐步提高，尤其是商业航天企业最为积极主动。

事实上，早在 2001 年国家侦察局的官方史学家卡吉尔·霍尔就曾指出，在进度固定、费用缩减的条件下，绝大多数试图同时满足所有参与方不同性能要求的重大努力都失败了，为此他对国家极轨运行环境卫星系统的前途感到怀疑和悲观（事后证明他的预测是正确的），正如他所言，"如果历史能够提供一些指南的话，那些试图采购能够为任何人做任何事的先进武器系统（如 TFX/F‑111 飞机）的努力经常遭遇失败，而且花费了更多的金钱"[101]。

（二）单方主导的大型合作项目和小型合作项目容易成功

在国家安全航天与民用航天的合作过程中，若不出现几强相争的状况，而只有一强主导，则合作往往容易获得成功。

在大型项目方面，与气象卫星和航天运输系统不同，在空间态势感知、导航卫星、航天测控等领域的合作中都是军方主导，由军方向民用航天机构提供相关信息和服务，后者在合作关系中居于被动地位。如在导航卫星方面，虽然交通运输部副部长在国家天基定位、导航与授时执行委员会中与国防部副部长共同担任主席，但在军方掌控 GPS 采办、运行大权的背景下，交通运输部副部长更多地是承担非军方用户总代表的角色，向军方反映、协调民用或商用需求。此外，在测绘卫星方面，则一直由民用航天机构发挥主导作用，进展较为平稳顺利。

在小型项目方面，除了国家安全航天五个任务域的合作内容，国家安全航天与民用航天合作的重要领域还有空间科学、地球科学、生物与物理研究、太空人体研究、航空航天技术等多个方面，均无重大纷争或波折[102]。

第五节　国家安全航天对商业航天的利用水平不断提高

在美国航天界的四个部门中，商业航天是历史最短但却最具活力和发展前景的部门。国家安全航天与商业航天之间曾经并正在发生多种类型的相互支持与联系。随着商业航天的迅速发展，这种支持与联系正变得愈加紧密。

一、国家安全航天与商业航天逐渐形成稳定的战略伙伴关系

自美国商业卫星通信、商业卫星遥感等诞生起，国家安全航天与商业航天之间的互惠合作关系长期保持平稳的低水平状态。海湾战争拉开了军事利用商业航天力量的大幕。20 世纪 90 年代中后期，海湾战争推动商业卫星遥感产业出现了一个热潮，航天界被认为迎来一个"淘金热"。在这一热潮的推动下，军方对商业航天的热衷程度达到顶点。《陆军科学委员会 1999 年夏季研究》报告呼吁军方要做商业航天产品与服务的"更加可靠的客户"[103]。空军参谋长麦克·E·瑞安说："我们将看到太空商业应用的前景无限。"美国航天司令部司令埃斯戴斯三世上将在 1997 年 4 月美国太空基金会的年度座谈会上发表了一次具有重要影响的讲话，他认为太空将会成为像石油一样攸关生死的利益，"……对美国最为关键的不是军事航天的未来，而是商业航天的持续发展……商业航天将成为一个经济重心……"[104]。继任的理查德·B·迈尔斯上将比埃斯戴斯三世更为热心和积极。他认为商业航天已经是而非将要成为一个重心，商业航天不仅是经济重心而且是军事重心。虽然这一说法有夸张的成份，但他在对待商业航天的态度上显示了先见之明，他说"如果工业界能做，我们大概就不要做了。让工业界去做，帮助工业界去做，从工业界购买产品，我们只聚焦那些需要巨大研发预算的事情"。迈尔斯还鼓吹美国对商业航天的依赖性造成了美国的弱点，这一弱点容易被潜在对手利用，为此需要发展空间控制能力。

不过，进入 21 世纪后，商业卫星遥感市场迅速趋冷，"淘金热"变

成了"爆裂的泡沫"。美国军方也迅即感受到了这一点。2000年2月接替迈尔斯的艾伯哈特上将没有像其前任那样使用"重心"一词来形容商业航天，也不再像其前任那样高度强调商业航天的重要性[105]。2005年12月，太空成像公司和轨道成像公司合并为地球之眼公司，反映了高精度商业卫星遥感市场并没有像当初预想的那样快速增长[106]。与之相仿的是航天发射市场。2006年国会授权的《国家安全航天发射报告》也指出，商业卫星的实际发射需求远远小于当初的预估，美国政府将成为改进型一次性运载火箭唯一的客户，并为此不得不独自承担相关的发展和维护费用[107]。

商业航天热潮的冷却并不意味着其与国家安全航天之间的合作关系大幅萎缩。相反，国防部和情报界以更加理性、务实且同样积极的态度来对待商业航天。如在2011年1月国防部长盖茨和国家情报主任克莱珀联合发布的《国家安全航天战略》中，贯彻了《国家航天政策》对商业航天始终如一的积极支持精神："我们将尽最大可能地依靠已被验证的商业能力；如果通过改进商业能力来满足政府需求更合算、时效性更好的话，我们将这么做；只有在没有合适、合算的商业选择，或国家安全需要所必须的情况下，我们才亲自发展太空系统"。而且，该文件还把国家安全航天与商业航天的关系定位为"战略伙伴关系"，认为"与商业公司的战略伙伴关系将持续确保我们能够获得更加多样化、稳健和分散配置的太空系统，也将持续提供便于分发的数据"[108]。这份《国家安全航天战略》是国防部和情报界首次联合发布的航天战略，对于美国国家安全航天的未来发展具有重要的指导意义，而其中关于商业航天的表述无疑为长期以来已经形成的国家安全航天与商业航天之间紧密的合作关系又添了一块"压舱石"。

二、国家安全航天向商业航天提供支持

20世纪60—70年代，商业航天正处于萌芽阶段，主要立足于军方开发的运载系统技术和通信卫星技术[109]。与此同时，美国政府（包括军方）还为私营部门发展航天事业提供了其他方面的便利，如为私营部门发射通信卫星，使得私营部门无须承担发展自己的航天发射设施的费用。此外，"20世纪70年代的一系列政策和机构倡议使政府在美国工业界发展新型营利性航天业务过程中发挥了关键性作用"[110]。不过，在

1978 年 5 月 11 日卡特政府发布的第 37 号总统指令中，商业航天尚未成为单独的一个部门。直到 1988 年，单独的商业航天部门第一次在国家航天政策中得到确认，第一次获得了与国家安全航天和民用航天同等的地位。当前，国家安全航天（主要是军方）向商业航天提供的支持主要体现在两个方面：

一是航天发射基础设施。早在 20 世纪 90 年代，商业航天公司就与空军签订租约，可以使用空军指定的发射台等设施。"结果，1995 年在佛罗里达和加利福尼亚航天港的商业航天发射次数超过了军方次数"[111]。当前，美国空军还正将夸贾林群岛的里根试验中心发射场、范登堡空军基地的 SLC - 40 发射场提供给美国太空探索技术公司用于发射"猎鹰"火箭[112]。

二是空间态势感知。1998 年，美国航天司令部曾组织国防工业协会委员会来研究工业界对商业航天系统面临的威胁持何种态度。研究结果显示，工业界最担心的并不是遭受主动的攻击威胁，而是在轨碰撞和太空环境事件，所以他们要求政府利用其庞大的航天基础设施为他们提供空间态势感知信息；另外，他们也不会积极去发展卫星的防护措施，除非"第一颗商业航天器被摧毁"[113]。可见，国家安全航天和商业航天对面临威胁的考量存在差异，但对于空间态势感知的需求却是共同的。有鉴于此，"国防部航天界在保护敏感信息的同时，正不断提高空间态势感知数据的可获得性、时效性和准确性。国防部正与为美国政府提供支持的主要商业卫星运营商一起，讨论他们对空间态势感知的需求、我们面临的挑战，以及他们向我们空间态势感知系统提供'输入'的能力"[114]。从 2009 年 12 月起，美国战略司令部担负起分享空间态势感知信息的职责，向全球用户（包括商业航天用户）提供基本、应急和高级三个层次的空间态势感知信息服务。

三、商业航天向国家安全航天提供支持

商业航天向国家安全航天提供的支持主要体现在航天发射、卫星测控、卫星遥感、卫星通信、卫星导航等方面。其中有些已经成为历史，如在 20 世纪 60 年代洛克希德公司曾为美国军方担负科罗娜国防气象卫星计划卫星的测控任务；海湾战争时期甚至科索沃战争时期美国军方都曾运用商业 GPS 接收机[115]。商业卫星通信、商业卫星遥感、商业航天

发射则先后成为当前美国国家安全航天的重要选项，并呈现稳定发展甚至是上升（如商业航天发射）的状态。

卫星通信是最早进入军事应用的商业航天业务，已成为军事通信不可或缺的重要补充。1962年，美国国会通过了《1962年通信卫星法》。按照该法案的精神，建立了由13个成员单位参与的全球性的国际通信卫星组织。随后，国会又于1963年成立了美国第一家私营卫星公司——通信卫星公司，目的是推进国际通信卫星组织的发展[116]。越战时期，通信卫星公司曾租借十条线路给军方[117]。后来该公司又曾主动联系五角大楼，希望为其提供与美军海外部队联系的卫星通信能力。而这一设想也十分契合美国军方的意图，即降低对单一通信系统的依赖，提高美军通信系统的总体可靠性[118]。在这一思想的指导下，军方也以多样化的形式充分利用了其他的商业通信卫星资源，如在1984—1996年间，"美国政府从休斯公司租用了工作于军用UHF和X波段的租赁卫星系统"[119]。海湾战争后的数次局部战争中，商业卫星通信比例不断攀升，"'持久自由''伊拉克自由'作战，估计分别有60％和80％以上的宽带军事通信是依靠商业通信卫星"[120]。战场实践表明，无论性能多么先进的军用通信卫星都将无法单独满足战时急剧增加的通信需求，美国军方对商业卫星通信系统的高度依赖已经成为不争的事实。因此，在美军性能优异的宽带全球卫星通信卫星发射之后，空军太空计划副部长帮办格雷·E·佩滕仍然指出，"即便宽带全球卫星通信卫星全部发射完毕，我们仍将持续依靠商业卫星通信公司来大量补充我们对宽带和长时通信的需求"[121]。虽然商业卫星通信不会承担最为核心和机密的军事通信任务，但在工作量上无疑早已成为"挑大梁"的角色。

商业卫星遥感在国家安全事务中发挥有重大的作用。海湾战争近十年后，商业卫星遥感的价值在国会于2000年12月授权成立的国家侦察局委员会的报告中得到认可。该报告认为，美国政府"通过购买（美国公司的）服务可以满足大量有关国家安全的图像需求"，为此美国政府必须制定一项"清晰的国家战略来充分利用美国商业卫星图像工业的能力"[122]。同时成立的国家图像与测绘局委员会发布的报告也指出，使用商业图像对于减轻已高度负荷的情报系统的压力具有十分重要的作用[123]。在"未来成像体系"光学部分失败后，商业卫星遥感对于国家安全航天的作用进一步提升，有着从补充地位向与情报界航天平起平坐地位发展的趋势。在 2009 年 4 月奥巴马总统批准的"2＋2"尖端成像侦察卫星计划中，一方面是研制两颗性能优异的军用光学成像侦察卫星，另一方面就是要同时投入与这两颗军用卫星相当的资金来采购商业遥感卫星图像。此后，数字地球公司于 2010 年 8 月获得国家地理空间情报局授出的为期 10 年、价值 35 亿美元的合同[124]。在这样长效的巨额合同的激励和支持下，商业卫星遥感产业将能够获得长足的发展，同时也将为美国军方和情报界提供高价值的天基情报支援。

商业航天发射在进入 21 世纪后的发展显著提速，并很快获得军方和情报界的认可。2013 年 4 月 25 日，国家侦察局局长拜提·萨普在向众议院武装部队委员会战略力量小组委员会的陈述中指出，国家侦察局已与空军和国家航空航天局共同形成一项战略，引入太空探索技术、轨道科学等公司，以促进竞争、避免不必要的重复建设，确保政府获得最佳效费比的发射服务[125]。美国的航天发射经历了从部分可重复使用的航天飞机向一次性使用运载火箭的回归，又经历了运载火箭发展的一系列坎坷与波折，付出了惨重代价后逐渐明确了稳定的航天发射建设路径。可以预见，商业航天发射在国家安全航天领域中的地位和作用将会继续上升。

四、国家安全航天须为商业航天提供更加稳定的预期

国家安全航天与商业航天，前者早已发展壮大，后者正快速发育成长；前者在国家宏观决策中处于刚性需求地位，后者在市场经济环境下接受商业竞争的洗礼；前者在双方关系中处于"甲方"地位，后者处于"乙方"地位。这些特性决定了相对而言前者处于强势地位，后者处于弱势地位。但在后者迅猛发展且前者对后者依赖程度逐步上升的情况下，前者必须主动为后者创造更加友好的合作环境。因为，虽然国家安全航天与商业航天已经建立了政策层面的战略伙伴关系，但在具体的操作层面距离政策目标仍然存在一定的距离。在典型的卫星遥感、卫星通信领域，国家安全航天对商业航天的态度还存在一定程度的彷徨和犹疑，尚未形成如政策目标一样清晰的执行计划和发展路线图。

在美国航天早期，出于安全考虑美国政府曾要求国家航空航天局只能发展弱于 30 米分辨率的陆地卫星，私营航天企业更是如此。在这一糟糕的分辨率限制下，私营航天企业认为市场空间太小而不愿投资，导

致国家航空航天局成为唯一的参与者[126]。同样出于安全考虑，美国政府后来又规定 0.5 米分辨率的商业卫星图像必须延迟 24 小时发布；政府有权查阅商业卫星的任务计划安排；商业航天企业必须向政府报备新的外国客户名单等。另外，出于盟友关系，商业航天企业不得出售拍摄以色列的优于 2 米分辨率的卫星图像。这些政策均被认为不利于美国商业航天的成长[127]。

随着商业卫星图像开始进行军事应用，一些法律问题也逐步暴露出来，在一定程度上影响了军方购买商业卫星图像的积极性。阿富汗战争时期，国家安全航天部门的做法曾引起广泛关注。五角大楼没有试图对商业成像卫星进行快门控制，而是选择了买断太空成像公司全部有关阿富汗的卫星图像。因为"进行快门控制可能会导致新闻媒体甚至民间团体就宪法第一修正案提出诉讼，让五角大楼一边在阿富汗作战，一边还要在法庭上打仗"[128]。一时间，五角大楼这一举措似乎树立了军方购买商业卫星服务的标杆性做法。但该做法又引出另一方面的担忧：若形成惯例，未来如果美国不抢先独家买断商业卫星图像，是否将更不容易控制这些图像的流向[129]？所以，2003 年伊拉克战争时期五角大楼并未沿用该做法。

此后，国防部对商业卫星遥感的态度开始出现反复。一方面，国家地理空间情报局通过长期巨额合同的形式来购买商业卫星图像。另一方面，国家地理空间情报局和国家侦察局内逐渐出现了对依赖商业航天企业的怀疑和担忧，最主要的是能否实时、优先地获得商业卫星图像情报。而且，"一份有影响力的报告建议国家地理空间情报局放弃正在采用的与'商业数据提供者'签订多年合同来采购卫星图像的模式，转而回归传统的由政府拥有并运行卫星的模式"[130]。与此同时，在国防部内，买卫星（自己运行）还是租卫星的争论再度升起[131]。

在商业卫星通信领域，国防部也存在一定的矛盾心理。这种矛盾心理根源于一条原则：政府不能把军事需求强加于军民共用的非军用卫星上。比如，军方不能要求商业卫星也采用军用卫星采用的防御电磁脉冲干扰的加固措施。如果这类措施确属必须的话，那么军方就必须自己去部署能够满足这些需求的专用系统。任何一个商业卫星运营者、商业卫星的其他用户，都不必承担军方给商业卫星增加的费用负担[132]。显然，商业卫星企业不会为其通信卫星加装电子干扰防护装置。而美军对商业卫星通信的依赖程度比对商业卫星遥感的依赖程度更高。这自然引起美军的担忧和思考：对商业卫星通信的依赖处于何种程度，其风险才是可以接受的？同样地，高性能的情报界侦察卫星与高效费比的商业遥感卫星之间，什么样的比例是最优的[133]？

商业数据提供者们直接感受到了美国官方态度的摇摆。美国政府某些部门不邀请商业航天企业参加高精度卫星系统的招标，甚至不去考虑商业航天企业能否满足他们的要求[134]。这直接影响到商业航天企业的业绩，甚至关系到他们的生死存亡。为此，商业航天企业一方面从正面进行争辩，认为军方对卫星图像实时性、优先级的要求完全可以通过合同约定来达成；另一方面从反面进行论证，如果官方政策发生扭转，他们的业务将大大缩减，外国商业航天企业将占据市场，由此也会带来其他的安全隐患。此外，甚至也有人反戈一击，指出美军宽带全球卫星通信卫星和商业通信卫星一样，也没有加装标准军用通信卫星所需的电子干扰防护装置和抗核加固装置。因此，宽带全球卫星通信卫星某种意义上是在与美国商业通信卫星直接进行市场竞争[135]，而这是与美国历届政府的国家航天政策格格不入的。无疑，在扶持商业航天已经成为一种政治正确、商业航天在客观上代表了美国航天未来的大背景下，商业航天部门的忧虑是站得住脚的。

为此，美国传统基金会的一份报告提出，为了使工业界和政府之间的合作关系更上一个台阶，美国政府尤其是国防部和情报界必须清晰地界定自身任务、职能和需求，在此基础上再出台有效的法律和政策。如此，才能营造一个可预期的、稳定的商业环境，使商业航天企业对投资回报建立信心[136]。与其他国家相比，美国的法律和政策对国防部和情报界利用商业航天能力的支持力度是最大的。与在法律和政策层面的努力相比，转变相关人员对待商业航天的怀疑态度、科学地确定利用商业航天力量的数量和形式等，或许是更为紧迫的议题。

参 考 文 献

［ 1 ］　David N. Spires. Beyond Horizons：A Half Century of Air Force Space Leadership ［M］. Air Force Space Command，Air University Press，1998：278.

［ 2 ］　NATIONAL SPACE ISSUES—Observations on Defense Space Programs and Activities ［R］. United States General Accounting Office，August 1994：13.

［ 3 ］　Army Science Board. Prioritizing Army Space Needs ［R］. July 1999：58，62.

［ 4 ］　威廉·欧丹. 情报改革 ［M］. 台北："国防部史政编译室"译印，2003：126.

［ 5 ］　J. Kevin McLaughlin. Military Space Culture ［R/OL］. ［2014 - 09 - 28］. http：//fas. org/spp/eprint.

［ 6 ］　Bill Savage. Defense - Intelligence Space Integration ［R/OL］. ［2014 - 09 - 28］. http：//fas. org/spp/eprint.

［ 7 ］　Defense Space Activities：National Security Space Strategy Needed to Guide Future DOD Space Efforts ［R］. United States Government Accountability Office，March 27，2008：3.

［ 8 ］　A. Thomas Young，Edward Anderson，Lyle Bien，etc. Leadership，Management，and Organization for National Security Space—Report to Congress of the Independent Assessment Panel on the Organization and Management of National Security Space ［R］. INSTITUTE FORD EFENSE ANALYSES，July 2008：5，8，ES5 - 6.

［ 9 ］　DEPARTMENT OF DEFENSE，OFFICE OF THE DIRECTOR OF NATIONAL INTELLIGENCE. NATIONAL SECURITY SPACE STRATEGY (UNCLASSIFIED SUMMARY) ［M］. JANUARY 2011：6.

［10］　National Commission for the Review of the National Reconnaissance Office. THE NRO AT THE CROSSROADS ［R］. NOVEMBER 1，2000：5.

［11］　A. Thomas Young，Edward Anderson，Lyle Bien，etc. Leadership，Management，and Organization for National Security Space—Report to Congress of the Independent Assessment Panel on the Organization and Management of National Security Space ［R］. INSTITUTE FORD EFENSE ANALYSES，July 2008：6 认为，国家侦察局的保密对其获得技术成功极其重要。因为保密，所以它能

够采用国防部采办机构所没能采用的新型采办流程。也因为保密，所以它能够具备一种精英主义的光环，吸引许多优秀的人才。

[12] National Commission for the Review of the National Reconnaissance Office. THE NRO AT THE CROSSROADS [R]. NOVEMBER 1, 2000: 3.

[13] Patrick D. Widlake. National Reconnaissance Leadership for the 21st Century: Lessons from the NRO's Heritage [J]. NATIONAL RECONNAISSANCE— Journal of the Discipline and Practice, 2005 - U1: 20.

[14] 琼·约翰逊-弗里泽. 空间战争 [M]. 叶海林，李颖，译. 北京：国际文化出版公司，2008：65.

[15] 申华. 美国国家情报管理制度研究 [M]. 北京：军事科学出版社，2010：125，147 记载，"情报界内超过 80％的预算权由国防部长掌握。……他（中央情报主任）所控制的人力与物力资源不足总额的 15％" "国防部内的情报界成员拥有整个情报界 85％的人员，并且这些人员将近三分之二是现役军人".

[16] Bruce Berkowitz. THE NATIONAL RECONNAISSANCE OFFICE AT 50 YEARS: A BRIEF HISTORY [M]. Chantilly, Virginia: National Reconnaissance Office Center for the Study of National Reconnaissance，2011：12 - 14；Joshua Boehm, Craig Baker, Stanley Chan, Mel Sakazaki. A History of United States National Security Space Management and Organization [R/OL]. [2014 - 09 - 28]. http://fas. org/spp/eprint.

[17] Bruce Berkowitz. THE NATIONAL RECONNAISSANCE OFFICE AT 50 YEARS: A BRIEF HISTORY [M]. Chantilly, Virginia: National Reconnaissance Office Center for the Study of National Reconnaissance, 2011：15.

[18] 同上。

[19] 同上。

[20] 申华. 美国国家情报管理制度研究 [M]. 北京：军事科学出版社，2010：75.

[21] Bruce Berkowitz. THE NATIONAL RECONNAISSANCE OFFICE AT 50 YEARS: A BRIEF HISTORY [M]. Chantilly, Virginia: National Reconnaissance Office Center for the Study of National Reconnaissance, 2011：15.

[22] David C. Arnold, Peter L. Hays. Getting There From Here: Realizing the Space Commission's Vision 10 Years Later [J]. HIGH FRONTIER, August 2011，Volume 7，Number 4：34.

[23]　Robert Kohler. Recapturing What Made the NRO Great: Updated Observations on "The Decline of the NRO" 　[J].NATIONAL RECONNAISSANCE—Journal of the Discipline and Practice, 2005 - U1: 52.

[24]　Howell M. Estes III. The Space Commission: 10 Years Later - Still a Work in Progress [J]. HIGH FRONTIER, August 2011, Volume 7, Number 4: 9.

[25]　A. Thomas Young, Edward Anderson, Lyle Bien, etc. Leadership, Management, and Organization for National Security Space—Report to Congress of the Independent Assessment Panel on the Organization and Management of National Security Space [R].INSTITUTE FORD EFENSE ANALYSES, July 2008: 13.

[26]　Howell M. Estes III. The Space Commission: 10 Years Later - Still a Work in Progress [J]. HIGH FRONTIER, August 2011, Volume 7, Number 4: 9.

[27]　David C. Arnold, Peter L. Hays. Getting There From Here: Realizing the Space Commission's Vision 10 Years Later [J]. HIGH FRONTIER, August 2011, Volume 7, Number 4: 31.

[28]　Donald H. Rumsfeld, Stephen A. Cambone. Enduring Issues: The Space Commission 10 Years Later [J]. HIGH FRONTIER, August 2011, Volume 7, Number 4: 6.

[29]　Marcel Lettre Under Secretary of Defense for Intelligence [DB/OL] . [2016 - 11 - 30] . http: //www. defense. gov/About - DoD/Biographies/Biography - View/Article/602729/marcel - lettre.

[30]　REYES. REPORT ON CHALLENGES AND RECOMMENDATIONS FOR UNITED STATES OVERHEAD ARCHITECTURE [R]. WASHINGTON: U. S. GOVERNMENT PRINTING OFFICE, OCTOBER 3, 2008: 9.

[31]　Donald H. Rumsfeld, Stephen A. Cambone. Enduring Issues: The Space Commission 10 Years Later [J]. HIGH FRONTIER, August 2011, Volume 7, Number 4: 6.

[32]　REYES. REPORT ON CHALLENGES AND RECOMMENDATIONS FOR UNITED STATES OVERHEAD ARCHITECTURE [R]. WASHINGTON: U. S. GOVERNMENT PRINTING OFFICE, OCTOBER 3, 2008: 9.

[33]　David C. Arnold, Peter L. Hays. Getting There From Here: Realizing the Space Commission's Vision 10 Years Later [J]. HIGH FRONTIER, August 2011, Volume 7, Number 4: 30.

[34]　NATIONAL SPACE ISSUES—Observations on Defense Space Programs and Activities [R]. United States General Accounting Office, August 1994: 13.

[35]　NATIONAL SPACE ISSUES—Observations on Defense Space Programs and

Activities〔R〕. United States General Accounting Office，August 1994：11.

〔36〕 Robert S. Dickman. Near Term Prospects for the Air Force in Space〔C〕// R. Cargill Hall, Jacob Neufeld, ed. The U. S. Air Force in Space 1945 to the Twenty - first Century. Washington, D. C. ：USAF History and Museums Program，1998：154.

〔37〕 Russell E. Dougherty，Charles A. Gabriel，Michael J. Dugan，etc. Facing Up to Space〔J〕. AIR FORCE Magazine，January 1995：52.

〔38〕 Joshua Boehm，Craig Baker，Stanley Chan，Mel Sakazaki. A History of United States National Security Space Management and Organization〔R/OL〕. 〔2014 - 09 - 28〕. http：//fas. org/spp/eprint.

〔39〕 Russell E. Dougherty，Charles A. Gabriel，Michael J. Dugan，etc. Facing Up to Space〔J〕. AIR FORCE Magazine，January 1995：50.

〔40〕 Donald H. Rumsfeld，Stephen A. Cambone. Enduring Issues：The Space Commission 10 Years Later〔J〕. HIGH FRONTIER，August 2011，Volume 7，Number 4：6，文中"部门内"应该不包含国家侦察局.

〔41〕 A. Thomas Young，Edward Anderson，Lyle Bien，etc. Leadership，Management， and Organization for National Security Space—Report to Congress of the Independent Assessment Panel on the Organization and Management of National Security Space〔R〕. INSTITUTE FORD EFENSE ANALYSES，July 2008：13.

〔42〕 同上：ES4；David C. Arnold，Peter L. Hays. Getting There From Here： Realizing the Space Commission's Vision 10 Years Later〔J〕. HIGH FRONTIER，August 2011，Volume 7，Number 4：29.

〔43〕 David C. Arnold，Peter L. Hays. Getting There From Here：Realizing the Space Commission's Vision 10 Years Later〔J〕. HIGH FRONTIER，August 2011，Volume 7，Number 4：31.

〔44〕 Statement of Cristina T. Chaplain，Director Acquisition and Sourcing Management. SPACE ACQUISITIONS—DOD Faces Substantial Challenges in Developing New Space Systems〔R〕. United States Government Accountability Office，May 20，2009：14.

〔45〕 Peter Grier. the FORCE and SPACE〔J〕. AIR FORCE Magazine，February 2001：51.

〔46〕 Peter L. Hays. SPACE AND SECURITY—A Reference Handbook〔M〕. Santa Barbara，California • Denver，Colorado • Oxford，England：ABC - CLIO，2011：52；A. Thomas Young，Edward Anderson，Lyle Bien，etc. Leadership，Management，and Organization for National Security Space—

Report to Congress of the Independent Assessment Panel on the Organization and Management of National Security Space［R］. INSTITUTE FORD EFENSE ANALYSES，July 2008：13.

[47] Richard W. McKinney. Reconsidering the Space Commission 10 Years Later [J]. HIGH FRONTIER，August 2011，Volume 7，Number 4：14.

[48] SATELLITE CONTROL—Long - Term Planning and Adoption of Commercial Practices Could Improve DOD's Operations［R］. United States Government Accountability Office，April 2013：5 - 7.

[49] Linda L. Haller，Melvin S. Sakazaki. Commercial Space and United States National Security［R/OL］.［2014 - 09 - 28］. http：//fas. org/spp/eprint；John E. Hyten. Air Force Space Command：Accomplishments，Future Challenges and Opportunities［DB/OL］.［2015 - 08 - 04］. http：// www. afspc. af. mil/library/speeches/speech. asp? id=754；George E. Slaven Jr. WHAT THE WARFIGHTER SHOULD KNOW ABOUT SPACE A REPORT ON U. S. SPACE COMMAND JOINT SPACE SUPPORT TEAMS ［R］. Maxwell Air Force Base，Alabama：AIR WAR COLLEGE，AIR UNIVERSITY，1997：21.

[50] David N. Spires. Beyond Horizons：A Century of the Air Force in Space，1947 - 2007［M］. Air Force Space Command，2007：301。按照 Torchbearer National Security Report. U. S. Army Space Capabilities：Enabling the Force of Decisive Action［M］. May 2012：9 的描述，陆军第 1 卫星控制营后来很可能更名为第 53 信号营。

[51] Rick W. Sturdevant. Book Review - Spying from Space：Constructing America's Satellite Command and Control Systems［J］. HIGH FRONTIER，Volume 1，Number 4：53.

[52] SATELLITE CONTROL—Long - Term Planning and Adoption of Commercial Practices Could Improve DOD's Operations［R］. United States Government Accountability Office，April 2013：9.

[53] 同上：11.

[54] John E. Hyten. The First Line of Defense［J］. HIGH FRONTIER，April 2006，Volume 2，Number 3：29.

[55] SATELLITE CONTROL—Long - Term Planning and Adoption of Commercial Practices Could Improve DOD's Operations［R］. United States Government Accountability Office，April 2013：17.

[56] Air Force Space Command：Accomplishments，Future Challenges and Opportunities，

http：//www. afspc. af. mil/library/speeches/speech. asp? id ＝ 754，访 问 时间 2015. 08. 04.

[57] John Hyten. General John Hyten－2015 Space Symposium. ［2015－08－04］. http：//www. afspc. af. mil/library/speeches/speech. asp? id＝757.

[58] Michael J. Dunn. Evolution Toward the Interoperable Satellite Control Network ［J］. HIGH FRONTIER，April 2006，Volume 2，Number 3：53－54. 从后续情势来看，军方对该概念的落实情况并不理想.

[59] SATELLITE CONTROL—Long－Term Planning and Adoption of Commercial Practices Could Improve DOD's Operations ［R］. United States Government Accountability Office，April 2013：18－21.

[60] John E. Hyten. The First Line of Defense ［J］. HIGH FRONTIER，April 2006，Volume 2，Number 3：30－31.

[61] SATELLITE CONTROL—Long－Term Planning and Adoption of Commercial Practices Could Improve DOD's Operations ［R］. United States Government Accountability Office，April 2013：13，16.

[62] 同上：20，23－27.

[63] 同上：12－13.

[64] A. Thomas Young，Edward Anderson，Lyle Bien，etc. Leadership，Management，and Organization for National Security Space—Report to Congress of the Independent Assessment Panel on the Organization and Management of National Security Space ［R］. INSTITUTE FORD EFENSE ANALYSES，July 2008：12.

[65] R. Cargill Hall. THE NRO AT FORTY：ENSURING GLOBAL INFORMATION SUPREMACY ［DB/OL］. ［2015－04－23］. http：//www. nro. gov/foia/docs/foia－nro－history. pdf.

[66] Donald H. Rumsfeld，Stephen A. Cambone. Enduring Issues：The Space Commission 10 Years Later ［J］. HIGH FRONTIER，August 2011，Volume 7，Number 4：5.

[67] Air Command and Staff College Space Research Electives Seminars. AU－18 Space Primer ［G］. Maxwell Air Force Base，Alabama：Air University Press，2009：146.

[68] Donald H. Rumsfeld，Stephen A. Cambone. Enduring Issues：The Space Commission 10 Years Later ［J］. HIGH FRONTIER，August 2011，Volume 7，Number 4：6.

[69] Larry J. Dodgen. Leveraging Space to Support the Changing Paradigm ［J］. HIGH FRONTIER，Volume 1，Number 4：10－11.

［70］ T. Michael Moseley. Dominating the High Frontier：The Cornerstone of Global Vigilance，Global Reach，and Global Power［J］. HIGH FRONTIER，August 2007，Volume 3，Number 4：6－7.

［71］ Scott F. Large. National Security Space Collaboration as a National Defense Imperative［J］. High Frontier，August 2008，Volume 4，Number 4：5。

［72］ Scott F. Large. National Security Space Collaboration as a National Defense Imperative［J］. High Frontier，August 2008，Volume 4，Number 4：5.

［73］ SPACE SURVEILLANCE—DOD and NASA Need Consolidated Requirements and a Coordinated Plan［R］. United States General Accounting Office，December 1997：4，空军一个；海军一个；陆军两个.

［74］ DEFENSE SPACE ACTIVITIES—Organizational Changes Initiated，but Further Management Actions Needed［R］. General Accounting Office，2003：5.

［75］ Scott F. Large. National Security Space Collaboration as a National Defense Imperative［J］. High Frontier，August 2008，Volume 4，Number 4：4. 塔隆（Talon），是美国空军一系列利用卫星侦察手段向分析员和地面部队提供情报的实验的代字.

［76］ 同上.

［77］ JACK MANNO. ARMING THE HEAVENS—The Hidden Military Agenda for Space，1945－1995［M］. New York：DODD MEAD&COMPANY，1984：158. 原话是"Space for peaceful purposes—what a bunch of goddamned bullshit that was！"

［78］ John L. Mclucas. The U. S. Space Program Since 1961：A Personal Assessment［C］//R. Cargill Hall，Jacob Neufeld，ed. The U. S. Air Force in Space 1945 to the Twenty－first Century. Washington，D. C.：USAF History and Museums Program，1998：82.

［79］ David N. Spires. Beyond Horizons：A Half Century of Air Force Space Leadership［M］. Air Force Space Command，Air University Press，1998：191.

［80］ Presidential Directive/NSC－37，National Space Policy［M］. WASHINGTON：THE WHITE HOUSE，1978；Thomas S. Moorman，Jr. The Air Force in Space，its Past and Future［C］//R. Cargill Hall，Jacob Neufeld，ed. The U. S. Air Force in Space 1945 to the Twenty－first Century. Washington，D. C.：USAF History and Museums Program，1998：172.

［81］ Dwayne A. Day. Invitation to Struggle：The History of Civilian－Military

Relations in Space ［C］//John M. Logsdon，ed. EXPLORING THE
UNKNOWN. Washington，D. C. ：NASA History Office，1996：233－234.

［82］　Randy Seftas. The Civil Space Sector ［R/OL］. ［2014－09－28］. http：//
fas. org/spp/eprint.

［83］　John M. Logsdon. Emerging Domestic Structures：Organizing the Presidency
for Spacepower ［C］//Charles D. Lutes，Peter L. Hays，ed. Toward a
Theory of Spacepower — Selected Essays. Institute for National Strategic
Studies，National Defense University：534.

［84］　Dwayne A. Day. Invitation to Struggle：The History of Civilian－Military
Relations in Space ［C］//John M. Logsdon，ed. EXPLORING THE
UNKNOWN. Washington，D. C. ：NASA History Office，1996：254.

［85］　David N. Spires. Beyond Horizons：A Half Century of Air Force Space
Leadership ［M］. Air Force Space Command，Air University Press，
1998：147.

［86］　R. Cargill Hall. A HISTORY OF THE MILITARY POLAR ORBITING
METEOROLOGICAL SATELLITE PROGRAM ［M］. OFFICE OF THE
HISTORIAN NATIONAL RECONNAISSANCE OFFICE，2001：23，27，
30，35.

［87］　Statement of Cristina Chaplain，Director Acquisition and Sourcing Management.
SPACE ACQUISITIONS—Government and Industry Partners Face Substantial
Challenges in Developing New DOD Space Systems ［R］. United States
Government Accountability Office，April 30，2009：8；Peter L. Hays. Space and
the military ［C］//Damon Coletta，Frances T. Pilch，ed. Space and Defense
Policy. London and New York：Routledge，2009：170.

［88］　Peter L. Hays. SPACE AND SECURITY—A Reference Handbook ［M］.
Santa Barbara，California · Denver，Colorado · Oxford，England：ABC－
CLIO，2011：55；James D. Rendleman，J. Walter Faulconer. Escaping the
Space Acquisition Death Spiral—Part One of a Three Part Series ［J］. HIGH
FRONTIER，August 2011，Volume 7，Number 4：53.

［89］　Jeff Kueter，John B. Sheldon. An Investment Strategy for National Security
Space ［R］. The Heritage Foundation，FEBRUARY 20，2013：15.

［90］　David N. Spires. Beyond Horizons：A Half Century of Air Force Space
Leadership ［M］. Air Force Space Command，Air University Press，
1998：181.

［91］　Edward C. "Pete" Aldridge. The Air Force Civil－Industrial Partnership

[C] //R. Cargill Hall, Jacob Neufeld, ed. The U. S. Air Force in Space 1945 to the Twenty - first Century. Washington, D. C. : USAF History and Museums Program, 1998: 146.

[92] David N. Spires. Beyond Horizons: A Half Century of Air Force Space Leadership [M] . Air Force Space Command, Air University Press, 1998: 181 - 182.

[93] JACK MANNO. ARMING THE HEAVENS—The Hidden Military Agenda for Space, 1945 - 1995 [M] . New York: DODD MEAD&COMPANY, 1984: 152.

[94] Edward C. "Pete" Aldridge. The Air Force Civil - Industrial Partnership [C] //R. Cargill Hall, Jacob Neufeld, ed. The U. S. Air Force in Space 1945 to the Twenty - first Century. Washington, D. C. : USAF History and Museums Program, 1998: 147.

[95] NATIONAL SPACE ISSUES—Observations on Defense Space Programs and Activities [R]. United States General Accounting Office, August 1994: 10.

[96] Russell E. Dougherty, Charles A. Gabriel, Michael J. Dugan, etc. Facing Up to Space [J] . AIR FORCE Magazine, January 1995: 50 - 51.

[97] David N. Spires. Beyond Horizons: A Half Century of Air Force Space Leadership [M] . Air Force Space Command, Air University Press, 1998: 183.

[98] NATIONAL SPACE ISSUES—Observations on Defense Space Programs and Activities [R]. United States General Accounting Office, August 1994: 9.

[99] VICE PRESIDENT'S SPACE POLICY ADVISORY BOARD. A POST COLD WAR ASSESSMENT OF U. S. SPACE POLICY—A TASK GROUP REPORT [R] . December 17, 1992: 23.

[100] NATIONAL SPACE ISSUES—Observations on Defense Space Programs and Activities [R]. United States General Accounting Office, August 1994: 9 - 10.

[101] R. Cargill Hall. A HISTORY OF THE MILITARY POLAR ORBITING METEOROLOGICAL SATELLITE PROGRAM [M] . OFFICE OF THE HISTORIAN NATIONAL RECONNAISSANCE OFFICE, 2001: v, 35.

[102] Randy Seftas. The Civil Space Sector [R/OL] . [2014 - 09 - 28] . http: // fas. org/spp/eprint.

[103] Linda L. Haller, Melvin S. Sakazaki. Commercial Space and United States National Security [R/OL] . [2014 - 09 - 28] . http: //fas. org/spp/eprint.

[104] Peter L. Hays. Space and the military [C] //Damon Coletta, Frances T.

Pilch, ed. Space and Defense Policy. London and New York: Routledge, 2009: 155 - 156.

[105] Benjamin S. Lambeth. Mastering the Ultimate High Ground [M] . RAND Project AIR FORCE, 2003: 147; Peter L. Hays. Space and the military [C] //Damon Coletta, Frances T. Pilch, ed. Space and Defense Policy. London and New York: Routledge, 2009: 155 - 156.

[106] Peter L. Hays. Space and the military [C] //Damon Coletta, Frances T. Pilch, ed. Space and Defense Policy. London and New York: Routledge, 2009: 168.

[107] David N. Spires. Beyond Horizons: A Century of the Air Force in Space, 1947 - 2007 [M] . Air Force Space Command, 2007: 323; Statement of Cristina Chaplain, Director Acquisition and Sourcing Management. SPACE ACQUISITIONS—Government and Industry Partners Face Substantial Challenges in Developing New DOD Space Systems [R] . United States Government Accountability Office, April 30, 2009: 12.

[108] DEPARTMENT OF DEFENSE, OFFICE OF THE DIRECTOR OF NATIONAL INTELLIGENCE. NATIONAL SECURITY SPACE STRATEGY (UNCLASSIFIED SUMMARY) [M] . JANUARY 2011: 9.

[109] Edward C. "Pete" Aldridge. The Air Force Civil - Industrial Partnership [C] //R. Cargill Hall, Jacob Neufeld, ed. The U. S. Air Force in Space 1945 to the Twenty - first Century. Washington, D. C. : USAF History and Museums Program, 1998: 146.

[110] VICE PRESIDENT'S SPACE POLICY ADVISORY BOARD. A POST COLD WAR ASSESSMENT OF U. S. SPACE POLICY—A TASK GROUP REPORT [R] . December 17, 1992: 7 - 8; Thomas S. Moorman, Jr. The Air Force in Space, its Past and Future [C] //R. Cargill Hall, Jacob Neufeld, ed. The U. S. Air Force in Space 1945 to the Twenty - first Century. Washington, D. C. : USAF History and Museums Program, 1998: 172; Air Command and Staff College Space Research Electives Seminars. AU - 18 Space Primer [G] . Maxwell Air Force Base, Alabama: Air University Press, 2009: 49.

[111] Thomas S. Moorman, Jr. The Air Force in Space, its Past and Future [C] //R. Cargill Hall, Jacob Neufeld, ed. The U. S. Air Force in Space 1945 to the Twenty - first Century. Washington, D. C. : USAF History and Museums Program, 1998: 174.

[112] 吴勤 . 美国商业航天发展分析 [J] . 国际太空，2016 (5)：8.

[113] Charles H. Cynamon. PROTECTING COMMERCIAL SPACE SYSTEMS： A CRITICAL NATIONAL SECURITY ISSUE ［R］. Maxwell Air Force Base， Alabama： AIR COMMAND AND STAFF COLLEGE， AIR UNIVERSITY，1999：13，15.

[114] Larry D. James. Schriever V Wargame：The Boundaries of Space and Cyberspace ［J］. HIGH FRONTIER，August 2009， Volume 5，Number 4：13.

[115] Donald J. Kutyna. Indispensable：Space Systems in the Persian Gulf War ［C］//R. Cargill Hall，Jacob Neufeld，ed. The U. S. Air Force in Space 1945 to the Twenty－first Century. Washington，D. C.：USAF History and Museums Program，1998：111；Robert S. Dickman. Near Term Prospects for the Air Force in Space ［C］//R. Cargill Hall，Jacob Neufeld，ed. The U. S. Air Force in Space 1945 to the Twenty－first Century. Washington， D. C.：USAF History and Museums Program，1998：154. 海湾战争时期，美军战士使用名为 Magellan 的商业 GPS 接收机，其中有许多是美国的亲戚邮寄过去的。1995 年，斯科特·O·格雷迪上尉驾驶的 F－16 战斗机在波斯尼亚被击落后，他使用的也是一部商业 GPS 接收机，由他所在的空军中队购买.

[116] Linda L. Haller，Melvin S. Sakazaki. Commercial Space and United States National Security ［R/OL］. ［2014－09－28］. http：//fas. org/spp/eprint.

[117] David N. Spires. Beyond Horizons：A Half Century of Air Force Space Leadership ［M］. Air Force Space Command，Air University Press，1998：171.

[118] John L. Mclucas. The U. S. Space Program Since 1961：A Personal Assessment ［C］//R. Cargill Hall，Jacob Neufeld，·ed. The U. S. Air Force in Space 1945 to the Twenty－first Century. Washington，D. C.：USAF History and Museums Program，1998：90－91.

[119] Linda L. Haller，Melvin S. Sakazaki. Commercial Space and United States National Security ［R/OL］. ［2014－09－28］. http：//fas. org/spp/eprint.

[120] Peter L. Hays. Space and the military ［C］//Damon Coletta，Frances T. Pilch，ed. Space and Defense Policy. London and New York：Routledge，2009：160.

[121] Gary E. Payton. Air Force Space Acquisition ［J］. HIGH FRONTIER，November 2009，Volume 6，Number 1：3.

[122] Peter L. Hays. Space and the military [C] //Damon Coletta, Frances T. Pilch, ed. Space and Defense Policy. London and New York: Routledge, 2009: 182.

[123] Linda L. Haller, Melvin S. Sakazaki. Commercial Space and United States National Security [R/OL]. [2014 - 09 - 28]. http://fas. org/spp/eprint.

[124] 刘韬. 美国世界观测-3卫星探析 [J]. 国际太空, 2014 (12): 21.

[125] Statement for the Record by Dr. Donald M. Kerr Director, National Reconnaissance Office For the Hearing on the FY 2007 National Defense Authorization Budget Request To the House Armed Serviced Committee Strategic Forces Subcommittee 16 March 2006 [DB/OL]. [2015 - 08 - 25]. http://fas. org/irp/congress/2006 _ hr/031606kerr. pdf.

[126] John L. Mclucas. The U. S. Space Program Since 1961: A Personal Assessment [C] //R. Cargill Hall, Jacob Neufeld, ed. The U. S. Air Force in Space 1945 to the Twenty - first Century. Washington, D. C. : USAF History and Museums Program, 1998: 91.

[127] Linda L. Haller, Melvin S. Sakazaki. Commercial Space and United States National Security [R/OL]. [2014 - 09 - 28]. http://fas. org/spp/eprint.

[128] 琼·约翰逊-弗里泽. 空间战争 [M]. 叶海林, 李颖, 译. 北京: 国际文化出版公司, 2008: 124. 宪法第一修正案是关于新闻言论自由的.

[129] Peter L. Hays. Space and the military [C] //Damon Coletta, Frances T. Pilch, ed. Space and Defense Policy. London and New York: Routledge, 2009: 184.

[130] Wayne Allard. SPEECH FOR THE 2008 NATIONAL SPACE FORUM [J]. SPACE and DEFENSE, Volume Two, Number Two, Winter 2008; REYES. REPORT ON CHALLENGES AND RECOMMENDATIONS FOR UNITED STATES OVERHEAD ARCHITECTURE [R]. WASHINGTON: U. S. GOVERNMENT PRINTING OFFICE, OCTOBER 3, 2008: 21.

[131] Richard DalBello. National Space Policy: The Challenge of Implementation [J]. HIGH FRONTIER, February 2011, Volume 7, Number 2: 65.

[132] Charles V. Peña. U. S. COMMERCIAL SPACE PROGRAMS: FUTURE PRIORITIES AND IMPLICATIONS FOR NATIONAL SECURITY [C] // James Clay Molts, ed. Future Security in space: Commercial, Military, and Arms Control Trade - Offs. CENTER FOR NONPROLIFERATION STUDIES, Mountbatten Center for International Studies, 2002: 10.

[133] Michael P. Gleason. Space Policy Primer—Principles, Issues, and Actors

[M] . Eisenhower Center for Space and Defense Studies, 2010: 49, 55.

[134] REYES. REPORT ON CHALLENGES AND RECOMMENDATIONS FOR UNITED STATES OVERHEAD ARCHITECTURE [R]. WASHINGTON: U. S. GOVERNMENT PRINTING OFFICE, OCTOBER 3, 2008: 22.

[135] Richard DalBello. National Space Policy: The Challenge of Implementation [J]. HIGH FRONTIER, February 2011, Volume 7, Number 2: 65.

[136] Jeff Kueter, John B. Sheldon. An Investment Strategy for National Security Space [R] . The Heritage Foundation, FEBRUARY 20, 2013: 4, 15.

第五章　美国国家安全航天作战指挥体制

美国国家安全航天力量存在六种指挥或协调关系。其中，在军事航天力量内部存在四种指挥关系，按照权限由大到小依次是作战指挥、作战控制、战术控制和支援①。情报界航天力量处于国防部指挥链之外，军方无法指挥，但军方与情报界航天之间存在两种协调性的关系，即协调权和授权直接联络权。因此，在军事航天力量内部，指挥关系的原则是"统一指挥"；军事航天力量与情报界航天力量之间关系的原则是"统一努力"[1]。

美国国家安全航天作战指挥体制一直在发展变化，如 2002 年版联合出版物 3 - 14 规定了联络军官和联合太空支援小组两种形式，但到了 2008 年二者均不存在[2]。根本原因在于航天力量支援联合作战的实践属于较新的事务，而且与航天发射、航天测控等业务的领导管理体制不同，支援联合作战的体制需要面对高度动态、激烈对抗、时效要求极高的战场环境。因此，其体制结构的确立与完善必然与其他作战力量存在较大差别。

第一节　作战指挥体制内涵的变化

伴随着美国国家安全航天力量所走过的"系统研发—操作运行—战略层次应用—战役战术应用"发展轨迹，国家安全航天作战指挥体制从无到有，逐步建立了组织架构，充实了相应职权，明确了相互关系。新生的国家安全航天作战指挥体制在羽翼渐丰之后，雄心勃勃地发起了争

---

①　作战指挥、作战控制、战术控制三者指挥权限逐步缩小，大致区别是：作战指挥（也称"指挥权"）只授予作战司令部司令（即联合司令部或特种司令部司令），不可转授或委托，拥有"后勤指令权"。作战控制可由作战司令部及以下任何层次的指挥官实施，可委托给下级指挥官，没有后勤、行政管理、军纪、内部组织、部队训练等方面的权限。战术控制也可由作战司令部及以下任何层次的指挥官实施，但仅限在作战地域为了完成作战任务而对军事行动实施的具体指导与控制。

取责任区的努力并最终铩羽而归。与此同时，另一新生的、更具活力的军事斗争领域——网络空间在迅猛发展的过程中与军事航天作战指挥体制并非必然地建立起了一定程度的联系。

一、从研发性、战略性体制向作战化、常态化体制转变

美国国家安全航天力量的建设发展存在作战化和常态化的过程。其中，作战化主要是指从以前的研发性体制向作战性体制的转变，从研发、运行航天系统向利用航天系统服务于联合作战转变；常态化主要是指要"确保那些最终使用航天系统，以使作战能力最大化的那些人——飞行员、士兵和水兵们明白：他们可以获得什么样的太空能力，如何获得并最好地利用这些数据"[3]。作战化要实现重心从采办界的研制与发射活动向支援联合作战转移；常态化要实现重心从战略决策人员向战场上的作战人员转移。二者虽然在侧重点上有所不同，但在服务于联合作战、服务于作战人员这一根本目的上是一致的。为了实现作战化和常态化，美军航天力量必须实现从战略性作战指挥体制向战役战术性作战指挥体制的转变。1982年，空军成立航天司令部既是一次集中化的胜利，也标志着研发性体制开始向作战性体制转变。1985年，美国航天司令部的成立标志着军事航天力量作战性体制的初步确立，但距离服务于联合作战、服务于作战人员的目标还有一定的距离。

冷战结束前，一方面，"尽管太空是新的前沿，已经发展了三十多年的时间并逐步成形，但这一过程是由业务专家主导的，而非操作人员"[4]；另一方面，"过去的35年中，国家安全航天需求主要聚焦于苏联的战略威胁。技术先进、封闭的苏联对美国构成直接威胁。为了应对苏联威胁，美国航天系统主要集中于战略预警，以及评估苏联核力量的威胁上"[5]。后一方面因素直接导致在作战指挥体制上美国航天司令部重点关注的是战略层级的任务。战略层级的任务主导了美国航天司令部的思维观念、组织结构和资源分配。如位于科罗拉多州斯普林斯的夏延山综合设施由美国航天司令部与北美航空航天防御司令部共用，其大部分指挥、控制、通信设备服务的是北美航空航天防御司令部或者战略司令部的任务需求[6]。因此，军事航天力量在很大程度上只是一个"互惠性战略圈"的事情。在这一圈子内，受益于美国航天司令部的部门只有两个：北美航空航天防御司令部和战略司令部，圈子以外的其他作战司

令部能够获得的航天支援十分有限。

　　不过，运用国家安全航天力量来支援战役战术军事行动的工作始终在进行。如由于"国防气象卫星计划"在气象预报的时效性、准确性上表现出色，越南战场上的美军在 1965 年 10 月取消了所有日常的、例行的空中气象侦察[7]。到了 20 世纪 60 年代后期，作战计划人员更是高度依赖"国防气象卫星计划"的气象数据来规划作战行动[8]。而除了军事卫星[9]，情报界的侦察卫星也开始用于一些最高优先级的战术军事行动，如 20 世纪 70 年代进攻北越 Son Tay 战俘营，1980 年失败的营救德黑兰人质行动，以及更著名的 TENCAP 计划。不过，由于这些战役战术应用的规模小、影响力弱，所形成的军事需求还不足以推动国家安全航天力量战役战术作战指挥体制的快速成长。

　　海湾战争将国家安全航天作战指挥体制存在的问题充分暴露出来。这场战争中，美军从上到下对航天力量的计划与运用可以概括为一句话——缺乏单一的整合者。没有一个战区机构负责预先规划太空系统的运用；没人负责将太空军事行动融入联合作战；没有一个机构负责平时利用太空资产进行训练，并确保战时联合部队能够运用这些资产[10]。具体来看，气象卫星需求由中央司令部 J-3W（气象军官）提交至航天司令部；通信卫星需求由中央司令部 J-6 提交至联合军事卫星通信委员会；商业通信卫星需求由作战部队通过本军种的指挥链提交至国防信息系统局；导弹预警卫星需求由中央司令部 J-3 提交至航天司令部 J-3[11]。此时，无论是航天信息的需求方还是供给方都缺乏枢纽性的节点，军事航天力量计划与运用呈现碎片化状态，有效的军事航天指挥体制尚未形成。另外，此时的美军整体上依然缺乏太空思维、太空条令和太空人才。这些因素共同导致"沙漠盾牌"行动之前美军根本没有制定太空支援计划，致使"装备部署清单里遗漏了气象车、地面天线、情报终端以及其他有关太空的地面装备"[12]"气象卫星地面天线由于在'分阶段部队部署清单'上的优先级较低，战争爆发前一个月才由海军陆战队带了一部天线车过去"[13]。

　　海湾战争打破了长期以来由研发界、战略圈主导的军事航天力量的"坚硬外壳"，"打开了高级军事领导人的眼睛"，战区作战人员在运用了航天力量之后大感惊喜：太空力量能够有效提升战场态势感知能力，能够帮助美军利用敌方的决策不足来实施优势的作战机动，能够大幅提升目标选择和毁伤效果评估能力。尝到了甜头的美军决心坚定地沿着这种做法继续下去，正如一句美国谚语所说，"一旦他们进了大城市，再让他们回农村就十分困难了"[14]。1993 年，美国空军决定采纳摩尔曼蓝带委员会的重要建议，将航天力量全面融入空军[15]。海湾战争期间任中央司令部空军司令，1992 年 6 月任美国航天司令部司令/空军航天司令部司令的查尔斯·霍纳也决心将太空行动常态化。他说："我们必须将重点从战略性战争转向战区战争，必须忘却冷战，确保我们正在进行的装备、训练、组织工作都是为了迎接未来可能降临到我们头上的那种战争。我们航天界的所有人都必须将思维聚焦于如何直接支援作战人员上"[16]。对海湾战争时期航天系统战场应用不足深有体会的霍纳开始积极推行改革。这些改革举措直接或间接塑造了美军航天力量作战指挥体制。

一是注入新的观念。霍纳一心想要在空军航天司令部内发展一种全新的思想。他积极倡导当战场指挥官使用国家安全航天系统时，给予他们更多的话语权和更高的优先级[17]，也力图打破空军航天部门与空军其他部门之间的隔阂。他将许多战斗机飞行员安排到关键的航天岗位上，以增强空军航天司令部的战斗思维。他想消除航天活动的神秘感，认为"我们不必在每次航天发射成功时便欢呼雀跃，而应当把航天任务变成常规性的活动，就和飞行任务一样"[18]。这些新观念的目标就是要让航天系统更好地服务于作战人员的需求。

二是创设新的体制编制。作为军令线上的美国航天司令部司令，霍纳无权主导陆、海军成员单位军政线上的体制改革和机构重组。但同时作为军政线上的空军航天司令部司令，霍纳对空军航天力量的体制编制实施了积极的改革。1982 年空军成立航天司令部时，许多合并进来的单位仍然保留了传统的研发性组织结构。海湾战争后，空军航天力量的组织结构必须适应联合作战的需求。为此，空军航天力量被重组为联队、中队、分队编制，主动适应了空军航空力量的编制形式。此外还成立了 14 航空队，成为美国航天司令部重要的战斗力量[19]。

三是引入太空支援小组。霍纳在海湾战争时期还兼任着盟军空军部队司令，他对参谋人员缺乏太空经验和技能的情况极为了解。为了弥补这一不足，他引入了太空支援小组，目的是确保太空能力有效融入演习和作战计划当中[20]。空军太空支援小组的设立对美军航天作战指挥体制的成长进步发挥了积极作用。

四是成立太空教育机构，编写太空条令。霍纳认为，空军航天司令部在太空教育、太空条令方面也存在不足，导致战时的太空预先计划水准大大落后于太空技术的进展。为此，他在科罗拉多州猎鹰空军基地成立了空间战中心。空间战中心仿照内华达州内利斯空军基地空战中心的模式，成为空军航天力量的教育与条令发展中心[21]。1998 年，空军发布期盼已久的空军条令文件 2－2《太空作战》。此外，美国航天司令部也着手制定联合出版物 3－14《联合条令：空间作战的战术、技术与程序》。该条令的征求意见稿于 1992 年 4 月 15 日出炉，之后提交给各相关单位磋商协调。由于涉及多方利益，磋商协调过程极为缓慢，1999年才发布草案，修订后于 2002 年正式发布[22]。

1998 年的"沙漠之狐行动"和 1999 年科索沃战争中太空系统表现出色，被认为是美军航天体制尤其是作战指挥体制逐步成长的"红利"。国防部长办公厅部队转型办公室的转型专家约翰·W·雷蒙德上校也对美军的变化欣喜不已。他在文章中指出，"沙漠风暴行动"期间 54.2 万联军部队拥有的卫星宽带通信带宽是每秒 99 兆位，而在"持久自由"和"伊拉克自由"作战期间带宽上升至每秒 3 200 兆位（其中超过 80％由商业通信卫星提供），与此同时联军部队人数却下降至 35 万[23]。可见，美军战役战术层次卫星通信应用水平得到了急剧的提升。对于美国军事航天的主体——空军航天司令部来说，其关注的焦点也已坚定地聚焦到了战役战术作战人员身上。

二、美国航天司令部争取责任区的失败

20 世纪 90 年代后期，美国航天司令部发起了一场争取太空责任区的行动，以掌握更大的太空职权。若成功，美国航天司令部将从一个职能司令部摇身一变为战区司令部，成为美国在太空领域指定的军事代理机构，将拥有《联合司令部计划》规定的地区性责任区拥有的所有权力与职责[24]。

美国航天司令部的这一举措有着内外两方面的原因。从外因看，在美国军事航天的领导指挥体制中，美国航天司令部处于相对弱势的地位。长期以来，美国航天司令部"被空军航天司令部和战区司令部边缘化……前者掌握了 90％的军事航天人员和经费；后者拥有指定的责任

区和明确的作战任务，而这是美国航天司令部所没有的"[25]。从内因看，虽然美国航天司令部的初始职能已经包含了空间控制这一作战任务，且早在1987年的《国防部航天政策》中就已明确指出和陆、海、空物理域一样，在太空也可以遂行维护国家安全的军事行动，但美国航天司令部的主要职能从一开始就被定位为力量增强（主要是为联合部队提供太空信息支援），而非更加热门的空间控制、空间力量应用任务，这也决定了其支援性司令部的地位[26]。但很明显的是，美国航天司令部几乎是天然性地有着争取作战性任务的冲动。

美国航天司令部争取责任区的公开理由主要有四个方面。一是可以提升对太空军事行动和作战规划的集中控制；二是可以更好地在重要的国际国内场合展示太空作战人员的形象；三是可以更好地管理其支援性太空活动；四是可以促进相关太空条令的制定工作。总的来看，这些理由的说服力不是很强。

三个军种对美国航天司令部的扩权企图态度迥异。由于利害关系不大，陆、海军对此采取了观望态度。但空军参谋部提出强烈反对，认为美国航天司令部的前三条主张即便是没有太空责任区也能实现，而第四条主张则犯了逻辑错误，正确的做法应该是用具有前瞻性的条令来牵引组织机构的发展，而非相反，否则就是"把马车放到了马匹的前面"[27]。

另外，也有意见认为，设立太空责任区很可能被其他国家视作美国背离了几十年来坚持的"和平利用太空"信条，开始搞太空军事化[28]。空军参谋部也认为，近期来看尚未出现对美国太空主导地位的威胁，设立太空责任区的意义不大。而且，空军参谋部最忧虑的是设立太空责任区后有可能使美国航天司令部把更多的资源投入空间控制和空间力量应用领域，进而削弱了太空对陆、海、空领域的信息支援能力，而后者才是太空当前最重要的任务。此外，空军还存有一点"私心"，即担心设立太空责任区之后，太空任务的军事影响力进一步增大，招致其他军种对美国航天司令部司令职位的觊觎，进而危及空军对这一职位的垄断[29]。

美国航天司令部对空军参谋部的反对意见针对性地进行了反驳。他们指出，近期没有太空威胁不等于将来不会有，"我们必须吸取海湾战争的教训，不能等到冲突迫在眉睫了才开始整理我们的太空组织结构和作战流程"[30]。他们也试图消除空军参谋部对其转移工作重心的疑虑，承诺"我们在太空的军事重点将由受到的威胁、可获得的预算、高级军事领导和国家指挥当局等来决定。针对发生在地球表面的威胁进行力量增强和支援将一直是主导性的太空使命"[31]。

然而，除了空军的反对，美国航天司令部的期望还遭遇现实的阻碍，那就是《联合司令部计划》。作为一项规定国防部各机构职能任务的政策文件，《联合司令部计划》有着宏观性、顶层性、指导性的地位。设立太空责任区，势必影响到其他相关机构职能任务的调整分配，并要求对《联合司令部计划》进行修订。虽然《联合司令部计划》每两年就修订一次，修订工作也并非纷繁复杂，而且美国航天司令部也明确提出了大幅修订的意向，但作为本次论争"裁决结果"的《联合司令部计划》修订案，仅仅安抚性地给了美国航天司令部在未来空间控制任务领域更大的灵活性，并未同意设立太空责任区。而这一结果在美国航天司令部看来"充其量不过是对这一长远问题的临时性解决方案"[32]。

三、美国航天司令部获得网络职权

1998 年，迈尔斯任美国航天司令部司令期间，该司令部获得网络职权。网络职权的引入，使得航天司令部一改仅仅属于支援性司令部的地位，摇身一变成为受援的司令部。很显然，网络职权是航天司令部的"一笔意外之财"。此后，美国航天司令部对其新职能给予了高度的重视。美国航天司令部的最后一任司令艾伯哈特"也关注美国航天司令部的最新任务：计算机网络防御和计算机网络进攻"[33]。在 2000 年 11 月17 日的空军学会洛杉矶座谈会上，艾伯哈特也明确指出美国航天司令部正致力于这两项任务。此后，随着计算机网络在军事领域的价值逐步凸显，"网络空间，而非太空，成为今天国防部以及全国的热点"[34]。作为美国航天司令部主体成员的空军航天司令部也更加重视网络与太空两个领域的融合。网络也不再是当初那个谁也不愿接盘的"烫手山芋"。空军中将拉里·D·詹姆斯在 2010 年指出："'施里弗演习 2010'的场景清晰地表明，太空与网络在冲突的整个'频谱'内都交缠在一起。换句话说，二者交缠得如此紧密，以至于一场冲突有可能首先发生在二者之中的任何一个物理域——尤其可能的是，二者交缠的作用效果将会在两个物理域中都得到体现。这就要求我们必须懂得这两个物理域之间的联系，必须运用一项完全融合二者的战略"[35]。无疑，这一论断表达了空军对网络的态度，也证明了网络空间在军事领域强大的渗透力。

　　然而，事实上军事计算机网络防御与进攻这两项任务与美国航天司令部的其他职能并不十分相关，网络与太空最大的共同点仅仅是"全球性"。网络职权进入美国航天司令部有着一定的偶然性。不过，20世纪90年代后期美军其他机构在网络领域也并不具备比美国航天司令部更强的实力[36]。为了进一步给大家灌输概念以夯实空军航天司令部网络职权的"合法性"，时任空军航天司令部司令的海腾在2015年国防工业协会午餐会上以自问自答的形式主动提及"为什么太空和网络在同一个司令部"的问题，指出"真实而简单的原因是，你去看看我们在太空中做的事情，会发现与我们在网络中做的一样。我们提供信息，提供信息通道，若我们卷入冲突，就努力拒止敌人的信息。我们在太空中做的是这一件事，在网络中做的也是这一件事"[37]。这实际上是从信息支援的角度来论述网络与太空的共同性，而这也正是当初国防部倾向于把网络职权授予美国航天司令部的主要原因。类似地，美国海军也于2002年将海军航天司令部并入新的海军网络战司令部。

第二节　军事航天力量作战指挥体制

　　美国军事航天力量已经形成了一种A型作战指挥体制，如图5-1所示。在这一作战指挥体制中，两条竖线分别是全球航天力量指挥链和战区航天力量指挥链。两条指挥链上的关键节点一是航天联合功能组成司令部及联合太空作战中心，二是联合部队空中组成司令/空间协调权及太空力量主任。两个关键节点之间的直接支援关系将两条指挥链连接为一个运行顺畅的有机整体。

一、全球航天力量和战区航天力量

　　全球航天力量和战区航天力量依据作用范围的大小进行区分。若相关航天力量产生的效果是全球性的，则该力量属于全球航天力量。全球航天力量支援多个战区，（且/或）支援国家级的目标。按照2006年11月27颁布的空军条令文件2-2《太空作战》，典型的全球航天力量如GPS系统、国防支援计划系统以及运行该系统的第11太空预警中队等。若相关航天力量产生的效果只是战区性的，则该力量属于战区航天力量。战区航天力量主要支援单个战区，在指定的责任区之外很少或不直接产生影响[38]。不过，这种影响的级别却可以是战术、战役甚至战略

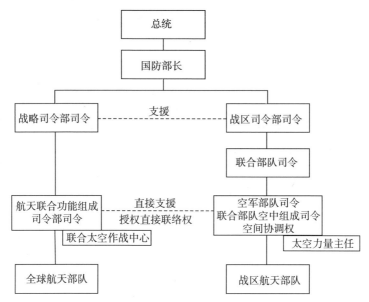

图 5 - 1　美国军事航天力量 A 型作战指挥体制。此图演示的只是军事航天力量，
也是一般情况下的状态，即空军部队司令被指定为联合部队空中组成司令并被
赋予空间协调权（参考资料：刘震鑫，于小红，杨庆. 美军太空信息支援力量
运用模式浅析 [J]. 空军工程大学学报（军事科学版），2012（3）：11；Air
Force Doctrine Document 3 - 14. 1，COUNTERSPACE OPERATIONS
（Incorporating Changes 1，28 July 2011），2 August 2004：10）

层次的。典型的战区航天力量如越南战争时期的"国防气象卫星计划"
地面站、1993—2000 年期间存在的空军太空支援小组、部署于韩国的
联合战术地面站等①。当然，全球航天力量与战区航天力量之间也并非

---

　　①　按照 2004 年 8 月 2 日颁布的 AFDD 2 - 2.1《COUNTERSPACE OPERATIONS》
（2011 年 7 月 28 日更改编号为 AFDD 3 - 14.1，以与联合条令的编号保持统一），空军航天力
量分为全球航天力量、可部署航天力量和战区建制航天力量三类。其中，"联合战术地面站"
属于可部署航天力量；用于在战场实时购买、处理商业卫星图像的"鹰之视野"系统属于战
区建制航天力量。按照 2005 年出版的第一卷第四期《高边疆》杂志第 38、42 页所述，"反通
信系统"和空军太空支援小组也均属可部署航天力量。但 2006 年 11 月 27 版 AFDD 2 - 2
《SPACE OPERATIONS》（2011 年更改编号为 AFDD 3 - 14）在涉及航天量种类的划分时，
仅提及全球航天力量和战区航天力量两类。原因很可能是空军取消了可部署航天力量这一分
类，且将其并入战区航天力量。需要注意的是，2013 年 5 月 29 日颁布的联合出版物 JP3 -
14《Space Operations》全书均未出现空军条令所采用的全球航天力量和战区航天力量的分类
法。本书采用了空军的分类法。

截然无关、泾渭分明。例如，空军太空支援小组属于战区航天力量，但其直接上级单位第 76 太空作战中队则属于全球航天力量。

显然，全球航天力量在数量规模上远远超过战区航天力量。以空军航天力量为例：空军 14 航空队主要辖 614 航空航天作战中心和第 21、30、45、50、460 等五个联队（第 76 太空作战中队直接向 14 航空队汇报）。其中，614 航空航天作战中心是联合太空作战中心的主体；第 21 航天联队主要负责运行弹道导弹预警系统、铺路爪雷达系统、地基光电深空监视系统等地基导弹预警/空间目标监视系统；第 30、45 航天联队主要负责航天发射；第 50 航天联队主要负责运行各类通信、导航、气象卫星系统以及空军卫星控制网；第 460 航天联队主要负责运行国防支援计划、天基红外系统等导弹预警卫星系统。这些力量基本上都属于全球航天力量，人员规模庞大，如第 21 航天联队人员超过 9 000 名；第 50 航天联队拥有超过 5 600 名人员（含现役、预备役、国民警卫队、合同商、文职人员）[39]。与之对比，在战区航天力量方面，时任第 21 航天联队司令的约翰·W·雷蒙德上校在 2008 年 2 月的文章中披露，联合航天专业人士的规模大致是 80 名太空力量主任、数百名战区空军太空官或军士，以及陆军所属的太空支援小组和太空支援分队人员[40]。

全球航天力量通常由战略司令部司令实施集中指挥。战区航天力量由战区司令指挥。但在通常情况下，战区司令会将该力量的作战控制权授予有关的军种组成部队司令，将战术控制权授予有关的功能组成司令。

二、全球航天作战指挥体制

全球航天作战指挥体制结构为总统—国防部长（通过参联会主席）—战略司令部司令—航天联合功能组成司令部（经与各军种组成司令部及其作战中心协调[41]）—各军种的全球性航天部队，可以大致划分为战略、战役、战术三个层次。其中，战略层为总统—国防部长（通过参联会主席）—战略司令部司令。战役层为航天联合功能组成司令部，"负责实施持续性、集成化的太空行动，提供战区性及全球性的效果，以支援国家目标和作战司令部司令的目标"[42]，是将全球航天力量转化为实际作战能力的关键性节点，在全球航天作战指挥体制中发挥着枢纽性的核心作用。战术层为各军种拥有的全球航天部队，能够支援多个战区，且/或支援国家级的目标。

（一）美国战略司令部

美国战略司令部成立于 1992 年。2002 年 10 月，原航天司令部并入战略司令部。新的战略司令部的职能涵盖了战略威慑、太空作战、网络作战、全球打击、导弹防御、情报监视侦察以及反大规模杀伤性武器等多个方面。其航天职能具体包括：规划和实施军事航天行动；倡导航天能力；在国际上代表美国的军事航天利益；协助载人航天活动；对任何攻击太空资产的行为提供预警和评估；开展空间态势感知活动，服务于美国公众、私营部门、载人航天活动，以及在适当情况下服务于商业和国外航天机构[43]。

（1）合并战略司令部与美国航天司令部的原因

2002 年 6 月 28，拉姆斯菲尔德宣布航天司令部将与战略司令部合并。10 月 1 日，两个司令部正式合并。事实上，早在 1993 年美国就曾考虑合并这两个司令部。时任参联会主席鲍威尔在当年 2 月的《三年一度就军种职能、使命与作用向国会的报告》中曾建议裁撤美国航天司令部，由战略司令部来负责航天事务[44]。但鲍氏所提建议在当时引起的争议太大，导致该建议未能落实。

合并这两个司令部最主要的原因是二者担负的职能均具有全球性、支援性的特点。五角大楼也曾在《联合司令部计划》审查过程中考虑过该方案。9·11 事件则直接触发了合并的决定，美军决心将新的战略司令部打造成拉姆斯菲尔德军事转型的样板。正如战略司令部司令小詹姆斯·O·埃利斯所说："我现在想要建立的机构将把作为原战略司令部标志的原则性与严密规划，和美国航天司令部支援作战部队时所体现出来的灵活性与作战能力融合起来"[45]。"挖掘航天和战略能力领域之间强大的、不断增长的协同增效作用，打造一个单一的具有全球视野的作战司令部"[46]。而在融合全球性、支援性职能这一改革思路上，此前美国航天司令部接受网络职权也体现了这一点。

合并这两个司令部的部分原因是二者职能地位都不同程度地"衰落"。9·11 事件后，美国国防部开始向应对非传统挑战、战略不确定性、安全威胁全球化、大规模杀伤性武器扩散等 21 世纪的挑战转型。在这一战略背景下，美军也进行了相应的组织体制改革。2002 年 4 月，为了反恐及加强国土防御的需要，新修订的《联合司令部计划》成立了北方司令部。北方司令部的职能涵盖了北美地区的防空防天任务。由此，北方司令部接手了对北美航空航天防御司令部的指挥权，而美国航天司令部则失去了该指挥权。与此同时，冷战后美军核武器数量减少，战略打击需求降低，战略司令部的职能地位也受到一定程度的削弱。这些因素使得美国航天司令部和美国战略司令部作为两个独立联合司令部的必要性降低[47]。

此外，缩减美军总部规模、提高国防预算效益也是合并这两个司令部能够获得的客观效果之一。不过，这一效果不可能是做出合并决策的主要出发点。2007年美军成立非洲司令部就曾"打破只有9个联合司令部的天花板"[48]。

（2）合并战略司令部与美国航天司令部的影响

虽然美国战略司令部与美国航天司令部的合并被官方描述为二者平等的合并，但实则是前者吸收了后者。美国航天司令部原为九大联合司令部之一，合并之后"基本上没有留下原来航天司令部的痕迹""航天事务必须与其他门类广泛的不同任务领域争夺注意力"[49]。与之形成鲜明对比的是，2001年太空委员会报告曾呼吁将太空列为国家安全的最高优先级。毫无疑问，军事航天力量在美军作战指挥体制中的层级显著降低。这也在美军内外产生了很大的争议。

两个司令部合并后，科罗拉多州共和党参议员怀勒·阿拉德和新罕布什尔州共和党参议员鲍勃·史密斯迅即表达了他们的忧虑，他们担心军事航天力量的地位可能会被削弱[50]。一贯支持军事航天力量且敢于放言的史密斯甚至公开批评国防部将军事航天力量边缘化。而在两个司令部合并近十年之后的2011年，埃斯戴斯三世仍然撰文声称，"太空委员会没有讨论过，甚至没有预计过这一改变"，二者的合并是"一个巨大的错误"，原航天司令部的太空、战略预警/防御、国家导弹防御、网络等每一项职能都可以是一个联合司令部的全职工作，"我相信，现在到了提出另一项组织机构安排来减轻我们施加给战略司令部司令及其参谋团队重负的时候了……一个解决方案可以是再次成立一个独立的美国航天司令部"。当然，埃斯戴斯三世并没有忘记美军面临的预算约束，所以，他的折衷建议是将战略司令部的太空与网络两项职能转移至空军航天司令部，并依托空军航天司令部组建一个新的联合司令部[51]。身为空军太空计划副部长帮办的大卫·C·阿诺德空军上校则建议，若组建一个新的联合司令部的预算压力太大的话，次优的选择是仿照美国网络司令部模式①，在战略司令部下成立一个由四星将军领导的航天下级联合司令部[52]。值得注意的是，对合并的反对立场主要是从笼统的"地位、重要性"角度出发的，或多或少残留着原航天司令部作为九大联合司令部之一的影响力因素，且隐含的更多的是对太空领域长远而非当前军事斗争的考量。

赞成合并的声音也很多。美国《空军年鉴2004—2005》就认为这一合并提高了战斗效能，加快了战略决策所需的信息收集与评估的速度[53]。空军航天与导弹系统中心人力资源主管帕特丽夏·A·洛贝也认为，这一合并"体现了在集成太空力量与联合作战方面的重要一步"[54]。美国海军中校尤吉内·G·科斯泰洛甚至为衡量此次合并是否成功创立了三条标准：第一，合并是否对外部因素做出了响应；第二，军事航天支援职能的总体作战效能是否得到提升；第三，利用持续的反恐战争和伊拉克战争的实践进行检验。科斯泰洛对这三条标准均作出了肯定性的论证，并对两个司令部的合并给予了高度评价，认为"通过美国航天司令部与美国战略司令部的合并，国防部再次证明它能够改革军事太空行动以支援当前及长远的国家安全需求。[55]"值得注意的是，对合并的赞成立场主要是从太空支援美军联合作战的角度出发的，更多的是对太空领域当前军事应用的考量。

如果将国家安全航天按照其五个任务领域逐一细分拆解，可以更为完整地把握合并的意义和影响。第一，在空间态势感知方面。该任务域与导弹防御作战的交互性相对较强，与联合作战其他方面的关联度相对较弱，合并对联合作战的助益不大。第二，在空间力量增强方面。卫星侦察属于情报界职权范围；卫星通信、卫星导航、卫星气象等应用是当前与联合作战关系最为紧密的部分。合并之前的20世纪90年代，美军即已初步构建了相关的航天信息支援战区的体制机制，合并没有助其产生质的变化。第三，在太空支持方面。该任务域主要是指航天发射、航天测控等专属性太空任务，与联合作战的关联度相对较小，合并对其无

---

① 2010年5月，美国在战略司令部内成立了由一名四星将军领导的下级联合司令部United States Cyber Command。

甚影响。第四与第五，即空间控制与空间力量应用方面，属于未来可能的空间作战活动，当前战争实践中涉及不深或尚未涉及，仅发生过伊军干扰美军 GPS 信号等事件。合并后对这两个任务领域的关注度有所降低。由此看来，美国航天司令部并入战略司令部，对于简化全球性、支援性作战支援关系，对于减少指挥机构、削减国防部运行费用具有明显的积极意义，但对于支援联合作战并没有质的提升。而赞成合并者所提出的美军在实际作战中信息融合更加紧密、作战效能有效提升等事实论据，更多地是源于战役层面的联合太空作战中心、空间协调权等机构/职权的建立和设置，源于情报界对联合作战支援体制的发展完善，与两个司令部合并的因果关系相对较远。因此，总起来说，合并两个司令部在优化组织机构的层面上具有较强的意义；在提升联合作战效能层面上具有中等的意义；而在长远的争夺"天权"层面上，对于美军内外的太空"鹰派"来说无疑是一个不利的消息①。

（二）航天联合功能组成司令部

2006 年 7 月，战略司令部司令詹姆斯·卡特莱特上将与空军参谋长 T·麦克·莫斯利上将携手在美国战略司令部内设立了航天联合功能组成司令部，司令由 14 航空队司令（中将）兼任，副司令来自另一军种，参谋长来自第三个军种，由此在领导层构建了一个联合的"三角"[56]。航天联合功能组成司令部司令作为战略司令部负责军事航天作战事务的唯一节点，其职责是"按照美国战略司令部司令的指示，协调、计划、集成、同步、执行、评估太空军事行动"[57]，业务类型包含了导弹预警、定位导航与授时、通信、航天发射、太空作战等。和对其他联合功能组成司令部一样，战略司令部司令也指定由航天联合功能组成司令部司令负责日常的航天活动。此外，由于战略司令部遂行的联合太空活动不包括编配给战区司令部司令的少量航天部队，也不包括国防部以外的航天资产，为了便于和这些航天力量的协调，战略司令部司令也向航天联合功能组成司令部司令授予了直接联络权。

---

①　拉姆斯菲尔德属于太空"鹰派"。但将美国航天司令部并入战略司令部正是在其二度上任国防部长不久后发生的。没有拉姆斯菲尔德同意，该合并方案不可能实施。然而，拉姆斯菲尔德在太空委员会报告中大力鼓吹将太空置于国家安全最高优先级，一年多后却事实上"裁撤"了美国航天司令部，其态度转变之剧烈，令许多人感到不解。拉姆斯菲尔德在其回忆录《已知与未知》中也没有相关记载。迄今拉姆斯菲尔德这一改革的决策历程仍不为人知。

在 2005 年成立联合太空作战中心及 2006 年成立航天联合功能组成司令部之前，与美国军事航天领导管理体制一样，分散化、碎片化的问题也一直存在于美国军事航天作战指挥体制中。没有一个单一的、专门的机构或个人负责军事航天作战指挥事务，即便是美国航天司令部的职权范围也只包含了国家安全航天系统的一部分[58]。原美国航天司令部和后来的战略司令部都曾试图从战略层面来提供作战协调和集成；14 航空队的空中作战中心在阿富汗战争和伊拉克战争中都曾试图在战术层面来集成太空作战能力，但均未获成功。14 航空队失败的原因很简单，因为它只是空军的航天力量，不具备联合的职能。与之相适应，当时版本的联合出版物 3－14 所规定的空中作战中心的职能也完全只是空军航天范畴内的事务，三军航天的指挥控制仍然处于分散化的状态[59]。

航天联合功能组成司令部（以及联合太空作战中心）的成立标志着军事航天力量在战役层面走向成熟。美军第一次在全球航天力量的战役层次创立了联合、明确、高效的作战指挥关系，打下了向战区司令部提供优良太空信息支援的基础，是"确保在战场上获得战术成功最重大的进步"[60]。

（三）联合太空作战中心

2005 年 5 月，美军依托空军 14 航空队在范登堡空军基地成立了联合太空作战中心。该中心是美军唯一专司太空任务的作战中心[61]。同日，航天与全球打击联合功能组成司令部任命 14 航空队司令为联合太空作战司令①。联合太空作战司令通过联合太空作战中心对全球航天力量实施战术控制。

联合太空作战中心的职责是"为航天联合功能组成司令部司令提供灵活反应的指挥控制能力以遂行 24/7② 的太空行动"[62]，具体事务包括了战役层次的航天指挥控制、空间态势感知、太空作战、战场信息支援、日常运行控制等方面。

联合太空作战中心在结构上仿照了鹰猎者空中作战中心的模式，并

---

① 2006 年 7 月，战略司令部成立航天联合功能组成司令部（JFCC SPACE），太空职能从航天与全球打击联合功能组成司令部（JFCC SGS）中分离出来．此后，联合太空作战中心的直接上级由联合太空作战司令变为 JFCC SPACE 司令（兼 14 航空队司令）。

② 24/7，意指每周 7 天，每天 24 小时的工作状态。

针对太空力量的全球性特点进行了适当改造，其核心和主体是空军 14
航空队 614 航空航天作战中心[①]。该中心下辖战略/计划处、战斗指挥
处、情报监视侦察处、空间监视处、作战支援处和联合太空密件库等六
个部门。614 航空航天作战中心和联合太空作战中心在指挥权限上存在
着明确的区分。614 航空航天作战中心是空军的军种指挥机构，只能指
挥空军航天力量。联合太空作战中心是联合指挥机构，能够指挥配属至
战略司令部的所有全球性军事航天力量，其人员构成也包含了来自其他
相关机构和兄弟军种的人员。如"陆军战略司令部将在 2006 年夏季向
联合太空作战中心派驻 4 名人员"[63]，而陆、海军都在"努力增加编配
至联合太空作战中心的工作人员数量，以使它成为一个真正的联合机
构"[64]。

　　联合太空作战中心的成立及联合太空作战司令（该职位后由战略司
令部航天联合功能组成司令部司令代替）的设立，首次明确了全球性军
事航天力量唯一的联合指挥机构和联合指挥官，实现了集中指挥控制。
这一点对于美国国家安全航天作战指挥体制的完善具有指标性的意义。
空军第 21 航天联队司令杰·G·桑提上校认为，任命联合太空作战司
令是"具有历史意义的重要事件"，成立联合太空作战中心是"一个分
水岭事件"[65]。洛克希德·马丁公司一体化系统与解决方案部副总裁约
翰·蒙古奇也指出，"联合太空作战中心被许多领导者视作是太空力量
及应用思维多年来不断发展的顶点"[66]。

　　成立联合太空作战中心及设立联合太空作战司令的最大作用是使
得美军能够将原来分散化、碎片化的各类航天资源集成起来，并将其
军事效能最大化。一方面，联合太空作战司令及联合太空作战中心能
够集成各军种的航天资源。如"全球红外监视、跟踪与目标指示"系
统就集成了来自空军、空军国民警卫队、陆军、海军的相关航天资
源。实施这一集成过程依靠的是联合太空作战司令对全球性军事航天
力量（不包括战区航天力量）所拥有的战术控制权。另一方面，联合
太空作战司令及联合太空作战中心能够集成军事航天、情报界航天、
民用航天、商业航天资源。当然，情报界、民用、商业航天力量均不

---

　　① 2006 年版 AFDD 2 - 2 第 29 页指出："空军提供了 Space AOC，形成联合太空作战中
心的核心。"据此判断美军文献中 Space AOC 可能即为 614 AOC。

属联合太空作战司令指挥权限范围。为此，战略司令部司令将全球空间协调权授予当时的航天与全球打击联合功能组成司令部司令，航天与全球打击联合功能组成司令部司令又进一步将全球空间协调权授予联合太空作战司令，由他代表战略司令部司令和航天与全球打击联合功能组成司令部司令行使全球空间协调权。全球空间协调权是战略司令部内协调与集成情报界、民用、商业航天力量的唯一接口。航天联合功能组成司令部成立之后，全球空间协调权的概念在美军联合条令中消失，但相关职权由航天联合功能组成司令部司令继承下来。作为一个太空能力的提供者，联合太空作战中心集成各类航天资源后，最大的受益者是作为太空能力接受者（或称使用者、消费者）的各战区司令部。战区无须再与军事航天领域内诸多分散的太空能力提供机构协调，而只需与联合太空作战中心这一个后方机构沟通联络，由该中心提供一站式服务，即可满足战区对全球性太空能力的需求。同样，导弹防御局、国家航空航天局等其他军事、民用机构也受益于该中心。如该中心协助导弹防御局测试和训练其铺路爪雷达系统；协助国家航空航天局实施航天飞机的测控、碰撞规避等工作[67]。

成立联合太空作战中心及设立联合太空作战司令，还填补了全球航天力量战略层级与战术层级之间的战役层级空白，消除了各类任务在优先级上的冲突。此前的航天力量指挥控制结构是从战略层直达战术层，缺少中间战役层来将战略决策转化为战术行动，容易导致优先级冲突。联合太空作战中心将战略决策与战术行动连接起来，还建立了单一的任务规划权，简化了任务规划流程，消除了经常出现的各类任务优先级冲突的现象。例如，在从前的烟囱式指挥体制下，遂行空间目标监视的战术级单位很可能会同时收到来自美国战略司令部、美国航天司令部、空军航天司令部、14航空队等多个部门的任务需求。联合太空作战中心的成立扭转了这一状况。它将各类任务需求转化为太空任务分配指令，利用太空任务分配指令来为编配和配属的航天力量赋予任务，并指导任务的完成[68]，由此实现了全球航天力量指挥控制的枢纽性衔接。

（四）国家太空防御中心

位于施里弗空军基地的国家太空防御中心（前身为联合跨机构合成

太空作战中心）[①] 的建立是美国"第三次抵消战略"在太空领域的重要举措[69]。与联合太空作战中心相比，二者存在明显的区别。一是层级不同。国家太空防御中心的层级要明显高于联合太空作战中心。"它（国家太空防御中心）不仅仅只是国防部和国家侦察局的使命，而是一项真正的国家使命。它需要情报界，以及更大范围机构间所能实现的一切"[70]。这也是国家太空防御中心由联合跨机构合成太空作战中心更名而来，并冠以"国家"一词的重要原因。二是立意不同。联合太空作战中心已经建立了稳定的军事航天内的指挥关系和军事航天与情报界航天之间的协调关系，对情报界航天没有指挥关系诉求，而国防部有意通过建设国家太空防御中心来统一军事航天和情报界航天的指挥关系。三是职能使命不同。国家太空防御中心瞄准的主要是战时美国太空资产遭遇攻击情况下的空间控制任务，旨在利用机构间的"统一努力"来保护关键性的太空能力，防御地基、共轨空间对抗威胁[71]。而联合太空作战中心主要聚焦于当前的空间态势感知、空间力量增强、空间支持等任务领域，尚未在空间控制任务领域投入太多资源。简言之，联合太空作战中心侧重于"当前用"，国家太空防御中心侧重于"未来防"。

　　要想统一国家安全航天领域内的指挥关系，最为核心的问题是军方和情报界谁拥有对国家安全航天资产的作战指挥权。很自然，在围绕国家太空防御中心的职权角力中情报界处于弱势地位。面对失去战时航天资产指挥权的可能性，情报界采取了顽固的防御策略。一直以来情报界拒绝讨论在战时由谁来指挥（侦察卫星系统），很显然是因为他们认为自己拥有并运行着卫星，所以他们也要指挥这些卫星。（国家侦察局局长）萨普曾抵制与军方的合作，直到去年国防部长卡特强力推行其想法为止[72]。而卡特也公开承认他花了大约五年时间才促成国家侦察局和军方合作建设联合跨机构合成太空作战中心。

　　作为增进美国卫星战斗管理的"试验性努力"，建设国家太空防御中心标志着统一美国国家安全航天指挥关系的努力迈开了初始性步伐。这一进步无疑令卡特感到高兴。2016 年 5 月 12 日，在参观联合跨机构

---

　　① 2017 年 4 月 4 日，美国战略司令部司令海腾上将在参议院军事委员会以"美国战略司令部项目"为主题的听证会上作证时宣布，"联合跨机构合成太空作战中心"（JICSpOC）已于 4 月 1 日正式更名为"国家太空防御中心"（NSDC）。美国防部曾在 2016 年 11 月宣布 JICSpOC 具备初始作战能力，并有望在 2018 年全面投入使用。

合成太空作战中心过程中回答记者提问时，卡特表示这个中心的建设表明事情正在起变化，情报界和军方已经开始在"同一屋子里，同一地板上"工作。

然而，开始建设国家太空防御中心并不意味着战时国家安全航天指挥权的归属问题已经得到解决，甚至不能意味着该问题有了多大起色。作为对国家侦察局参与联合跨机构合成太空作战中心建设的妥协，卡特和国防部副部长罗伯特·沃克都谨慎地表示，军方和情报界仍然暂时分别指挥着各自的太空资产。双方的合作基点仍然是"统一努力"而非"统一指挥"。显然，如果仅仅是达成"统一努力"，将仍然无法解决长期以来存在的黑、白航天分割的痼疾。所以，前核导弹军官、安全世界基金会太空专家布莱恩·威登就对建设联合跨机构合成太空作战中心表示怀疑，声称他无法理解建立另外一个机构如何就能解决长期以来存在的问题[73]。

总的来看，国家太空防御中心仅仅是统一军事航天、情报界航天战时指挥关系的第一步，实质性问题仍然处于搁置状态，后面的道路依然漫长而艰难。

（五）军种航天力量

战略司令部各军种组成司令部的太空使命任务各不相同。但它们的共性职责包括：在本军种内倡导太空军事需求；是本军种所有太空资源与能力的唯一联络点；就如何合理运用本军种太空力量向战略司令部司令提出建议；根据指示向战略司令部司令和作战司令部司令提供航天部队；参加太空作战的计划支持和任务分配；根据需要向战略司令部司令和作战司令部司令提供太空专业知识和相关能力方面的帮助[74]。

（1）空军

空军航天司令部下属第14航空队是战略司令部在空军的太空任务部队。14航空队集中了空军几乎所有的航天力量，所以美军术语也称其为"空军航天"，14航空队司令也称"空军航天司令"。

14航空队可以溯源至中国抗日战争时期的"飞虎队"。战后经历了数次改组，于1968年成为第14空天部队，是美军第一支专司空间目标监视的部队。1993年，再次改组后的14航空队成为空军航天司令部下属的编号航空队[75]。该航空队长期适应着研发性领导管理体制，作战指挥体制始终发展迟缓。海湾战争后这种状况发生了根本性改变。

　　海湾战争中，美军航天系统未能有效融入战役战术作战行动中，航天信息分发缓慢，效益未能最大程度地发挥。空军认识到，空军整体上缺乏太空知识，"空军，尤其是空军航天司令部实际上没有培训一个人，以便将空军的航天力量与空军其他力量集成起来，进而规划和推动战区层次的作战行动"[76]。自此，空军航天司令部开始（尤其是霍纳升任空军航天司令部司令后）将焦点从跟踪在轨物体、编目空间碎片、控制卫星、航天发射[77]转向直接支援战区作战，从国家层面、战略层面转向战役战术层面。与空军航天司令部这一思想完全一致，整个美国国家安全航天的焦点也向作战化与常态化转变。

　　空军战役战术作战指挥体制快速成长的"孵化器"是 TENCAP 计划。空军 TENCAP 计划由空军航天司令部太空创新与发展中心负责[78]。该中心是空军 TENCAP 计划的执行代理人。1977 年 8 月，国会联合拨款会议报告指示空军、海军仿照陆军 1973 年开创的模式建立自己的 TENCAP 计划。其最初目的很单一，即开发利用国家侦察局的"国家系统"/"国家技术手段"的能力，服务于战场作战人员①。与之相关，也需要对作战人员进行教育和培训，需要在国家系统的设计环节加入作战人员的需求[79]。一直到 1990 年，空军 TENCAP 计划的经费一直处于不温不火的状态。但海湾战争后，空军 TENCAP 计划"经费和人员都得到增长，以更好地将'国家技术手段'的能力融入战役规划和实施"[80]。自此，空军战役战术作战指挥体制与力量开始迅速成长起来：

---

　　①　TENCAP 计划的初衷曾遭受过质疑。《情报改革》第 122 页指出："NRO 乃向各军种承诺可自太空系统直接获得情报，俾直接向其请求经费。然而，一般经验丰富的信号情报人员均可轻易指出，自太空搜获的原始信号情报根本无法使用，而且大多数情搜仍需投入庞大人力加以处理。显然此种 TENCAP 是以某种误谬的构想为前提。多年来，在各军种尚未开始了解到他们其实无法从所花费的金钱中获益之前，TENCAP 的经费即已获得通过。TENCAP 其实就是 NRO 取得额外经费的一个机制罢了。NRO 的人员几乎或根本完全不了解此与提供有用战术情报有何关联。因此，他们仅能诚实地推动表面上看似可行的技术方案，但实际上根本不是这回事。"作者的质疑有部分的道理。NRO 搜集的各类航天情报，除了光学图像情报的后续处理任务量相对较少之外，雷达成像图像情报、通信信号情报、雷达信号情报均需大量的后续处理工作，这些工作即使是在 21 世纪的野战条件下也难以顺利实现。因此，可以认为，早期 TENCAP 计划的导向意义大于实际意义，孵化作用大于直接作用。不过，后期 TENCAP 计划内涵拓宽，作者的质疑有显偏颇。

一是空间战中心（后更名为太空创新与发展中心）。在摩尔曼蓝带委员会的建议下，经空军航天司令部司令霍纳上将批准，该中心于1993年11月1日正式开始运行。空军TENCAP计划与该中心的渊源是，随着该计划的教育培训任务逐步增长，该计划自身的人力资源无力承担，后这一任务被转交至该中心，伴随转隶的还包含了500万美元的经费[81]。

二是第11太空预警中队。前身是空军TENCAP计划中的塔隆-盾牌子计划。该子计划非常成功，以至于美国航天司令部司令指示空军航天司令部将其发展为作战性能力。空军旋即成立第11太空预警中队，其职责是迅速提供全球范围内的战区导弹预警信息。第11太空预警中队后从空军TENCAP计划中独立出去。

三是空军太空支援小组和第76太空作战中队[82]。第76太空作战中队于1995年成立，直接源于空军TENCAP计划的子计划。一直以来，由于国家侦察局的国家系统保密程度过高，导致战场作战人员无法获得这些系统搜集的情报信息。为此，空军TENCAP计划开发了战区前方太空支援小组。这些小组人员具备运用国家系统能力的业务素质，也具备相关的保密资质，被部署于战区为战区司令的参谋人员提供国家系统搜集的情报信息。这一试验获得了巨大的成功。为此，空军专门成立了第76太空作战中队，负责培训这些小组（后改称空军太空支援小组）。空军太空支援小组被部署于联合空中作战中心以支援联合部队空中组成司令。由于该中队地位重要，其直接汇报上级为14航空队而非联队层级，这也是该中队有别于其他空军中队的特殊之处[83]。第76太空作战中队后从空军TENCAP计划中独立出去[84]。

（2）陆军

美国陆军航天与导弹防御司令部是陆军对口负责航天事务的一级司令部。同时，该司令部"一个机构，两块牌子"，还履行着美国战略司令部陆军军种组成司令部的职能。在第二种职能情形下，该司令部名称为陆军战略司令部。此外，陆军航天与导弹防御司令部司令还兼任战略司令部一体化导弹防御联合功能组成司令部司令。

陆军航天与导弹防御司令部行使对陆军全球范围内航天部队的指挥控制权，是运用陆军航天力量的中枢节点，其指挥控制机构为航天与导弹防御司令部作战中心。下属两个旅中负责太空事务的是第1太空旅。

该旅下辖第 1 太空营、第 117 太空营和第 53 信号营。其中，第 1 太空营负责提供联合战术地面站战区弹道导弹预警、陆军太空支援小组、空间控制行动和商业图像小队等太空业务；第 117 太空营（科罗拉多陆军国民警卫队）主要是作为第 1 太空营的备份；第 53 信号营负责宽带全球卫星通信系统和国防卫星通信系统的运控工作[85]。第 1 太空旅虽然属于陆军的战术航天部队，但承担的太空使命任务基本上都是全球性的，只有派驻战区的陆军太空支援小组等属于战区性的航天力量。

（3）海军

海军网络战司令部是海军在航天事务上的牵头机构，2002 年由原海军航天司令部、海军计算机与通信司令部、舰队信息战中心等 23 家单位合并而成，其职能一是指导、运行、维护国防部信息网络的海军部分，并为其提供安全防护；二是提供安全、可靠、稳健的太空作战能力，支援海军的各类战略、战役、战术作战任务[86]。

（4）海军陆战队

"美国战略司令部海军陆战队力量"作为战略司令部海军陆战队军种组成司令部，职责范围涵盖了太空、网络空间、电子战、反大规模杀伤性武器等方面[87]。

海军陆战队和海军各自所辖的战略司令部军种组成司令部均包括了较为广泛的业务职能，太空只是其中之一。相对而言，陆军航天与导弹防御司令部的太空职能较为突出，空军 14 航空队更是完全聚焦太空职能。

三、战区航天作战指挥体制

一般情况下，战区航天作战指挥体制结构为总统—国防部长（通过参联会主席）—战区司令部司令—联合部队司令—联合部队空中组成司令—相关航天部队。其中，战区司令部司令有可能直接兼任联合部队司令；联合部队空中组成司令直接负责相关航天力量的指挥与运用，在该结构中处于承上启下的关键地位。当空军航天力量在联合部队航天力量中不占主导地位时，联合部队相关航天职权将由航天力量占主导地位的其他功能组成司令承担。

（一）空军部队司令/联合部队空中组成司令

空军部队司令是联合部队司令下属的空军军种组成司令，不属联合性质。空军部队司令对所有编配和配属的空军航空、航天部队实施作战控制和行政管理[88]。

联合部队空中组成司令[89]是联合部队司令下属的功能组成司令[90]，属于联合性质，能够指挥联合部队司令下辖的各军种的航空、航天部队，其参谋队伍采用空中作战中心的结构①。当有多国参与军事行动时，联合部队空中组成司令名称变为盟军空中组成司令。

联合部队空中组成司令职位一般指定给在空中和太空能力上占主导地位的军种组成司令。由于空军在这两方面的显著优势，一般情况下联合部队司令会将空军部队司令指定为联合部队空中组成司令（联合部队司令的层次可以是联合司令部、下级联合司令部或联合特遣部队）。空军的条令文件也先验性地假定空军部队司令会兼任联合部队空中组成司令，而且把这一假定作为空军条令文件的"基石"[91]。空军声称这么做是为了表述上的方便，但很显然包含有巩固军种地位的企图。在空军部队司令兼任联合部队空中组成司令情形下，其对空军的航空、航天部队拥有作战控制权。而对于陆军、海军、海军陆战队的航空、航天部队来说，若其航空、航天军事行动超出了本军种的需求，则联合部队空中组成司令对其拥有战术控制权[92]。

美军前后经历了十多年时间才形成由空军部队司令/联合部队空中组成司令来负责联合部队所有军种太空力量的体制安排。早在 1992 年，摩尔曼蓝带委员会"最重大的建议"就是让空军军种组成司令来担负联合部队太空支援枢纽节点的角色[93]。当时的 AFM 1 - 1《美国空军基本空天条令》也持这一立场。与此不同，当时的联合出版物 3 - 14《联合条令：空间作战的战术、技术与程序》则建议由战区司令的 J - 3 来承

①　在 Air Force Doctrine Document 2，Operations and Organization，3 April 2007 中，该职位的全称是"joint force air and space component commander（JFACC）"，直译应该是"联合部队空中与太空组成司令"。但考虑到"and space"只是空军自己加进本军种条令的，联合出版物中并未纳采，故本书中空军所使用的"air and space"提法，主要依照联合出版物按"air"来处理，将该职位译作"联合部队空中组成司令"。后文中，空军条令中的"combined force air and space component commander（CFACC）"在 JP1 - 02 中对应的是"combined force air component commander（CFACC）"，同理二者均译作"盟军空中组成司令"。需要注意的是，由于在实践中美军往往多与其他国家联合行动，且美军在指挥权上占绝对主导地位，所以在美军语境中 JFACC 与 CFACC 两种提法在使用上区分并不严格。"盟军空中作战中心"（Combined Air Operation Center，CAOC）也存在类似的情况。

担这一角色[94]。而 1999 年 4 月空军大学空军指挥与参谋学院的一份报告指出，"美国航天司令部和战区司令之间的联络渠道一般是通过联合部队空中组成司令来提供太空支持"[95]。阿富汗战争中，盟军空中组成司令与 14 航空队司令（"空军航天司令"）在空军可部署航天力量的指挥关系上产生分歧，最后达成的妥协结果是一种"分裂的战术控制"，即 14 航空队司令拥有规划上的战术控制权，盟军空中组成司令拥有执行上的战术控制权。毫无疑问，这种指挥权的分裂给美军追求的"统一指挥"目标造成了障碍。有鉴于此，伊拉克战争前，中央司令部空军与 14 航空队认真讨论了指挥关系问题。14 航空队起初只同意提供"直接支援"，但最终还是建立了盟军空中组成司令对空军可部署航天力量的战术控制权。不过，伊拉克战争结束后，原来在指挥关系上的分歧依然照旧。这也直接影响了相关各方对伊拉克战争中航天力量运用情况的检讨。战后，14 航空队、中央司令部空军、战略司令部均召开了教训吸取会议，但三方都是单独召开会议，缺乏多方的深入交流与探讨。在各自立场上，14 航空队对于同意授予盟军空中组成司令以战术控制权这一战时安排并不买账，仍然声称直接支援是最优的选择，而战区则继续呼吁授予其对可部署航天力量的作战控制或战术控制权。很显然，若建立直接支援关系，则 14 航空队的"权"大"责"小，在任务需求优先级等问题上将拥有更大的裁量权，战区能够得到的航天支援处于并不可靠的状态。而若建立盟军空中组成司令对可部署航天力量的作战控制或战术控制权，则意味着向战区赋予了更加硬性的职权，更能确保战区优先获得航天力量对战区作战行动的支援。毫无疑问，这与美军数十年来加强联合的思想是一致的。而联合出版物 0 - 2《联合行动武装部队》也指出："联合作战指挥控制的第一步是通过指定一名联合部队司令来建立统一指挥。这名司令拥有必要的权力，通过简洁的指挥链来完成分配的任务。"[96]与这一主旨一致，2006 年 11 月 27 日发布的空军条令文件 2 - 2《太空作战》明确了空军部队司令/联合部队空中组成司令的作战控制/战术控制权，为完善战区航天作战指挥体制进行了积极而有益的探索。

（二）空间协调权

按照 2013 年版联合出版物 3 - 14，空间协调权被定义为"一名编配的具有规划、集成、协调太空行动的权力以支援战区的指挥官或个人"[97]。而 2006 年版空军条令文件 2-2 的解释更为详细。该版条令指出，"空间协调权是赋予一名指挥官或个人的特定类型的协调权力，目的是协调两个或两个以上的军种，或两个或两个以上的功能组成部分，或同一军种的两支或两支以上部队之间的特定太空功能或活动"[98]。按照这些定义，空间协调权是联合部队中的一项权力，目的是协调联合太空行动，促进太空能力融入联合作战。可见，联合条令与空军条令在设立空间协调权目的上的表述是一致的。两部条令细微差别之处仅在于空军条令文件 2-2 专门指出了"空间协调权不是一个人，而是一项权力"[99]。而联合条令的字面表述显然将空间协调权定义成"一个人"。但从该版联合条令的后续行文来看，空间协调权的内涵显然首先是"一项权力"，其次才是该项权力可以被授予"一个人"。在权力的强制性上，协调权显然弱于各类指挥关系，"协调权是指挥官之间的一种协调关系，并非实施指挥活动的权力"[100]"（被授予空间协调权的）指挥官或个人有权要求相关各方进行协商，但无权强迫各方同意"[101]，且该项权力的作用范围仅限于联合作战区域。空间协调权的第一次运用是在伊拉克战争时期，被授予中央司令部空军部队司令/盟军空中组成司令[102]。

空间协调权①的职责包括消除联合部队太空需求之间的冲突并对其进行优先排序；向联合部队司令建议合适的指挥关系；实施太空目标选择；掌握空间态势感知状况；在规划过程中收集联合部队参谋部及各组成部队对太空的需求；确保与盟军太空资产之间形成最佳的互操作性；向联合部队司令建议太空需求优先级等七项[103]。这些职责体现到实际操作层面则是，空间协调权落实联合部队航天中枢节点职责，为联合部队参谋部和联合部队的每个军种和功能组成司令收集太空需求。这些需求包括了对于太空部队的需求、对于太空能力的需求、对于履行专门指挥关系（如航天联合功能组成司令部司令和盟军空中组成司令之间的支援关系）的需求等。待收集完成后，空间协调权会在联合部队司令的作战目标基础上制定出一份联合部队太空需求的排序清单，作为建议内容提交联合部队司令，该清单即为空间协调权职责的成果[104]。

---

① 为表述方便，后文中多将"空间协调权"作"一个人"处理。

　　虽然空间协调权曾经被指"没有牙齿""只是一种短期解决方案"[105]，但其设立仍然有着较强的必要性。第一，空间协调权首要的价值是沟通、衔接全球航天力量和战区航天力量。按照一般的程序，空间协调权提交的清单经联合部队司令批准后，再提交给战区司令部司令，由战区司令部司令来与战略司令部司令协调[106]。实际操作中，为提高效率，战略司令部司令往往会将全球航天作战任务指派给航天联合功能组成司令部司令。而身处战区的空间协调权往往会被授予授权直接联络权，由此可以与航天联合功能组成司令部司令进行直接的沟通、衔接与协调。第二，对于联合部队内部而言，各相关部队所具备的航天能力各有不同，有必要进行集成与协调；各相关部队对航天支援的需求也各不相同，有必要进行整合与协调。第三，联合部队需要利用情报界、民用、商业航天力量，这一过程也属于协调过程。如空间协调权可以协调国家情报支援小组对联合部队进行支援（这些小组的上级单位包括了国防情报局、国家安全局、中央情报局、国家地理空间情报局和国家侦察局等）[107]。

　　按照条令，联合部队司令可以保留空间协调权。不过，一般情况下联合部队司令会将空间协调权授予某一军种组成司令或功能组成司令。具体地说，联合部队司令会"考虑任务、性质、行动时长、能力占优的太空部队、指挥控制能力（包括与后方沟通的能力）等来做出适当的选择"。在这一议题上，陆军和空军都表达了自己的兴趣。"陆军条令提到，陆军部队司令/联合部队地面组成司令可以由联合部队司令指定为空间协调权"[108]。空军的态度则更为强势，空军一般是默认联合部队司令会把空间协调权授予空军部队司令/联合部队空中组成司令。空军认为，航天力量的优势地位是通过对航天部队的指挥控制，通过运行航天系统，通过生成航天效果来体现的，而航天用户（数量多少）并非决定航天力量优势地位的因素。很显然，陆军的庞大地面部队拥有最大数量的航天用户群。空军的这一表态击中了陆军意图的核心。此外，空军还认为，联合部队空中组成司令的参谋团队拥有太空专长；联合部队空中组成司令能够通过空中作战中心来指挥航天部队（包括与后方的联合太空作战中心沟通联络）；联合部队空中组成司令拥有比地面、海上等功能组成司令更为宏大的视野等[109]。由于空军在军事航天领域占有明显优势，陆、空军关于空间协调权的争夺基本无甚悬念，多为联合部队空中组成司令获胜。

（三）太空力量主任

太空力量主任是空军部队司令的高级航天参谋，是一名空军高级军官，从事协调、集成和参谋工作，目的是为空军部队司令提供太空方面的支持[110]。空军部队司令可以指示太空力量主任就空军的航天力量问题向空间协调权提供支持。当空军部队司令被指定为联合部队空中组成司令，且被授予空间协调权时，太空力量主任一般会履行空间协调权日常例行的职责[111]。

太空力量主任通常经空军航天司令部司令提名，由联合部队空中组成司令批准。空军航天司令部确保他们接受良好的训练、具备履职尽责的能力。联合部队空中组成司令则为他们提供与战区相关的信息及有关的指导。

设立太空力量主任的原因主要有四个方面。第一，通过这一实体性职位来将空间协调权这一虚化的赋权落到实处，解决"空间协调权不是一个人，而是一项权力"这一命题所内含的弊端。所以，其职责内容与空间协调权大致相同[112]。第二，虽然空军部队司令/联合部队空中组成司令拥有战区航天力量指挥权，一般情况下也拥有空间协调权，但他很可能是空军的航空人士出身，对航天领域并不熟悉。"在中央司令部责任区所属人员中，仍然普遍缺乏关于航天系统及其能力的知识，导致他们甚至不知如何去提出相关的问题"[113]。因此，有必要为空军部队司令/联合部队空中组成司令配备一名高级航天参谋。第三，"虽然今天的盟军空中组成司令对航天越来越了解，也能够更加有效地发挥空间协调的作用，但由于任务繁重，他们经常需要一位熟练的太空军官来代替他们履行日常例行的职责"[114]。第四，空军认为盟军空中作战中心里的太空军官虽然工作十分出色，但他们的职级较低，无法进入盟军空中组成司令的决策环节，有必要由一名高级别的太空军官来充当该角色[115]。因此，2004年4月在阿尔·乌代德空军基地担任第一名太空力量主任的泰瑞·朱瑞克上校指出，在阿富汗战争、伊拉克战争中太空是唯一没有高级军官参与的物理域，引入一名主抓太空能力运用的空军高级军官是有必要的、合适的[116]。

太空力量主任拥有一支小型参谋团队来协助其工作。例如，中央司令部空军派驻中央司令部盟军空中作战中心的太空力量主任自身的参谋团队有 6 人。但是，由于太空力量主任本身在性质上属于参谋，因此，太空力量主任自身的参谋团队规模就必须尽可能地小，也必须尽可能地利用其他参谋队伍的太空专业技能，包括盟军空中作战中心的相关处、联合部队司令的参谋部、空军部队司令的参谋部等。

太空力量主任已经逐渐发展成为一个联合的职位。自诞生之日起，美国空军便已迅速认识到该职位实际上是坐实军事航天主导地位的要害部门，遂将该职位正式写入空军条令。几乎与此同时，陆军也发现，要想为其地面部队获得太空能力，最好是通过拥有空间协调权的联合部队空中组成司令，而太空力量主任则是沟通联合部队空中组成司令的关键环节。为打通这一环节，陆军主动提供了一名高级军官作为太空力量副主任，如中央司令部空军太空力量主任从 2004 年起就开始与一名陆军副手共事。虽然出身陆军的太空力量副主任的职责主要是为陆军争取太空能力支援，但陆、空军军官能够在一个小的团队中协同工作，在很大程度上说明该团队本身就已经是一个联合的团队。实际上，"中央司令部太空力量主任在联合作战中表现十分活跃，他/她的大部分时间都聚焦于解决联合作战中的问题，支持空军部队司令的工作量并不多。这种模式运行得非常好"[117]。这一方面表明太空力量主任的职责实现了从军事航天领域的特别参谋向深入参与、积极引导战区军事航天活动的转变；另一方面表明太空力量主任逐步从空军的职位发展出了联合的属性。而在早期的实践过程中，由于太空力量主任不具备联合的性质，致使战区太空事务协调工作受到影响。后来，中央司令部盟军空中组成司令沃尔特·E·布坎南三世中将指示将太空力量主任更名为"联合太空力量主任"[118]，为太空力量主任变成一个联合的职位开创了先例。

太空力量主任的工作流程已基本成形。流程起始于战区航天部队向联合部队空中作战中心战斗指挥处里的太空单元，或向太空力量主任提交太空支援请求。太空力量主任对之进行审查、评估，判定是利用战区航天力量还是申请利用全球航天力量来满足该请求，并向联合部队空中组成司令提出相关建议。对于可以利用战区航天力量来满足的请求，联合部队空中组成司令会通过空中任务分配指令来给相应的战区航天力量赋予任务，由战斗指挥处里的太空单元负责对该任务的落实情况进行实时监督。对于那些战区航天力量无法满足的请求，太空力量主任会将这些请求提交给联合太空作战中心，以获得全球航天力量的支援。联合太空作战中心的规划人员会对这些请求以及全球航天力量所具备的能力进行评估，并据此向航天联合功能组成司令部司令提出相关建议。航天联合功能组成司令部司令将通过太空任务分配指令来给相应的全球航天力量下达任务，以满足战区提交的太空支援请求[119]。

（四）战区太空网络

战区太空网络是美军联合出版物 3 - 14 中的术语，实质是指部署于战区的联合航天力量和军种航天力量的集合。在编制结构上，无论战略司令部还是各军种派驻战区的航天部队，均以小组的形式出现，每一小组的人员规模为数人的量级。

（1）战区联合航天力量

美军战区联合航天力量自 20 世纪 90 年代正式形成到 21 世纪初，大致经历了一个从"有形"的联合太空支援小组到"无形"地融入战区作战指挥体制的过程。这一过程大致以 2000 年底为界，划分为前后两个阶段。

① 2000 年底以前，以联合太空支援小组为枢纽的阶段

太空支援小组的概念产生于海湾战争之后。当时，美军虽然已经开始看到航天力量在战役战术层次的关键作用，但这种作用尚未被广泛认知。成立太空支援小组的目的正是为了给战区司令和联合部队司令在任务准备与实施过程中提供太空信息支援[120]。早在 1993 年，美国航天司令部就开展了一项计划，训练该司令部的人员并部署至战区[121]。同年，美国航天司令部成立了"战区支援小组"以研究海湾战争中的经验教训[122]。另外，为了帮助受援的司令们制定作战计划中的航天附件（附件 N），美国航天司令部还成立了太空计划支援小组。这些小组与战区的参谋团队携手工作，共同规划和撰写附件 N[123]。1994 年，时任美国航天司令部司令的约瑟夫·阿什指示，各军种组成部分必须与美国航天司令部建立更加直接的关系。为此，美国陆、海、空三军分别成立了陆军太空支援小组、海军太空支援小组和空军太空支援小组，与三者对应的则是美国航天司令部的联合太空支援小组。联合太空支援小组总共有 4 支，负责美国在全球范围内的各个战区[124]。小组正式成员两至三人，组长及助手的级别一般分别为 O - 6（级别同上校）和 O - 5/4（级别同

中校/少校）。联合太空支援小组接受美国航天司令部 J - 3 的领导[125]。

联合太空支援小组为战区提供多个方面的支援。在卫星侦察领域，联合太空支援小组发现战区"令人吃惊地缺乏"太空影像方面的知识。但与此同时，由于太空影像属于国家侦察局的职权范围，联合太空支援小组无法直接提供太空影像支援，只能在小组的职权范围内尽可能地开展培训和教育，以增进战区对太空影像情报的了解。与此相似，联合太空支援小组也发现战区亟需情报军官。在联合太空支援小组的一再要求之下，美国航天司令部特意在其 J - 2 内成立了一个专门机构，负责向战区派遣作战支援力量，随联合太空支援小组一道部署于战区[126]。在卫星通信领域，联合太空支援小组的通信官可以将原处于测试状态的通信卫星提前纳入正式运行状态，并有权把通信卫星机动至更加有利于战区的轨位。在卫星导弹预警领域，一般会有一名战术弹道导弹预警专家加入联合太空支援小组，协助小组制定导弹预警信息的分发计划。此外，在卫星定位导航、卫星气象等领域，联合太空支援小组也能够提供相关的信息支援。

在指挥关系上，一旦部署于战区，联合太空支援小组和各军种太空支援小组的作战指挥权和作战控制权归航天司令部司令；联合太空支援小组的战术控制权归战区司令；各军种太空支援小组的战术控制权归战区相应的地面、海上、空中功能组成司令[127]。不过，各军种太空支援小组的业务活动须通过联合太空支援小组来统筹协调。此外，联合太空支援小组还负责协调与国家情报支援小组和国家侦察局作战支援办公室之间的业务往来。

联合太空支援小组于 2000 年底被取消[128]。

② 2000 年底以后，以空间协调权为枢纽的阶段

自联合太空支援小组被取消至 2003 年初美军第一次指定空间协调权的两年多的时间（其间伴随着美国航天司令部并入战略司令部的体制改革），属于美军对新形式战区联合航天力量体制的探索时期。此后，原联合太空支援小组对战区各类太空业务的协调职权由空间协调权取代。与联合太空支援小组相比，空间协调权拥有者可以是战区司令，或联合部队司令，或联合部队空军司令，级别远高于联合太空支援小组组长。即便是具体落实空间协调权的太空力量主任也往往是准将或上校，其衔级与联合太空支援小组组长相比也有一定优势。而且，太空力量主

任由于经过专门培训，往往对战区的实际状况更加熟悉，也更加有利于将太空能力融入联合作战。

（2）战区空军航天力量

作为战区航天力量的主要组成部分，战区空军航天力量也大致经历以 2000 年底为界的两个阶段，期间也存在一个探索、过渡的过程。

①2000 年底以前，以空军太空支援小组为组织形式的阶段

1993 年，空军成立战区前方太空支援小组，其人员挑选自空军航天司令部。本质上，战区前方太空支援小组是空军航天司令部司令向联合部队空中组成司令派出的"现场代表"，帮助后者熟悉、利用太空，帮助战区解决太空方面的问题，推动战区太空行动的常态化。"设计这一倡议，目的仅仅是给联合部队空中组成司令提供个性化的支持，并非是为了确保整个战区有效地利用航天资源"[129]。

战区前方太空支援小组后更名为空军太空支援小组，隶属于空军14 航空队第 76 太空作战中队，共有 6 个小组，每组通常编制 6 人，可根据战区需要增加人员。小组成员均熟悉战区作战计划、空中任务分配指令和空中任务分配指令周期。空军太空支援小组可同时支援两场主要的战区作战行动，在 24 小时内完成全球部署[130]。与战区前方太空支援小组相比，空军太空支援小组的使命任务扩展至对战区全体空军部队的支援，而不仅仅是联合部队空中组成司令。例如，在"沙漠之狐行动"中，第 76 太空作战中队派遣的一支四人空军太空支援小组为第 28 空军远征大队的 B-1B 轰炸机提供了用于打击前任务规划和打击后毁伤效果评估的卫星图像[131]。

不过，空军的长远构想是将空中作战行动与太空作战行动融合起来。单独编组的空军太空支援小组显然与空军对这种融合的期望有差距。2000 年底，空军取消了空军太空支援小组。

② 2000 年底以后，以太空力量主任为核心、太空军官融入各级作战指挥机构的阶段

实际上，设立空军太空支援小组只是个开端[132]。虽然空军太空支援小组已经直接与空中作战中心的作战计划处和战斗指挥处一道工作[133]，但空军在有意减少对太空支援小组依赖的同时，将太空专业人士永久地编入航空队的参谋机构中。"在巴尔干冲突与 2001 年 9 月 11 日之间，年轻的太空专家们在各个责任区盟军空中作战中心的战斗指挥

处里建立了太空单元"[134]。这些太空单元在战区导弹防御、GPS 制导、蓝军跟踪系统、人员搜救等方面发挥了重要作用。

　　随着空军着力将太空专业人士融入各级作战指挥机构，一方面，各级空中作战中心里太空军官的数量逐步增加。2001 年，驻欧洲空军司令部空中作战中心里有 2 名太空武器军官、1 名太空系统操作员和 2 名士兵太空技术员。到 2004 年，相应的数量分别增加为 3 名、6 名和 5 名[135]。另一方面，2004 年，原高级太空军官演变为太空力量主任并固定下来。再一方面，太空军官也融入空中作战中心内更多的部门。在中央司令部盟军空中作战中心，除了作战计划处和战斗指挥处，战略处和情报监视侦察处也编配有空军太空军官[136]。

　　可以认为，从 20 世纪 90 年代中期开始的十多年内，美军战区空军航天力量完成了一个从无到有，从"有形"存在到"无形"融入的过程。这一从有形到无形的过程，在一定程度上实现了空军航空、航天两支力量从相对分离到合二为一的转变，而这种空天融合的效果也正好契合了 20 世纪 50 年代末空军参谋长怀特提出的"空天"概念。

　　（3）战区陆军航天力量

　　陆军在战区航天力量方面探索较早，影响最大的组织形式是陆军太空支援小组和太空支援分队。进入 21 世纪第二个十年之后，与空军不同，陆军仍然保留了陆军太空支援小组这一形式。不过，陆军太空支援小组地位逐步下降，太空支援分队地位相对上升。此外，第 1 太空旅第 1 太空营负责的商业图像小队的作用也日益提高。

　　美军战区陆军航天力量最早可以追溯至 1973 年的 TENCAP 计划。1987 年开始的"太空应用演示与开发计划"也蕴含了向战区普及太空知识、提供太空能力的意向。1994 年，美陆军组建了应急作战太空分队，以确保天基信息能够有效保障陆军作战需要。1995 年，应急作战太空分队正式更名为陆军太空支援小组，并参与相关作战演习。1996 年，陆军太空支援小组开始为陆军全球作战提供天基信息支援。陆军太空支援小组一般由两名空间作战军官、一名情报分析员、一名卫星通信系统操作员、一名地形判读员、一名信息系统操作分析员等 6 人构成，可在 48 小时内实现全球快速部署。"目前，美陆军共拥有 27 个陆军太空支援小组"[137]。此外，2004 年 8 月，"陆军为了直接支持特遣部队模块化思想，设立了太空支援分队"。分队一般由 2～3 人构成[138]，"目前，共有 10 支太空支援分队配属在现役的师级司令部，8 个国民警卫队步兵师也配属了太空支援分队"[139]。此外，至少还有一个集团军军部和第 18 空降军军部配属了太空支援分队[140]。

　　在运用方式上，陆军太空支援小组与太空支援分队存在显著不同。陆军太空支援小组是经战区司令或战区陆军司令提出申请，由陆军战略司令部司令指示，从第 1 太空旅派出并部署于战区。太空支援分队则是固定编配至集团军、军、师、特种大队、火力旅等各级部队的参谋机构[141]，由于不是在战时根据作战需要临时进行配属支援，从而大大提高了太空信息支援力量运用的效率[142]。

　　在战区太空业务上，陆军太空支援小组与太空支援分队存在互补关系。太空支援分队作为各级部队参谋机构建制内的太空专家，从一开始就参与作战计划的制定，处理战区陆军各项太空事务，并建立和维持与空间协调权的联系。太空支援分队所做的任务分析也是作战计划航天附件（附件 N）的基础。因此可以大致将太空支援分队定性为一个计划制定者。而陆军太空支援小组主要是执行战术性太空支援任务，为战区陆军部队提供各种太空能力。陆军太空支援小组还经常从太空支援分队处受领任务。因此，可以大致将陆军太空支援小组定性为一个任务的执行者和能力的提供者[143]。

　　在联合作战中的地位上，陆军太空支援小组与太空支援分队出现明显分化。陆军太空支援小组的地位已大大降低。虽然在 2009 年版联合出版物 3 - 14 中出现过陆军太空支援小组字样，但只是在术语表里，且仅作为概念解释出现了一次。而在 2013 年版联合出版物 3 - 14 中陆军太空支援小组的字样已经完全消失。但在这两版条令中，太空支援分队的职能作用均出现在正文中，且内容几乎完全一致。不过，与此同时，在陆军军事行动和军事术语中陆军太空支援小组仍然是与太空支援分队并重的组织形式。例如，在 2016 年 6 月 7—17 日在波兰举行的北约"阿拉孔达 2016 演习"中，第 1 太空旅就派出了一支由一名上尉任组长，5 名成员组成的陆军太空支援小组[144]。由此可见，与陆军不同，美军参联会更加重视太空支援分队，并已逐渐淡化了陆军太空支援小组的份量。背后原因应该是太空支援分队效率更高、更符合联合作战的需要。

（4）战区海军航天力量

海军派驻战区的航天部队编制形式是太空支援工作组。在战区，海军部队司令和编号舰队司令都通过海上作战中心来指挥作战。在海上作战中心内，有太空支援工作组负责在计划、决策等各个环节提供太空支援。太空支援工作组还负责与空间协调权进行协调，确保在联合作战计划的制定过程中充分考虑了太空系统的能力和弱点，确保相关太空需求落实到了作战计划的每一个阶段。每个太空支援工作组的构成都根据具体的作战任务来相应地设置。通常情况下，太空支援工作组会得到第10舰队从后方提供的支持[145]。

（5）战区海军陆战队航天力量

海军陆战队没有运行任何卫星系统。不过，在国家安全航天和美国军事航天领域，海军陆战队和陆、海、空三军一样，是一个平等的参与者，也是一个积极的贡献者[146]。

第三节　军事航天与情报界航天的协调体制

情报界航天与军方的关系有协调权和授权直接联络权两种。协调权意味着军方无权强迫情报界航天接受或执行军方指令，只能"商量着办"。而与战时应用相比，协调权也更适合于平时应用。授权直接联络权是上级指挥官授予下级指挥官与其他司令部或局署直接商议或协调的权力。授权直接联络权也更适合于平时应用，联络的实施情况一般须知会上级指挥官。

一、情报界航天为支援作战进行的体制调整

海湾战争后，情报界航天（实际上是整个情报界）的服务重点迅速从支持国家高层的战略决策向支援联合部队的战场作战转变。这一转变，源于军方对航天情报的需求与情报界航天对战场情报的供给这两个方面实现了相向而行。从军方来说，海湾战争中国家侦察局代表的"黑色世界"航天发挥了重要作用，美国军方希望在未来战争中能够获得航天系统更多的支持[147]。从情报界航天来说，海湾战争后接踵而至的苏联解体让国家侦察局一下子失去了最重要的侦察目标，释放出来的情报能力开始向作战人员倾斜。

　　不过，海湾战争也暴露了国家侦察局的许多问题。一是由于长期以来国家侦察局的用户主要是总统和国家安全委员会等政府高层部门，使得国家侦察局情报产品的密级甚至比绝密还要高，严重制约了情报产品向战役战术层次的分发，即使在战时也是如此[148]。二是早期的卫星侦察技术水平确实无法满足实时或近实时支援战场作战的需要，但到了海湾战争时期，侦察卫星的数量、质量水平已经具备支援联合作战的能力。此时，制约国家侦察局情报产品战场应用的主要因素已经从技术转向体制——国家侦察局和国家照相判读中心"这两个在中情局管制下的组织乃缺乏官僚诱因来使其迅速地将影像产品传送至军队"[149]。三是前两方面因素导致军方长期以来对侦察卫星系统十分陌生，对其重要性认识不足，进而致使国家侦察局在海湾战争中"有劲使不上"。战前，国家侦察局的一部活动式情报数据接收车由于优先级别较低，直至临近海湾战争爆发的 1990 年 12 月才运送至战场。而且，该车需要 6 兆位/秒的传输带宽，但战区的"国防卫星通信系统"只能提供 1.6 兆位/秒带宽。另外，即使该车接收到了情报数据，战区也没有分发网络[150]。海湾战争中的这些教训促使国家侦察局加大了体制调整的步伐。

　　国家侦察局为支援联合作战所进行的体制调整主要集中在两个时间节点。第一个时间节点是海湾战争前后。20 世纪 80 年代末期，国家侦察局已经开始意识到支援战区部队的重要性，并为此于 1990 年设立了军事支援副局长。军事支援副局长在国家侦察局内级别很高，为第三号人物。按照 1995 年 6 月的国家侦察局第 14 号指令，军事支援副局长负责国家侦察局所有的情报支援活动，也包括了对有关政府部门的情报支援。为了突出对军方专门的情报支援，国家侦察局又于 1992 年成立了作战支援办公室，负责为各类军事演习提供支援，为作战部队提供国家侦察局系统的业务培训，处理每天的各类情报需求等。军事支援副局长和作战支援办公室实际上起到了国家侦察局与战区、军种之间的沟通与桥梁作用[151]。第二个时间节点是 2008 年。4 月 1 日，国家侦察局成立了地面事务处，吸收了信号情报处、图像情报处以及局内其他相关部门的地面系统，把这些原本分散于各个部门的地面系统集成为一个有机整体，目的是生产多源融合的情报产品。为此，地面事务处还与国家地理空间情报局、国家安全局以及局内的先进系统与技术处等部门密切合作，研发新的多源情报处理系统。作为一个原本主要负责侦察卫星采办和测控，不负责情报产品深度处理的专门机构，国家侦察局现在开始涉足情报的深度处理和产品生产，在一定程度上形成了与国家地理空间情报局、国家安全局的职能重叠。但是，在情报界航天系统内，唯有国家侦察局同时拥有图像情报、信号情报资源。因此，可以认为国家侦察局职能的扩张正好填补了情报界航天在多源融合情报方面的空白，满足了美军对这类情报的需要。而时任国家侦察局局长的斯科特·拉吉之所以决定成立地面事务处，在很大程度上是因为侦察卫星的研发周期往往长达数年，而地面应用系统（包括软件系统）的研发周期可以短至数月，能够较好地应对恐怖分子等侦察目标迅速变化的战法战术。因此，与其从卫星系统来适应侦察目标，不如从地面系统来下功夫。这样一来，国家侦察局可以很灵活、很频繁地对地面系统进行升级改造，以持续应对目标的不断变化[152]。

二、情报界航天向军方派出的各类支援机构

情报界作为一个整体，向军方派驻有国家情报支援小组。卫星情报是小组的重要业务内容之一。此外，情报界各航天相关机构也分别向军方派驻有各类支援小组。具体地看，航天侦察基本上是国家侦察局派驻力量的全部主题；卫星图像情报是国家地理空间情报局派驻力量的重点内容；卫星电子侦察情报是国家安全局派驻力量的重点内容；卫星情报也是国防情报局的重要业务。

（一）情报界航天的联合派出机构

情报界航天的联合派出机构是国家情报支援小组（也是情报界的联合派出机构）。其起源可追溯至 1990 年 8 月国防情报局部署至利雅得的国家军事情报支援小组。2012 年版联合出版物 2－01 指出，国家情报支援小组的任务是在危机或突发行动中向前方的作战司令提供国家层面的、来自整个情报界的、全源的情报支援。参谋长联席会议情报局（联合参谋部 J－2）是国防部与情报界之间关于部署国家情报支援小组事务的唯一协调权[153]。国家情报支援小组的成员来自国防情报局、中央情报局、国家地理空间情报局、国家安全局以及任务所需的其他情报机构。其中，国防情报局是牵头机构，负责挑选组长及组员，负责所有小组的训练、部署、机构间协调及相关的后勤支持工作。其他情报机构负

责各自备选成员的挑选与培训[154]。

在人员规模上，基本的国家情报支援小组包含有大约 24 名成员。在人员构成上，会根据联合部队司令的任务需求进行专门的调整，以消除相同专业技能人员之间的重复。另外，在整个任务期间，小组的人员规模和构成也会根据联合部队司令的请求进行相应的调整[155]。

国家情报支援小组与联合部队司令是直接支援关系。在联合部队 J-2 的建议下，联合部队司令请求情报界部署国家情报支援小组实施支援。一经部署，这种直接支援关系即建立起来。依据保密要求和使用权限，联合部队司令及 J-2 能够获得国家情报支援小组生成的所有情报。另外，由于国家情报支援小组不具备自持能力，所以小组需要受援司令部提供交通、食宿、通信以及相关装备方面的支持[156]。

国家情报支援小组对联合部队提供的情报支援十分关键。这在四个方面得到了鲜明的体现：一是国家情报支援小组可以向后方的整个情报界申请进一步的情报支援，且能够获得每一相关情报机构的情报资源；二是国家情报支援小组能够为受援司令部提供威胁预警，以加强和改善联合部队的自身防御。这主要归功于小组内的国家安全局分队。该分队由国家安全局国家安全作战中心"特别支援活动"部门的人员构成。他们的小型移动卫星通信系统能够使联合部队司令从国家安全局总部获得与其相关的威胁预警情报；三是由于保密原因，国家情报支援小组提供的一些情报信息往往是联合部队无法通过自身通信系统获得的，只有相关情报机构自己的通信系统能够传输；四是国家情报支援小组可以使联合部队司令的情报支援请求在 24 小时（甚至更短时间）内获得情报界从后方的回复[157]。不过，在国家情报支援小组运用过程中也暴露出一些问题，最主要的就是部署时限问题。按照国家情报支援小组的任务定义，其作用并非通常意义上的情报支援活动，也并非弥补联合部队存在的情报缺口，而仅仅是危机时期或突发事件时期的情报支援[158]。所以国家情报支援小组的任务期限是 90 天，超过 90 天需要重新提出请求。不过，曾出现过 6 支国家情报支援小组在波斯尼亚部署了大约一年时间的现象。这也说明小组的部署时限要求距离战场需求仍然存在很大的差距。

总的来看，只要美军战役战术层次在获取战略情报方面还存在不足，国家情报支援小组就仍然会有发挥价值的空间。

（二）各单位独立派出的支援机构

情报界航天的相关机构都通过派遣全职代表来支援作战司令部司令。这些代表负责就如何最好地利用他们本单位的情报能力来向作战司令部司令提出建议，同时也充当着作战司令部司令与他们单位之间的联络官。其中，有一部分代表工作于司令部联合情报作业中心[159]。

国防情报局向每个作战司令部、驻韩美军司令部、欧洲盟军最高司令部和北约总部派出国防情报局前方分队。每个分队包括一名资深情报官（同时兼任分队长和国防情报局局长的个人代表）、一名行政助理以及根据受援司令部的不同需求而数量各异的各类情报专家[160]。

国家侦察局自20世纪90年代以来就一直向军方派遣支援人员。2012年版联合出版物2-01指出，国家侦察局向每个作战司令部都派遣有"战场代表"，作为国家侦察局与作战司令部司令及其参谋队伍的直接联络渠道[161]。国家侦察局所派支援队伍的规模曾经十分可观。据1996年8月26日提交给国家侦察局局长的一份报告透露，国家侦察局作战支援办公室当时拥有大约230名军人和合同商雇员。这些人员若被派遣至战区司令部（或下属组成司令部），其中的军人被称为联络军官，合同商雇员则被称为战区支援代表[162]。除了对战区进行情报支援的人员，国家侦察局还向军方派遣提供相关教育培训的队伍。2005财年，国家侦察局为四千多人提供了多种科目的教育培训，超过30支机动教育训练小组被派遣至4个战场，它们的培训对象包括了80多个单位。机动教育训练小组中一般会包含国家地理空间情报局和国家安全局的人员。小组的使命是向作战部队传授运用国家侦察局情报能力的最新技术[163]。

国家地理空间情报局向用户派遣的是国家地理空间情报局支援小组。小组的军方用户包括了参联会、各作战司令部、各军种和国防部相关局署。小组是国家地理空间情报局与用户之间的联络点和主要的沟通机制。国家地理空间情报局向用户提供的作战和训练支援活动都必须通过该类小组。在人员构成上，一个派遣至作战司令部或军种司令部的典型小组包括了一名资深代表、若干名参谋军官和若干名图像与地理空间分析员。小组可根据战场需要向国家地理空间情报局总部请求进一步的支援。而在国家地理空间情报局总部，也有一个专门负责向来自前方的情报请求提供相应支援的机构。除了国家地理空间情报局支援小组，在危机情况下该局也可以根据用户请求派遣危机支援小组。危机支援小组由图像与地理空间分析员组成，既可单独派遣以支援已有的国家地理空间情报局支援小组，也可作为国家情报支援小组的一部分派遣[164]。

国家安全局/中央安全处向用户派遣的是国家安全局/中央安全处代表和密码服务大队。用户包括了各作战司令部、其他高级别的司令部、国防部以及国务院。作为国家安全局局长的高级代表，派遣至各司令部的国家安全局/中央安全处代表是该地区的"高级密码权"，也是作战司令部司令在所有密码事务上的特别顾问。密码服务大队是用户获得国家安全局/中央安全处情报和密码支援的主要机制，也是国家安全作战中心向前方的延伸[165]。可以大致认为，国家安全局/中央安全处代表主要负责与军方在战略战役层次的协调工作，密码服务大队主要负责具体的执行工作。此外，在危机时期国家安全局的"特别支援活动"部门还可以向战区派遣特别支援小组，帮助作战司令部司令远程接入国家安全局的威胁预警与情报网络。为了进一步加快支援各种时间紧迫的规划任务，激活和部署特别支援小组的通知流程可以由国家安全局与受援司令部之间的协定书事先确定。一经通知，一支特别支援小组可以在 4 小时以内开始部署，或按受援司令部的时间要求进行部署。小组的自持能力超过三天，也需要后勤与运输保障。当国家情报支援小组或其他援助到来后，特别支援小组通常会重新部署[166]。

国家情报主任向每个作战司令部都派出代表，以协调情报界对各作战司令部的情报支援活动[167]。在情报界多家成员单位都向战区独立派遣了支援机构的情况下，为避免混乱、无序和低效，由国家情报主任的代表作为枢纽节点来协调各家成员单位的活动就显得十分必要。

三、情报界航天与军事航天的交叉任职

在不改变既有体制下，交叉任职无疑是增进情报界航天与军事航天联系、促进双方合作、推动情报界航天军事应用的一种很好的方式。

一是情报界航天人员在军事航天系统内任职。如 2006 年底，国家侦察局局长唐纳德·M·科尔和战略司令部司令詹姆斯·卡特莱特上将签订协定书，同意国家侦察局任务支援副局长（由军事支援副局长与后成立的国家支援副局长合并而成）兼任航天联合功能组成司令部副司

令。协定书指出："鉴于航天联合功能组成司令部使命任务具有十分关键的重要性，有必要将该机构与国家侦察局从功能上连接起来。"2007年3月，二人又对这一关系进行了进一步的定义，并将这一关系正式确定下来[168]。与战略司令部做法类似，空军航天司令部也在其总部为国家侦察局人员新设了空中、太空与信息作战副处长职位[169]。

二是军事航天人员在情报界航天系统内任职。应该说，美国军方人员任职于情报界机构是很平常的做法，如国家侦察局、国家安全局、国家图像与测绘局局长职位出现空缺时均由国防部长向总统提出任命人选[170]。军事航天人员出任情报界航天系统尤其是国家侦察局职务，是该局自成立以来就很平常的做法。除了许多普通工作人员来自军方，局长往往由空军部高级文官兼任之外，该局不少中高层官员也来自军方。如副局长斯蒂芬·T·丹克尔少将曾任空军航天司令部一体化空中、太空、网络空间与情报监视侦察作战处处长[171]。

上述两种交叉任职的方向相比较，后一方向早已形成，原因是美国军方长期以来在情报界的深度参与及由此形成的重要地位。前一方向属于相对较新的事务，反映了海湾战争后情报界航天尤其是国家侦察局从战略向战役战术层次转向，服务联合作战的积极态度。

与人员交叉任职相类似，军事航天与情报界航天之间在指挥机构上也进行了相互备份。如为了确保对卫星防护行动的可靠指挥，空军和国家侦察局达成一致，把联合太空作战中心和国家侦察作战中心彼此作为对方的备份[172]。国防部副部长沃克在2015年6月23日的"地理情报2015研讨会"上也证实，军方和情报界正在建设联合太空作战中心的备份中心，预计该年年底投入运行[173]。

四、协调军方与情报界航天的枢纽节点

协调和联结军方与情报界航天之间情报信息流动的有两个关键性节点：一是作战司令部联合情报作业中心，它是战役战术军事单位与情报界信息往来的核心节点；二是参谋长联席会议国家联合作战与情报中心，属于国家层面的枢纽节点，其前身为国家军事联合情报中心，"对于整个情报界来说，国家军事联合情报中心被视为军事情报事务的国家焦点，特别是在危机管理与行动方面"[174]。

（一）联合情报作业中心

作战司令部联合情报作业中心是作战司令部参谋部、下属军种司令部、下属联合部队司令部等的情报需求的第一站，是向作战司令部提供情报支援的中枢节点[175]，其地位比较类似于战区航天力量体系中的空中作战中心。在非危机时期，这些部门的情报需求被提交至联合情报作业中心，首先由该中心判断作战司令部自身的情报资源能否满足这些需求，若不能，中心则将需求提交至国防情报局，再由国防情报局来判断是由军方的联合情报机构或军种情报机构还是由国家情报机构来满足这些需求，如图 5 - 2 所示。

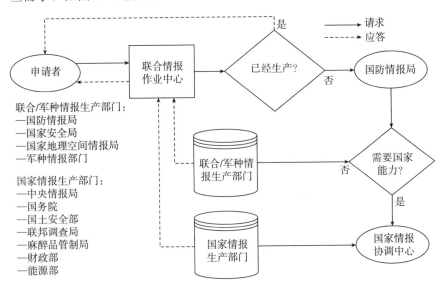

图 5 - 2　非危机时期情报申请流程（资料来源：Joint Publication 2 - 01，Joint and National Intelligence Support to Military Operations，05 January 2012：III - 12）

（二）国家联合作战与情报中心

国家联合作战与情报中心是参谋长联席会议情报局，作战局，战略、计划与政策局（联合参谋部 J - 2/J - 3/J - 5）共同组建的一个机构，用于持续监视全球态势，并向国防部长和参联会主席提供危机反应能力，是战略层次的枢纽节点。参谋长联席会议情报局负责运行该中心的情报部分，并为其提供人员配备[176]。该中心的情报部分包含了一个警戒中心，包含了与每一战区司令部对应的席位，以及来自各军种情报部门、各情报战斗支援机构和中央情报局的代表。警戒中心是一个持续有人值班、全源、多科目的情报中心，负责在和平时期、危机时期以及战争时期向用户提供国防情报态势感知、征候与预警、危机管理等方面的情报支援，服务对象包括了总统、国防部长、参联会主席、各作战司令部、作战部队、各军种以及其他情报用户。为增进国家联合作战与情报中心的情报分析深度，国防情报局还专门向其派驻了一个 24/7、能够适应当前全球态势和作战节奏的直接支援分队[177]。

国家联合作战与情报中心是所有危机情报的中枢节点。其前身国家军事联合情报中心也是危机情报需求在国家层面唯一的入口节点[178]，处理所有的信息请求[179]，能够整合"所有军种，所有（情报）局，所有来源"的情报[180]，其地位比较类似于全球航天力量体系中的联合太空作战中心。国家联合作战与情报中心负责接收各类情报请求，并对之进行研判，再将该请求赋予相关的情报机构。在危机情况下，部署于战区的国家情报支援小组作为与国家联合作战与情报中心的直接联络渠道，径行将战区的情报请求发送至该中心，并同时抄送联合情报作业中心，如图 5-3 所示。

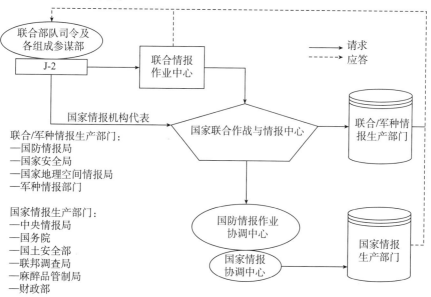

图 5-3　危机时期情报申请流程（资料来源：Joint Publication 2-01，Joint and National Intelligence Support to Military Operations，05 January 2012：III-9）

信号情报是一类较为特殊的情报，对情报处理能力有着很高的要求，一般需要依托后方情报设施的支援。因此，战区对信号情报的请求都须由战区 J-2（经国家情报支援小组）提交至国家联合作战与情报中心，再由该中心将任务指派给相应的情报机构[181]。

在从战役层次向战略层次的情报申请及对应的反馈信息流程中，国家联合作战与情报中心和国家情报支援小组二者都发挥着重要的作用，而参谋长联席会议情报局在这两个机构相关事务中都具有重大的影响力。因此，参谋长联席会议情报局实际上是协调军方与情报界活动，以及协调军方与情报界航天之间信息往来的体制保证。

第四节　军方利用民用、商业航天的体制

美国的实践表明，战时或突发情况下美国国家安全航天系统有可能不堪重荷，民用航天和商业航天系统则成为很好的替代和补充手段。由于民用航天和商业航天不在美国军事指挥链之内，因此，完善军事利用民用航天和商业航天的体制十分有必要。

一、民用航天利用体制

9·11 事件之后，美国对民用航天的依赖程度有所增加，主要相关单位包括国家海洋大气局和国家航空航天局。相对而言，国家海洋大气局直接支援联合作战的能力更强一些。

国家海洋大气局有 5 类系统或中心具有较强的军事应用价值。一是重大事件图像操作系统，主要用途是预测沙尘暴、火灾、洪水、冰山、海洋事件、恶劣天气、飓风等；二是国家地球物理数据中心，主要职能是利用极轨卫星监测海洋、大气和日-地环境；三是空间天气预测中心，该中心与空军气象局的空间天气作战中心合作，实时监测和预报可能影响军事行动的太阳活动以及近地太空的空间环境事件；四是静止轨道和极轨卫星系统，能够提供全球气象信息，卫星携带的附加设备还能够为军事行动中的航空、航海安全提供支持；五是卫星辅助搜救跟踪系统，能够为军事人员的搜救提供支持[182]。

国家航空航天局主要聚焦于航空、载人和无人探索系统、太空科学、航天飞行活动等领域，其主要使命任务是增进对地球、太阳系以及

宇宙的了解，推动人类对太空的开发和利用，研发和推广先进的航空航天技术等[183]。国家航空航天局对国家安全航天的支持作用主要体现在间接的、技术的层面。

二、商业航天利用体制

具有军事价值的商业航天活动包括了通信、气象、定位导航与授时、图像、航天运输等。其中，商业卫星通信和商业卫星图像最具有典型意义。早在越南战争时期，美军便积累了军事运用民用通信卫星和商业通信卫星的初步经验。在"沙漠风暴行动"中，五角大楼花费了超过600万美元用于购买美国陆地卫星和法国斯波特卫星的遥感图像[184]。阿富汗战争前，国家图像与测绘局更与数字地球、轨道成像、斯波特和太空成像等四家公司签了卫星图像合同[185]。商业卫星通信和商业卫星图像等商业航天资源的好处比较多：通过商业航天的支持，可以将国家安全航天资源用于更加紧迫的任务，并提高整个航天系统的可靠性；考虑到商业航天的国际影响度，对手攻击商业航天系统的可能性相对较低；商业航天产品性价比高、无保密约束，可以在盟军之间分享。但商业航天的弊端也很明显：不能确保按需获取和时效性；对手也有可能在利用同样的商业航天产品；军事指挥官需要的往往是短时期内激增的卫星能力，但商业航天公司倾向于长期的、多年的租赁合同；在军事行动中使用商业卫星有可能产生一些法律问题等[186]。

美国军事航天、情报界航天和商业航天三方一直在探索建立顺畅的国家安全航天利用商业航天的体制机制。

第一，在商业航天能力的提供方面，一些商业航天公司为了更好地满足不断增长的军方需求，专门成立了与国防部以及其他政府部门对口衔接的机构[187]。

第二，在商业航天能力的运用方面，美国空军开发了鹰之视野系统，用于从商业遥感卫星实时下载卫星图像。有鉴于中央司令部购买商业卫星图像越来越多，陆军建立了专司商业卫星图像的商业图像小队。商业图像小队改进了空军鹰之视野系统，不仅可以获得近实时图像，而且能够访问商业卫星公司的图像数据库以获得过去的图像，使得商业图像情报支援能力明显提高。每个商业图像小队能够支援一个战区。第一个商业图像小队在2004年部署于中央司令部。部署后，小队每天都与国家地理空间情报局和战区的相关部队联系，以形成战区对商业卫星图像的总体需求[188]。

第三，在"商为军用"的管理体制方面，国家地理空间情报局是国防部各部门购买商业（或外国政府拥有的）遥感图像数据唯一的执行机构。所有关于卫星图像的请求均需通过国家地理空间情报局。为此，国家地理空间情报局还与主要的商业卫星图像公司签订有合同。国防信息系统局则是国防部购买商业卫星通信服务的归口管理机构，国防部各局署、各军种、各作战司令部购买商业卫星通信均须通过该局未来商业卫星通信服务采办系统[189]。

第四，在"商为军用"的机制方面，正不断取得进展。早在 2001 年，太空委员会报告的一个重要论断就是美国政府缺乏一个把民用和商业航天力量集成为国家安全航天力量的整体性路径。此后，空军在 TENCAP 计划中专门针对性地开展了"商业雷达对南方司令部的作战支援"计划，引入意大利、德国、加拿大的合成孔径雷达商业卫星图像，服务于美国南方司令部[190]。太空委员会报告发布后不久开始的第一次"施里弗"演习的两个关键性创新之一就是引入了一个由商业航天人士组成的小组，用于考察在危机时期政府与商业航天机构的关系[191]。但很显然，在这一时期美国"商为军用"的机制处于初级状态。阿富汗战争中，虽然国家图像与测绘局从四家公司购买了卫星图像，但图像从地面接收到最终送达驻沙特美军基地，流程极其漫长复杂，时间和物力成本极高[192]。此后，2003 年的"施里弗 2"演习也考察了商业航天资产的利用问题。尤其是 2009 年的"施里弗 5"演习，明确指出了美军需要发展"商为军用"的作战概念以及相关计划和协定，以便在高度紧急和对抗时期顺畅运用商业航天力量。在这次演习中，盟军以及商业航天代表还形成一项共识，那就是有必要向盟军太空作战中心派遣商业航天界的代表。紧接着于 2010 年开展的"施里弗演习 2010"重点之一就是在"施里弗 5"演习基础上，将商业航天的代表们编配入盟军太空作战中心，参与到演习的计划制定和实施中，以进一步拓展商业航天力量的军事效能。"施里弗演习 2010"的这一做法被普遍认为是成功的，同时也提出了另外两项挑战或要求：一是盟军太空作战中心的军方作战计划人员必须更好地了解商业航天机构有哪些航天资产、这些资产有什么能力、利用这些资产的费用如何、多快能够用到这些资产等；二是商业航天人员也有必要更加深入地参与作战计划制定过程，以确保商业航天力量能够有效地融入作战方针和作战计划中[193]。由于"施里弗演习2010"的实际效果良好，得到了军方首肯，2015 年 6 月美国空军在其基础上又向前迈进一步，开展了一项试验计划，将商业航天人员真实地编配至联合太空作战中心，目的是"让空军更好地了解商业卫星是如何操作的，如何更加紧密地协调（商业航天）与军事航天能力的关系"[194]。可以看出，在美国空军主导的这些演习与试验计划中，商业航天人员已经从模拟演习逐步深入到了最为机密的作战计划制定环节，标志着美国航天"商为军用"机制发展到了一个新的高度。

参 考 文 献

[1] Air Force Doctrine Document 3 – 14. 1，COUNTERSPACE OPERATIONS (Incorporating Changes 1，28 July 2011)，2 August 2004：7 – 8.

[2] John E. Hyten. Fighting and Winning with Space [J]. HIGH FRONTIER，February 2008，Volume 4，Number 2：12.

[3] RICKY B. KELLY. CENTRALIZED CONTROL OF SPACE：THE USE OF SPACE FORCES BY A JOINT FORCE COMMANDER [R]. MAXWELL AIR FORCE BASE，ALABAMA：SCHOOL OF ADVANCED AIRPOWER STUDIES，AIR UNIVERSITY，September 22，1994：25.

[4] Mark A Morris. WHO WILL COMMAND THE HIGH GROUND? THE CASE FOR A SEPARATE AREA OF RESPONSIBILITY FOR SPACE [R]. Maxwell Air Force Base，Alabama：AIR WAR COLLEGE，AIR UNIVERSITY，April 1998：28.

[5] VICE PRESIDENT' S SPACE POLICY ADVISORY BOARD. A POST COLD WAR ASSESSMENT OF U. S. SPACE POLICY—A TASK GROUP REPORT [R]. December 17，1992：19.

[6] George E. Slaven Jr. WHAT THE WARFIGHTER SHOULD KNOW ABOUT SPACE A REPORT ON U. S. SPACE COMMAND JOINT SPACE SUPPORT TEAMS [R]. Maxwell Air Force Base，Alabama：AIR WAR COLLEGE，AIR UNIVERSITY，1997：2 – 4.

[7] R. Cargill Hall. A HISTORY OF THE MILITARY POLAR ORBITING METEOROLOGICAL SATELLITE PROGRAM [M]. OFFICE OF THE HISTORIAN NATIONAL RECONNAISSANCE OFFICE，2001：14 – 15.

[8] David N. Spires. Beyond Horizons：A Half Century of Air Force Space Leadership [M]. Air Force Space Command，Air University Press，1998：148.

[9] R. Cargill Hall. A HISTORY OF THE MILITARY POLAR ORBITING METEOROLOGICAL SATELLITE PROGRAM [M]. OFFICE OF THE HISTORIAN NATIONAL RECONNAISSANCE OFFICE，2001：15，"国防气象卫星计划"于1965年从国家侦察局的A计划，即空军特别计划办公

室 (Special Projects Office) 转隶空军系统司令部的航天系统分部 (Space Systems Division)，由情报界卫星系统转变为军事卫星系统.

[10] RICKY B. KELLY. CENTRALIZED CONTROL OF SPACE: THE USE OF SPACE FORCES BY A JOINT FORCE COMMANDER [R]. MAXWELL AIR FORCE BASE, ALABAMA: SCHOOL OF ADVANCED AIRPOWER STUDIES, AIR UNIVERSITY, September 22, 1994: 20, 39.

[11] 同上: 12 – 17.

[12] Mark A Morris. WHO WILL COMMAND THE HIGH GROUND? THE CASE FOR A SEPARATE AREA OF RESPONSIBILITY FOR SPACE [R]. Maxwell Air Force Base, Alabama: AIR WAR COLLEGE, AIR UNIVERSITY, April 1998: 24.

[13] Donald J. Kutyna. Indispensable: Space Systems in the Persian Gulf War [C] //R. Cargill Hall, Jacob Neufeld, ed. The U. S. Air Force in Space 1945 to the Twenty – first Century. Washington, D. C. : USAF History and Museums Program, 1998: 112.

[14] Mark A Morris. WHO WILL COMMAND THE HIGH GROUND? THE CASE FOR A SEPARATE AREA OF RESPONSIBILITY FOR SPACE [R] . Maxwell Air Force Base, Alabama: AIR WAR COLLEGE, AIR UNIVERSITY, April 1998: 28; Barry D. Watts, The Military Use of Space: A Diagnostic Assessment [R] Center for Strategic and Budgtetary Assessment, February 2001: 45.

[15] Randy B. Tymofichuk. OPERATIONALIZING AND INTEGRATING SPACE: BRIDGING THE CULTURAL BARRIERS [R] . Maxwell Air Force Base, Alabama: AIR COMMAND AND STAFF COLLEGE, AIR UNIVERSITY, 1999: 10.

[16] Mark A Morris. WHO WILL COMMAND THE HIGH GROUND? THE CASE FOR A SEPARATE AREA OF RESPONSIBILITY FOR SPACE [R] . Maxwell Air Force Base, Alabama: AIR WAR COLLEGE, AIR UNIVERSITY, April 1998: 18.

[17] J. Kevin McLaughlin. Military Space Culture [R/OL] . [2014 – 09 – 28]. http: //fas. org/spp/eprint.

[18] Mark A Morris. WHO WILL COMMAND THE HIGH GROUND? THE CASE FOR A SEPARATE AREA OF RESPONSIBILITY FOR SPACE [R] . Maxwell Air Force Base, Alabama: AIR WAR COLLEGE, AIR UNIVERSITY, April 1998: 13.

[19] 同上: 14.

［20］ 同上：15.

［21］ 同上.

［22］ Albert C. Harris, III. Administering the 2010 National Space Policy: Lessons from History and Recommendations for the Future ［J］. HIGH FRONTIER, February 2011, Volume 7, Number 2: 59; Mark A Morris. WHO WILL COMMAND THE HIGH GROUND? THE CASE FOR A SEPARATE AREA OF RESPONSIBILITY FOR SPACE ［R］. Maxwell Air Force Base, Alabama: AIR WAR COLLEGE, AIR UNIVERSITY, April 1998: 5.

［23］ John W. Raymond. Transforming Space Capabilities ［J］. HIGH FRONTIER, Volume 1, Number 4: 43.

［24］ Mark A Morris. WHO WILL COMMAND THE HIGH GROUND? THE CASE FOR A SEPARATE AREA OF RESPONSIBILITY FOR SPACE ［R］. Maxwell Air Force Base, Alabama: AIR WAR COLLEGE, AIR UNIVERSITY, April 1998: 6.《联合司令部计划》属于组织机构编制法.

［25］ Benjamin S. Lambeth. Mastering the Ultimate High Ground ［M］. RAND Project AIR FORCE, 2003: 66.

［26］ Mark A Morris. WHO WILL COMMAND THE HIGH GROUND? THE CASE FOR A SEPARATE AREA OF RESPONSIBILITY FOR SPACE ［R］. Maxwell Air Force Base, Alabama: AIR WAR COLLEGE, AIR UNIVERSITY, April 1998: 32.

［27］ 同上：35.

［28］ Aaron L. Cudnohufsky. Space as an Area of Responsibility（AOR）, Is it the Right Solution? ［R］. NAVAL WAR COLLEGE, February 5, 1999: i.

［29］ Mark A Morris. WHO WILL COMMAND THE HIGH GROUND? THE CASE FOR A SEPARATE AREA OF RESPONSIBILITY FOR SPACE ［R］. Maxwell Air Force Base, Alabama: AIR WAR COLLEGE, AIR UNIVERSITY, April 1998: 33.

［30］ 同上：45.

［31］ 同上：43.

［32］ 同上：42.

［33］ Peter L. Hays. Space and the military ［C］//Damon Coletta, Frances T. Pilch, ed. Space and Defense Policy. London and New York: Routledge, 2009: 156.

［34］ J. Kevin McLaughlin. The Space Commission: 10 Years Later, But Not Quite 10 Years Closer ［J］. HIGH FRONTIER, August 2011, Volume 7, Number

4：18.

[35] Larry D. James. The Challenge of Integration：Lessons from Schriever Wargame 2010 [J]. HIGH FRONTIER，November 2010，Volume 7，Number 1：10.

[36] Peter Grier. the FORCE and SPACE [J]. AIR FORCE Magazine，February 2001：52.

[37] John E. Hyten. Speeches _ 2015 NDIA. Luncheon [DB/OL]. [2015.12.14]. http：//www. afspc. af. mil/library/speeches/speech. asp? id＝758.

[38] Air Force Doctrine Document 2 – 2，SPACE OPERATIONS，27 November 2006：6.

[39] USAF Almanac 2013 [J]. AIR FORCE Magazine，May 2013：60。[2016 – 11 – 01.]. https：//en. m. wikipedia. org/wiki/Fourteenth _ Air _ Force.

[40] John W. Raymond，Troy L. Endicott. People Who Impact Warfare with Space Capabilities [J]. HIGH FRONTIER，February 2008，Volume 4，Number 2：24. 太空支援小组和太空支援分队英文名称分别是 Space Support Team（SST）和 Space Support Element（SSE）.

[41] Joint Publication 3 – 14，Space Operations，29 May 2013：IV – 6.

[42] Andrew Feickert. The Unified Command Plan and Combatant Commands：Background and Issues for Congress [R]. Congressional Research Service，January 3，2013：19 – 22.

[43] C. Robert Kehler. Implementing the National Security Space Strategy [J]. STRATEGIC STUDIES QUARTERLY，SPRING 2012：19 – 20.

[44] David N. Spires. Beyond Horizons：A Half Century of Air Force Space Leadership [M]. Air Force Space Command，Air University Press，1998：276.

[45] WILLIAM B. SCOTT. 'New' Strategic Command Could Assume Broader Roles [J]. AVIATION WEEK & SPACE TECHNOLOGY，OCTOBER 14，2002：63.

[46] Eugene D. Costello. USSTRATCOM：THE CONTINUING TRANSFORMATION OF MILITARY SPACE [R]. CARLISLE BARRACKS，PENNSYLVANIA：U. S. Army War College，2004：8 – 9.

[47] 同上。

[48] David C. Arnold，Peter L. Hays. Getting There From Here：Realizing the Space Commission's Vision 10 Years Later [J]. HIGH FRONTIER，August 2011，Volume 7，Number 4：31.

[49] Peter L. Hays. Space and the military [C] //Damon Coletta，Frances T.

Pilch, ed. Space and Defense Policy. London and New York: Routledge, 2009: 176; Peter L. Hays. SPACE AND SECURITY—A Reference Handbook [M] . Santa Barbara, California · Denver, Colorado · Oxford, England: ABC - CLIO, 2011: 33; Richard W. McKinney. Reconsidering the Space Commission 10 Years Later [J]. HIGH FRONTIER, August 2011, Volume 7, Number 4: 13; WILLIAM B. SCOTT. 'New' Strategic Command Could Assume Broader Roles [J] . AVIATION WEEK & SPACE TECHNOLOGY, OCTOBER 14, 2002: 63.

[50]　WILLIAM B. SCOTT. 'New' Strategic Command Could Assume Broader Roles [J] . AVIATION WEEK & SPACE TECHNOLOGY, OCTOBER 14, 2002: 63.

[51]　Howell M. Estes III. The Space Commission: 10 Years Later – Still a Work in Progress [J]. HIGH FRONTIER, August 2011, Volume 7, Number 4: 10.

[52]　David C. Arnold, Peter L. Hays. Getting There From Here: Realizing the Space Commission's Vision 10 Years Later [J]. HIGH FRONTIER, August 2011, Volume 7, Number 4: 31.

[53]　AIR FORCE SPACE COMMAND. ALMANAC 2004 – 2005 [M]: 5.

[54]　Patricia A. Robey. Defining the Space Professional [J]. HIGH FRONTIER, November 2007, Volume 4, Number 1: 26.

[55]　Eugene D. Costello. USSTRATCOM: THE CONTINUING TRANSFORMATION OF MILITARY SPACE [R] . CARLISLE BARRACKS, PENNSYLVANIA: U. S. Army War College, 2004: P11.

[56]　William L. Shelton. This is Not Your Father's US Strategic Command [J]. HIGH FRONTIER, Volume 1, Number 4: 12.

[57]　Joint Publication 3 - 14, Space Operations, 29 May 2013: IV - 3.

[58]　VICE PRESIDENT' S SPACE POLICY ADVISORY BOARD. A POST COLD WAR ASSESSMENT OF U. S. SPACE POLICY—A TASK GROUP REPORT [R] . December 17, 1992: 23.

[59]　John E. Hyten. Fighting and Winning with Space [J]. HIGH FRONTIER, February 2008, Volume 4, Number 2: 13 - 14.

[60]　John W. Raymond, Troy L. Endicott. People Who Impact Warfare with Space Capabilities [J]. HIGH FRONTIER, February 2008, Volume 4, Number 2: 27.

[61]　Joseph T. Page II. Giving the tiger teeth: improving the space operations center

[DB/OL] . (2016 - 02 - 22) [2016 - 09 - 28] . http：//www. thespacereview. com/article/2927/1.

[62] Joint Publication 3 - 14，Space Operations，29 May 2013：IV - 4.

[63] Jay G. Santee. Command and Control：The Future of Space [J]. HIGH FRONTIER，April 2006，Volume 2，Number 3：56 - 58；Joseph T. Page II. Giving the tiger teeth：improving the space operations center [DB/OL] . (2016 - 02 - 22) [2016 - 09 - 28] . http：//www. thespacereview. com/ article/2927/1.

[64] Melvin G. Williams. Joint Space Command and Control [J]. HIGH FRONTIER，April 2006，Volume 2，Number 3：7 - 8.

[65] Jay G. Santee. Command and Control：The Future of Space [J]. HIGH FRONTIER，April 2006，Volume 2，Number 3：56 - 58.

[66] John Mengucci. Net - Centric Transformation for Space Command and Control [J]. HIGH FRONTIER，April 2006，Volume 2，Number 3：25.

[67] Jay G. Santee. Command and Control：The Future of Space [J]. HIGH FRONTIER，April 2006，Volume 2，Number 3：56 - 58.

[68] Air Force Doctrine Document 2 - 2，SPACE OPERATIONS，27 November 2006：29 - 30.

[69] 罗伯特·沃克. 美国在太空领域的"抵消战略"[J] . 外国军事学术，2016 (12)：13.

[70] 美国战略司令部全球作战副主任 John E. Shaw 准将于 2017 年 4 月 4 日在第 33 届太空研讨会上的发言. [2017 - 04 - 27] . http：//www. stratcom. mil/ Media/Speeches/Article/1151579/33rd - space - symposium - the - space - warfighters - luncheon/.

[71] Joint Functional Component Command for Space (JFCC Space) [DB/OL] . (2016 - 10 - 17) [2017 - 04 - 05] . http：//www. stratcom. mil/Media/ Factsheets/Factsheet - View/Article/976376/joint - functional - component - command - for - space - jfcc - space/.

[72] COLIN CLARK. SecDef：JICSPOC Means 'One Room，One Floor' For Intel & Military [DB/OL]. (2016 - 05 - 12) [2016 - 11 - 28] . http：// breakingdefense. com/2016/05/secdef - jicspoc - means - one - room - one - floor - for - intel - military/.

[73] COLIN CLARK. STRATCOM Takes Lead On JICSPOC [DB/OL] . (2016 - 07 - 07) [2016 - 11 - 28] . http：//breakingdefense. com/2016/07/stratcom - takes - lead - on - jicspoc - secaf - james/.

[74]　Joint Publication 3 - 14，Space Operations，29 May 2013：Ⅳ - 6.

[75]　14th Air Force. （2012 - 11 - 01）　　［2017 - 04 - 27］. http：// www. vandenberg. af. mil/About - Us/Fact - Sheets/Display/Article/338344/ 14th - air - force/.

[76]　Randy B. Tymofichuk. OPERATIONALIZING AND INTEGRATING SPACE：BRIDGING THE CULTURAL BARRIERS ［R］. Maxwell Air Force Base，Alabama：AIR COMMAND AND STAFF COLLEGE，AIR UNIVERSITY，1999：8.

[77]　Rick W. Sturdevant. The United States Air Force Organizes for Space：The Operational Quest ［C］//Roger D. Launius，ed. Organizing for the Use of Space：Historical Perspectives on a Persistent Issue. AMERICAN ASTRONAUTICAL SOCIETY，1995：186.

[78]　Michael A. Mras. Air Force Tactical Exploitation of National Capabilities ［J］. HIGH FRONTIER，February 2008，Volume 4，Number 2：36 记载， 2008 年空军 TENCAP 计划有 80 名现役、预备役、文职、合同商人员.

[79]　Tactical Exploitation of National Capabilities （TENCAP） ［DB/OL］. ［2015 - 02 -26］. http：//fas. org/spp/military/program/nssrm/categories/tencap. htm.

[80]　Michael A. Mras. Air Force Tactical Exploitation of National Capabilities ［J］. HIGH FRONTIER，February 2008，Volume 4，Number 2：34.

[81]　Tactical Exploitation of National Capabilities （TENCAP） ［DB/OL］. ［2015 - 02 -26］. http：//fas. org/spp/military/program/nssrm/categories/tencap. htm.

[82]　Thomas G. Single. New Horizons ［J］. Air & Space Power Journal， Summer 2010：83. 2001 年，第 76 太空作战中队 （76 SOPS） 更名为第 76 空间控制中队.

[83]　Randy B. Tymofichuk. OPERATIONALIZING AND INTEGRATING SPACE：BRIDGING THE CULTURAL BARRIERS ［R］. Maxwell Air Force Base，Alabama：AIR COMMAND AND STAFF COLLEGE，AIR UNIVERSITY，1999：18.

[84]　Tactical Exploitation of National Capabilities （TENCAP） ［DB/OL］. ［2015 - 02 - 26］. http：//fas. org/spp/military/program/nssrm/categories/tencap. htm. 与其最初目的相比，空军 TENCAP 计划的内涵已经大为拓宽，变成“开发 现存国家的、商业的、民用的航天系统以及国家的吸气式系统等在当前以及 未来的潜能，尽可能快地将这些能力提供给作战人员”。在很大程度上， TENCAP 计划已经演变为一种面向实战、面向战场的快速、创新的科技转 化过程。例如，子计划 Tactical High Altitude Externals Processor （THP）

的核心思想是利用高速处理器技术来提升共享战术情报数据与国家级情报数据的速度和精确度。实战检测数据为，该子计划把美军探测简易爆炸装置的速度和精确度提高了大约 25%（Michael A. Mras. Air Force Tactical Exploitation of National Capabilities［J］. HIGH FRONTIER，February 2008，Volume 4，Number 2：34）。而为了加快创新的节奏，TENCAP 计划运用快速制造原型机的能力，在两年之内将原型机部署于战场以验证新型作战概念.

［85］ Air Command and Staff College Space Research Electives Seminars. AU－18 Space Primer［G］. Maxwell Air Force Base，Alabama：Air University Press，2009：73－74；Larry J. Dodgen. Leveraging Space to Support the Changing Paradigm［J］. HIGH FRONTIER，Volume 1，Number 4：7；Torchbearer National Security Report. U. S. Army Space Capabilities：Enabling the Force of Decisive Action［M］. May 2012：9.

［86］ Naval Network Warfare Command's Mission / Naval Network Warfare Command's History.［2017－04－27］. http：//www. public. navy. mil/fcc－c10f/nnwc/Pages/default. aspx.

［87］ Marine Corps Forces U. S. Strategic Command（MARFORSTRAT）［DB/OL］.［2017－04－05］. http：//www. stratcom. mil/components/.

［88］ Air Force Doctrine Document 2－2，SPACE OPERATIONS，27 November 2006：7.

［89］ Air Force Doctrine Document 2，Operations and Organization，3 April 2007. 该职位的全称是"joint force air and space component commander（JFACC）"，直译应该是"联合部队空中与太空组成司令"。但考虑到"and space"只是空军自己加进本军种条令的，联合出版物中并未采纳，故本书中空军所使用的"air and space"提法，主要依照联合出版物按"air"来处理，将该职位译作"联合部队空中组成司令"。后文中，空军条令中的"combined force air and space component commander（CFACC）"在 JP1－02 中对应的是"combined force air component commander（CFACC）"，同理二者均译作"盟军空中组成司令"。需要注意的是，由于在实践中美军往往多与其他国家联合行动，且美军在指挥权上占绝对主导地位，所以在美军语境中 JFACC 与 CFACC 两种提法在使用上区分并不严格。"盟军空中作战中心"（Combined Air Operation Center，CAOC）也存在类似的情况.

［90］ Air Force Doctrine Document 2，Operations and Organization，3 April 2007：68. 美军联合部队往往会设置功能组成司令。美军四个军种都拥有空中力量，陆军和海军陆战队拥有地面力量，设置功能组成司令可以打破军种界

限，把同类型的作战活动整合起来，达成最大的联合效果。例如，对于海军
航空兵的突击行动，若该行动在性质上属于海军自身需求之外的，则须接受
联合部队空中组成司令 (JFACC) 的战术控制。根据《哥德华特-尼科尔斯
法》，战区司令可以自行构建联合部队的结构。因此，是否设置、如何设置
功能组成司令，由联合部队司令决定.

[91]   Air Force Doctrine Document 2 - 2, SPACE OPERATIONS, 27 November
       2006: vi.

[92]   同上: 34; Air Command and Staff College Space Research Electives Seminars.
       AU - 18 Space Primer [G]. Maxwell Air Force Base, Alabama: Air University
       Press, 2009: 72.

[93]   Randy B. Tymofichuk. OPERATIONALIZING AND INTEGRATING SPACE:
       BRIDGING THE CULTURAL BARRIERS [R]. Maxwell Air Force Base,
       Alabama: AIR COMMAND AND STAFF COLLEGE, AIR UNIVERSITY,
       1999: 10.

[94]   RICKY B. KELLY. CENTRALIZED CONTROL OF SPACE: THE USE
       OF SPACE FORCES BY A JOINT FORCE COMMANDER [R].
       MAXWELL AIR FORCE BASE, ALABAMA: SCHOOL OF ADVANCED
       AIRPOWER STUDIES, AIR UNIVERSITY, September 22, 1994: 43.

[95]   Randy B. Tymofichuk. OPERATIONALIZING AND INTEGRATING SPACE:
       BRIDGING THE CULTURAL BARRIERS [R]. Maxwell Air Force Base,
       Alabama: AIR COMMAND AND STAFF COLLEGE, AIR UNIVERSITY,
       1999: 12.

[96]   Mark A. Schuler. Joint Warfighting Space and C2 of Deployable Space Forces
       [J]. HIGH FRONTIER, Volume 1, Number 4: 33 - 36.

[97]   Joint Publication 3 - 14, Space Operations, 29 May 2013: GL - 8.

[98]   Air Force Doctrine Document 2 - 2, SPACE OPERATIONS, 27 November
       2006: 14.

[99]   同上: 7.

[100] 同上: 14.

[101] John W. Raymond, Troy L. Endicott. People Who Impact Warfare with
       Space Capabilities [J]. HIGH FRONTIER, February 2008, Volume 4,
       Number 2: 25.

[102] 同上。Air Force Doctrine Document 2 - 2, SPACE OPERATIONS, 27
       November 2006: 13. 在理论上还存在着几种小概率的例外情况。如果空军
       在空中作战行动中不占主要地位，那么，JFACC 将不是空军军官，此时空

军部队司令（COMAFFOR）将在 JFACC 参谋团队中履职以确保太空资产的正确运用。如果联合作战中空中作战行动份量不大，没有指定 JFACC，那么联合部队司令可以把空间协调权（SCA）授予 COMAFFOR 或其他功能组成司令或军种组成司令，或者自己保留.

[103] Air Force Doctrine Document 3 - 14.1, COUNTERSPACE OPERATIONS
(Incorporating Changes 1, 28 July 2011), 2 August 2004：13. 2006 年版
AFDD 2 - 2 中 SCA 也有七项职能，其中，建议合适的指挥关系、对军事航
天需求进行优先级排序、掌握空间态势感知状况、确保联军部队航天资产之
间的最佳互操作性等四项与 2011 年修订后的 AFDD 2 - 2.1 基本一致。但为
联合部队运用太空能力的指导方针提供建议，如交战规则；指导战略发展、
作战规划和太空集成；向关键的战区参谋部门提供影响联合作战区域的太空
资产的状态信息等三项是修订后的 AFDD 2 - 2.1 所没有的。不过，考虑到
SCA 是美军的一个探索、摸索过程，且这些职能的差异并不产生本质性的
影响，故本书中采用了时效性相对较好的 2011 年修订版 AFDD 2 - 2.1 的
表述.

[104] Air Force Doctrine Document 2 - 2, SPACE OPERATIONS, 27 November
2006：13；Joint Publication 3 - 14, Space Operations, 29 May 2013：V - 2.

[105] Robert Reiss 少校在 2006 年的一篇文章里如是说. 转引自 Joseph T. Page
II. Giving the tiger teeth：improving the space operations center [DB/OL].
(2016 - 02 - 22)　　[2016 - 09 - 28]. http：//www. thespacereview. com/
article/2927/1.

[106] Joint Publication 3 - 14, Space Operations, 29 May 2013：III - 2.

[107] Air Force Doctrine Document 3 - 14.1, COUNTERSPACE OPERATIONS
(Incorporating Changes 1, 28 July 2011), 2 August 2004：13.

[108] Air Command and Staff College Space Research Electives Seminars. AU - 18
Space Primer [G]. Maxwell Air Force Base, Alabama：Air University
Press, 2009：75.

[109] Air Force Doctrine Document 2 - 2, SPACE OPERATIONS, 27 November
2006：14 - 15.

[110] 同上：7；Air Force Doctrine Document 3 - 14.1, COUNTERSPACE
OPERATIONS (Incorporating Changes 1, 28 July 2011), 2 August
2004：14.

[111] Joint Publication 3 - 14, Space Operations, 29 May 2013：III - 4. Air Force
Doctrine Document 2 - 2, SPACE OPERATIONS, 27 November 2006：17.
几种小概率特殊情况：若 CFACC 没有被授予 SCA（联合部队司令自己保留

了，或授予其他功能组成司令），则太空力量主任继续代表 COMAFFOR/
CFACC 工作；若联合部队司令不设置功能组成司令，即不存在 CFACC 职
位，则 COMAFFOR 一般会被授予 SCA，此时太空力量主任将履行 SCA 的
日常例行的职责.

[112] John W. Raymond, Troy L. Endicott. People Who Impact Warfare with Space Capabilities [J]. HIGH FRONTIER, February 2008, Volume 4, Number 2: 25.

[113] Michael J. Carey. Integrating Space Capabilities in Support of the USCENTCOM Theater of War A Challenge for the DIRSPACEFOR [J]. HIGH FRONTIER, Volume 1, Number 4: 18.

[114] John W. Raymond, Troy L. Endicott. People Who Impact Warfare with Space Capabilities [J]. HIGH FRONTIER, February 2008, Volume 4, Number 2: 25.

[115] John E. Hyten. Fighting and Winning with Space [J]. HIGH FRONTIER, February 2008, Volume 4, Number 2: 13.

[116] Michael J. Carey. Integrating Space Capabilities in Support of the USCENTCOM Theater of War A Challenge for the DIRSPACEFOR [J]. HIGH FRONTIER, Volume 1, Number 4: 18.

[117] John E. Hyten. Fighting and Winning with Space [J]. HIGH FRONTIER, February 2008, Volume 4, Number 2: 13.

[118] Michael J. Carey. Integrating Space Capabilities in Support of the USCENTCOM Theater of War A Challenge for the DIRSPACEFOR [J]. HIGH FRONTIER, Volume 1, Number 4: 18.

[119] John W. Raymond, Troy L. Endicott. People Who Impact Warfare with Space Capabilities [J]. HIGH FRONTIER, February 2008, Volume 4, Number 2: 26 - 27.

[120] Randy B. Tymofichuk. OPERATIONALIZING AND INTEGRATING SPACE: BRIDGING THE CULTURAL BARRIERS [R]. Maxwell Air Force Base, Alabama: AIR COMMAND AND STAFF COLLEGE, AIR UNIVERSITY, 1999: 11.

[121] George E. Slaven Jr. WHAT THE WARFIGHTER SHOULD KNOW ABOUT SPACE A REPORT ON U. S. SPACE COMMAND JOINT SPACE SUPPORT TEAMS [R]. Maxwell Air Force Base, Alabama: AIR WAR COLLEGE, AIR UNIVERSITY, 1997: V.

[122] NATIONAL SPACE ISSUES—Observations on Defense Space Programs and

Activities [R]. United States General Accounting Office，August 1994：16.

[123] RICKY B. KELLY. CENTRALIZED CONTROL OF SPACE：THE USE OF SPACE FORCES BY A JOINT FORCE COMMANDER [R]. MAXWELL AIR FORCE BASE，ALABAMA：SCHOOL OF ADVANCED AIRPOWER STUDIES，AIR UNIVERSITY，September 22，1994：33.

[124] UMD38 - 2. SPACE SUPPORT TEAM OPERATIONS. January 2，1996.

[125] George E. Slaven Jr. WHAT THE WARFIGHTER SHOULD KNOW ABOUT SPACE A REPORT ON U. S. SPACE COMMAND JOINT SPACE SUPPORT TEAMS [R]. Maxwell Air Force Base，Alabama：AIR WAR COLLEGE，AIR UNIVERSITY，1997：9 - 10；UMD38 - 2. SPACE SUPPORT TEAM OPERATIONS. January 2，1996.

[126] George E. Slaven Jr. WHAT THE WARFIGHTER SHOULD KNOW ABOUT SPACE A REPORT ON U. S. SPACE COMMAND JOINT SPACE SUPPORT TEAMS [R]. Maxwell Air Force Base，Alabama：AIR WAR COLLEGE，AIR UNIVERSITY，1997：9，35.

[127] 同上：10；UMD38 - 2. SPACE SUPPORT TEAM OPERATIONS. January 2，1996.

[128] Thomas G. Single. New Horizons [J]. Air & Space Power Journal，Summer 2010：75，原文为 "By the end of 2000，the Air Force had begun to integrate space personnel throughout the combat air forces and ended the joint and Air Force SSTs". 按说，空军无权终结作为美国航天司令部下属机构的联合太空支援小组. 不过，在空军太空支援小组遭取消之后，联合太空支援小组即便仍然存在，其职能也受到相当大程度的削弱.

[129] RICKY B. KELLY. CENTRALIZED CONTROL OF SPACE：THE USE OF SPACE FORCES BY A JOINT FORCE COMMANDER [R]. MAXWELL AIR FORCE BASE，ALABAMA：SCHOOL OF ADVANCED AIRPOWER STUDIES，AIR UNIVERSITY，September 22，1994：33 - 34. 与此不同，NATIONAL SPACE ISSUES—Observations on Defense Space Programs and Activities [R]. United States General Accounting Office，August 1994：16指出，空军成立战区前方太空支援小组是 "为了在演习过程中为空军部队提供培训、指导和支持".

[130] 刘震鑫，于小红，杨庆. 美军太空信息支援力量运用模式浅析 [J]. 空军工程大学学报（军事科学版），2012（3）：10；Randy B. Tymofichuk. OPERATIONALIZING AND INTEGRATING SPACE：BRIDGING THE CULTURAL BARRIERS [R]. Maxwell Air Force Base，Alabama：AIR

COMMAND AND STAFF COLLEGE, AIR UNIVERSITY, 1999: 20 - 21.

[131] Randy B. Tymofichuk. OPERATIONALIZING AND INTEGRATING SPACE: BRIDGING THE CULTURAL BARRIERS [R]. Maxwell Air Force Base, Alabama: AIR COMMAND AND STAFF COLLEGE, AIR UNIVERSITY, 1999: 29.

[132] Randy B. Tymofichuk. OPERATIONALIZING AND INTEGRATING SPACE: BRIDGING THE CULTURAL BARRIERS [R]. Maxwell Air Force Base, Alabama: AIR COMMAND AND STAFF COLLEGE, AIR UNIVERSITY, 1999: 12.

[133] 同上: 17.

[134] John W. Raymond, Troy L. Endicott. People Who Impact Warfare with Space Capabilities [J]. HIGH FRONTIER, February 2008, Volume 4, Number 2: 24.

[135] Mark A. Schuler. Joint Warfighting Space and C2 of Deployable Space Forces [J]. HIGH FRONTIER, Volume 1, Number 4: 36.

[136] John W. Raymond, Troy L. Endicott. People Who Impact Warfare with Space Capabilities [J]. HIGH FRONTIER, February 2008, Volume 4, Number 2: 24.

[137] 刘震鑫, 于小红, 杨庆. 美军太空信息支援力量运用模式浅析 [J]. 空军工程大学学报 (军事科学版), 2012 (3): 10.

[138] Thomas G. Single. New Horizons [J]. Air & Space Power Journal, Summer 2010: 75.

[139] 刘震鑫, 于小红, 杨庆. 美军太空信息支援力量运用模式浅析 [J]. 空军工程大学学报 (军事科学版), 2012 (3): 11.

[140] Bruce Smith. The View From (Army) Space ⋯Ford (ARRST) versus Chevy (SSE) [J]. Army Space Journal, 2007 Summer Edition: 11.

[141] Joint Publication 3 - 14, Space Operations, 06 January 2009: GL - 6; Joint Publication 3 - 14, Space Operations, 29 May 2013: III - 3; Torchbearer National Security Report. U. S. Army Space Capabilities: Enabling the Force of Decisive Action [M]. May 2012: 9.

[142] 刘震鑫, 于小红, 杨庆. 美军太空信息支援力量运用模式浅析 [J]. 空军工程大学学报 (军事科学版), 2012 (3): 11.

[143] Bruce Smith. The View From (Army) Space ⋯Ford (ARRST) versus Chevy (SSE) [J]. Army Space Journal, 2007 Summer Edition: 11.

[144] DOTTIE WHITE. Space Soldiers participate in Exercise Anakonda [DB/OL].

(2016 - 07 - 06)　　〔2016 - 11 - 05〕. http：//www. theredstonerocket. com/
military _ scene/article _ 5bde30b2 - 4385 - 11e6 - bae5 - eb761fb78f53. html.

〔145〕Joint Publication 3 - 14，Space Operations，29 May 2013：III - 4.

〔146〕同上.

〔147〕Donald J. Kutyna. Indispensable：Space Systems in the Persian Gulf War
〔C〕//R. Cargill Hall，Jacob Neufeld，ed. The U. S. Air Force in Space 1945
to the Twenty - first Century. Washington，D. C. ：USAF History and
Museums Program，1998：114.

〔148〕Michael P. Gleason. Space Policy Primer—Principles，Issues，and Actors
〔M〕. Eisenhower Center for Space and Defense Studies，2010：48；Barry
D. Watts，The Military Use of Space：A Diagnostic Assessment 〔R〕Center
for Strategic and Budgtetary Assessment，February 2001：43.

〔149〕威廉·欧丹. 情报改革〔M〕. 台北：　"国防部史政编译室"译印，
2003：134.

〔150〕Donald J. Kutyna. Indispensable：Space Systems in the Persian Gulf War
〔C〕//R. Cargill Hall，Jacob Neufeld，ed. The U. S. Air Force in Space 1945
to the Twenty - first Century. Washington，D. C. ：USAF History and
Museums Program，1998：114.

〔151〕NRO APPROVED FOR RELEASE 6 FEBRUARY 2012. Report to the
Director National Reconnaissance Office—Defining the Future of the NRO for
the 21st Century - Final Report 〔M〕. 26 AUGUST 1996：56；George E.
Slaven Jr. WHAT THE WARFIGHTER SHOULD KNOW ABOUT SPACE
A REPORT ON U. S. SPACE COMMAND JOINT SPACE SUPPORT
TEAMS 〔R〕. Maxwell Air Force Base，Alabama：AIR WAR COLLEGE，
AIR UNIVERSITY，1997：36.

〔152〕Bruce Berkowitz. THE NATIONAL RECONNAISSANCE OFFICE AT 50
YEARS：A BRIEF HISTORY 〔M〕. Chantilly，Virginia：National
Reconnaissance Office Center for the Study of National Reconnaissance，
2011：28.

〔153〕Joint Publication 2 - 02，National Intelligence Support to Joint Operations，28
September 1998：I - 4，V - 1.

〔154〕Joint Publication 2 - 01，Joint and National Intelligence Support to Military
Operations，05 January 2012：II - 22.

〔155〕同上：II - 22～23.

〔156〕同上：II - 23.

[157] James M. Lose. National Intelligence Support Teams [DB/OL]. [2017 - 03 - 25]. http：//www. cia. gov/library/center - for - the - study - of - intellgence/kent - csi/vol43no3/pdf/v43i3a08p. pdf. .

[158] 同上.

[159] Joint Publication 2 - 01, Joint and National Intelligence Support to Military Operations, 05 January 2012：II - 21.

[160] 同上：II - 21.

[161] 同上：A - 27.

[162] NRO APPROVED FOR RELEASE 6 FEBRUARY 2012. Report to the Director National Reconnaissance Office—Defining the Future of the NRO for the 21st Century - Final Report [M]. 26 AUGUST 1996：56.

[163] Statement for the Record by Dr. Donald M. Kerr Director, National Reconnaissance Office For the Hearing on the FY 2007 National Defense Authorization Budget Request To the House Armed Serviced Committee Strategic Forces Subcommittee 16 March 2006 [DB/OL]. [2015 - 08 - 25]. http：//fas. org/irp/congress/2006 _ hr/031606kerr. pdf.

[164] Joint Publication 2 - 01, Joint and National Intelligence Support to Military Operations, 05 January 2012：II - 22, A - 26.

[165] 同上：II - 22.

[166] 同上：II - 23～24.

[167] 同上：II - 20.

[168] Jeffrey C. Horne. Transforming National Space Security：Enabling DoD and Intelligence Community Defensive Space Control Collaboration [J]. High Frontier, August 2008, Volume 4, Number 4：15.

[169] William L. Shelton. Realizing the Unthinkable：AFSPC Influence Yesterday, Today, and Tomorrow [J]. HIGH FRONTIER, August 2007, Volume 3, Number 4：18. T. Michael Moseley, Donald M. Kerr. Statement of Intent Air Force - NRO Relationship [DB/OL]. [2015 - 08 - 27]. http：//www. airforcemag. com/SiteCollectionDocuments/Reports/2006/June/Day21/intent. pdf；William L. Shelton. Realizing the Unthinkable：AFSPC Influence Yesterday, Today, and Tomorrow [J]. HIGH FRONTIER, August 2007, Volume 3, Number 4：18.

[170] 申华. 美国国家情报管理制度研究 [M]. 北京：军事科学出版社, 2010：27.

[171] [2016 - 11 - 11] http：//www. nro. gov/about/leadership/DDNRO. html.

[172] T. Michael Moseley, Donald M. Kerr. Statement of Intent Air Force – NRO Relationship [DB/OL]. [2015 – 08 – 27]. http：//www. airforcemag. com/ SiteCollectionDocuments/Reports/2006/June/Day21/intent. pdf.

[173] Mike Gruss. U. S. Military, Intelligence Community Planning Backup JSpOC [DB/OL]. （2015 – 06 – 26）[2015 – 08 – 28]. http：//spacenews. com/u – s – military – intelligence – community – planning – backup – jspoc/. 按照双方合作的精神，该备份中心可能就是提升了互操作性的原国家侦察作战中心.

[174] Joint Publication 2 – 02, National Intelligence Support to Joint Operations, 28 September 1998：V – 3.

[175] Joint Publication 2 – 01, Joint and National Intelligence Support to Military Operations, 05 January 2012：II – 20, III – 11.

[176] 参谋长联席会议情报局（J – 2）比较独特，它既是国防情报局的组成部分，也是联合参谋部的一员.

[177] Joint Publication 2 – 01, Joint and National Intelligence Support to Military Operations, 05 January 2012：xiii, II – 13.

[178] Joint Publication 2 – 02, National Intelligence Support to Joint Operations, 28 September 1998：II – 5.

[179] James M. Lose. National Intelligence Support Teams [DB/OL]. [2017 – 03 – 25]. http：//www. cia. gov/library/center – for – the – study – of – intellgence/ kent – csi/vol43no3/pdf/v43i3a08p. pdf.

[180] Joint Publication 2 – 02, National Intelligence Support to Joint Operations, 28 September 1998：V – 3.

[181] Joint Publication 2 – 01, Joint and National Intelligence Support to Military Operations, 05 January 2012：III – 37.

[182] Joint Publication 3 – 14, Space Operations, 29 May 2013：IV – 12 – 13；Air Command and Staff College Space Research Electives Seminars. AU – 18 Space Primer [G]. Maxwell Air Force Base, Alabama：Air University Press, 2009：67.

[183] Air Command and Staff College Space Research Electives Seminars. AU – 18 Space Primer [G]. Maxwell Air Force Base, Alabama：Air University Press, 2009：145.

[184] Air Force Doctrine Document 2 – 2, SPACE OPERATIONS, 27 November 2006：36.

[185] David N. Spires. Beyond Horizons：A Century of the Air Force in Space, 1947 – 2007 [M]. Air Force Space Command, 2007：311.

［186］ Joint Publication 3 - 14，Space Operations，29 May 2013：IV - 15.

［187］ 同上.

［188］ Torchbearer National Security Report. U. S. Army Space Capabilities：Enabling the Force of Decisive Action ［M］. May 2012：9 - 10.

［189］ Joint Publication 3 - 14，Space Operations，29 May 2013：A - 3～4，D - 4.

［190］ Shawn J. Barnes. The Space Commission Recommendations in Retrospect：Four Key Lessons ［J］. HIGH FRONTIER，August 2011，Volume 7，Number 4：38.

［191］ James C. Mesco. Schriever Wargames：The Battle for the Ultimate High Ground ［J］. HIGH FRONTIER，August 2009，Volume 5，Number 4：38.

［192］ Charles V. Peña. U. S. COMMERCIAL SPACE PROGRAMS：FUTURE PRIORITIES AND IMPLICATIONS FOR NATIONAL SECURITY ［C］ // James Clay Molts，ed. Future Security in space：Commercial，Military，and Arms Control Trade - Offs. CENTER FOR NONPROLIFERATION STUDIES，Mountbatten Center for International Studies，2002：10. 有点讽刺的是，阿富汗战争时期高科技、高精度的卫星图片起初是通过"小马快递"（pony express）来传送的：Ikonos 卫星的图片首先从卫星下载到太空成像公司在美国国内的地面站，之后发送到国家图像与测绘局在华盛顿特区博林空军基地的"商业卫星图像库"（Commercial Satellite Imagery Library）。然后，空军派人去该图像库，将数据拷进光盘，再由飞机送到沙特阿拉伯。后来，这些数据才由五角大楼的 GBS（Global Broadcast Service）卫星来传送.

［193］ Larry D. James. The Challenge of Integration：Lessons from Schriever Wargame 2010 ［J］. HIGH FRONTIER，November 2010，Volume 7，Number 1：10.

［194］ Mike Gruss. U. S. Military，Intelligence Community Planning Backup JSpOC ［DB/OL］. （2015 - 06 - 26）［2015 - 08 - 28］. http：//spacenews. com/u - s - military - intelligence - community - planning - backup - jspoc/.

第六章　对美国国家安全航天体制
发展演变的思考

美国政府有一个实力强大的情报界，这一独特国情直接塑造了极具美国特色的情报界航天体制和国家安全航天体制。美国国家安全航天体制发展演变的过程同时也是一个不断变革的过程。这种变革主要表现为自我革新，其次表现为在外力作用下的应对式改革。不过，美国国家安全航天体制的改革始终未能突破既有的双峰结构，未来的美国国家安全航天仍将长期在这一体制结构下艰难前行。

第一节　双峰结构已成为美国国家安全航天体制的弊端

以国家侦察局为代表的独立的情报界航天一度在美国航天界、情报界享有十分崇高的声望。但是，在特殊历史条件下产生的军事航天、情报界航天并立的双峰结构随着美国国家安全航天体制的历史演进逐步暴露出内在的弊端，并将不断经受各种现实需求和实践难题的考验。

一、双峰结构的弊端

双峰结构是美国国家安全航天体制最重要的特征，同时也是美国国家安全航天领域诸多问题和矛盾的根源。

双峰结构造成了国家安全航天在顶层的碎片化。诚然，军、情、民、商等四个航天部门构成的美国航天界总体上本就存在较为严重的碎片化现象。而从 1961 年起便始终巍然耸立的国家侦察局作为独立的航天一极，更使国家安全航天领域的碎片化愈加严重。作为情报界重要成员和情报界内唯一专司太空侦察事务的机构，国家侦察局拥有独立的侦察卫星研发、采购和测控体系（在俄罗斯等其他航天国家，相应事务均由军方承担）。所以，曾任国家侦察局局长和空军副部长、部长职务，十分熟悉内情的麦克卢卡斯承认，国家侦察局"分割了军事航天计划，而从理论上讲，联合的计划会更好"[1]。

双峰结构给太空侦察系统的发展增加了不确定性。在国家安全航天体制内，军方和情报界在太空侦察事务上开展合作是绝对必须的。但在合作过程中，一方面，为了各自的太空利益，双峰之间很可能形成相持不下的局面。由于双峰之间不存在隶属关系，当部门利益产生冲突时，平衡、协调各机构利益和需求的难度将大大增加。美国气象卫星项目从最初的情报界转隶至军方，再转隶至商务部，决策方越来越多，项目却越来越失败。在各机构强大的利益和需求面前，曾被寄予厚望、由相关多方参与的"联合项目"管理形式（如"国家极轨运行环境卫星系统"）能够发挥的作用十分有限。另一方面，从责任角度来看，双峰之间很可能形成相互推诿的局面。在合作项目中，相关机构很容易产生让别的机构多出钱，自己多享用成果的倾向。所以，2008年的阿拉德委员会就曾指出，"军用太空和情报计划的责任方遍布国防部和情报界，看起来'无人负责'国家太空安全"[2]。当然，如果国防部长与中央情报主任/国家情报主任有着良好的个人友谊或工作关系的话，两个航天部门之间的合作会容易得多，但这种依附于个人关系而非上升到制度层面的保障不可能成为解决双峰结构背后体制性问题的根本手段。

双峰结构给太空侦察的军事应用曾经造成不利。20世纪90年代之前，国家侦察局极其严格的保密措施限制了太空侦察情报的分发范围，军方的战役战术层次基本无法获得这些情报的支持。而且，由于"失去"了对太空侦察系统的控制权，空军对把太空侦察系统融入作战行动的积极性也受到一定程度的打击[3]。进入90年代后，军方开始积极利用航天信息支援联合作战，但由于太空侦察系统属于情报界资产，联合太空支援小组无法直接调用太空侦察情报，只能提供相关的知识培训。不过，进入21世纪后情报界航天力量支援联合作战的力度大大增加，相关机制逐步建立并不断完善，太空侦察情报的战场应用效果有了明显改善。

二、双峰结构将长期持续下去

美国的侦察卫星、国家侦察局和情报界航天都是非常态条件下决策的产物。苏联率先发射世界上第一颗人造地球卫星给整个美国和艾森豪威尔总统带来巨大震惊和恐惧。因此，艾森豪威尔给予侦察卫星项目以非常态的支持。发现者卫星从第一颗至第 12 颗连续彻底失败，但艾森豪威尔始终没有放弃，以至于有人戏称该项目为"发现者∅"[4]。这种情形在美国武器装备采办常态化的今天是完全不可能发生的。所以，美国信号情报的先驱彼得·威廉在 2000 年说："回首过去，我想，如果不是因为那样地恐惧于苏联的威胁，我们是不可能投入那么多的努力去发展新技术的。"[5]

非常态的决策与支持不可能持续。随着美国航天很快获得对苏优势，国家侦察局和情报界航天也逐步转向常态化的地位。1992 年国家侦察局的解密，尤其是随后的"远期资金事件"，将长久以来笼罩在国家侦察局身上神秘而骄傲的光环彻底击碎，国家侦察局"沦为"情报界虽然重要但已属平常、普通的一员。而在国家侦察局从非常态走向常态化的同时，情报界航天与军事航天在体制上一直保持着比较稳定、起伏不大的联系，国家侦察局局长一直由空军部助理部长、副部长甚至是部长兼任，双峰之间的间距也一直保持着比较稳定的状态。

进入 21 世纪后，情报界航天与军事航天之间的距离发生较大震荡，最终结果是双峰间距变大。起先，2001 年太空委员会改革后，国家侦察局局长从原来的空军部助理部长改由副部长兼任，并同时兼任国防部航天执行代理人。另外，还成立了国家安全航天办公室作为军事航天与情报界航天之间的办事机构。这些改革措施拉近了双峰之间的距离。然而，9·11 事件爆发后形势发生急剧逆转。随着情报界地位迅速上升，情报界航天与军事航天也开始渐行渐远。2005 年 7 月，国防部情报副部长宣布，即将赴任空军副部长和国防部航天执行代理人的罗纳德·赛加将不再像其前任一样兼任国家侦察局局长。接任国家侦察局局长职务的是唐纳德·M·科尔。这一举措不仅与太空委员会的改革精神完全相悖，而且也打破了国家侦察局成立以来一直由空军高级文职官员兼任局长的历史。由此，情报界航天与军事航天之间最为有力的体制性纽带被断绝。伴随这一变化，原本由国防部和国家侦察局共同出人的国家安全航天办公室也归属到国防部，国家侦察局不再出人，仅由国防部出人、出钱。国家安全航天体制双峰之间的距离拉大到历史上最远的程度。尽管科尔后来重新被授予空军情报航天技术部长助理职位，但短短数年之内体制上的巨大震荡对原来双峰结构的稳定联系造成了巨大冲击和深远影响，太空委员会曾经构想的拉近双峰间距以给未来成立天兵或天军打下基础的目标也变得更加遥远。而随着双峰间距的拉大，双峰结构本身却变得更加稳固，被破解的难度进一步加大。

　　常态化条件下的总统决策不可能扭转双峰结构。多年来，面对双峰结构导致的种种弊端，许多有关太空事务改革的专家咨询委员会都将最后的解决之道指向了总统。如 2008 年的独立评估委员会认为，"唯有总统的直接领导才能维持最高层对太空事务的聚焦""唯有总统通过其办公厅的持久不变的领导和支持才能有效协同四个独立的太空部门"[6]。即使到了 2011 年，当年的太空委员会主席拉姆斯菲尔德仍然坚定地认为"为了建立和运行更加有效的太空组织机构和管理结构，以及减少美国太空资产显而易见和不断增加的脆弱性，强有力的总统领导是必不可少的"[7]。但是，和艾森豪威尔时期不同，太空事务今天已经远非总统的当务之急和重中之重，期望总统对太空事务给予更多关注的想法已经变得不太现实。甚至可以说，提出这种期望本身就是一种无望的表现。更不用说情报界航天已经成为美国航天之一极和一个重要的航天利益主体，还拥有国会中的情报界支持力量。在这种条件下，面对当年在非常态形势下美国式"集中力量办大事"打造的情报界航天以及国家安全航天体制的双峰结构，常态化的总统决策机制不会也无力扭转这种格局。尤其值得注意的是，当年曾积极致力于增进军事航天和情报界航天联系的拉姆斯菲尔德态度也发生软化，认为如果二者职权分割明确、国防部长和国家情报主任能够就优先等级和预算分配等达成一致，且军事航天和情报界航天均管理良好的话，两条并行的发展路径要好于无法同时满足二者需求的单一发展路径[8]。2016 年，国防部长卡特倾注五年心血终于推动了"联合跨机构合成太空作战中心"的开工建设。然而，为了照顾国家侦察局情面，相关的遣词造句仍然使用"统一努力"而非"统一指挥"，无疑清晰揭示了黑白航天之间深刻而长久的鸿沟。可以预测，美国国家安全航天体制的双峰结构将长期持续下去，直至未来某一天另一个非常态的航天决策诞生。

第二节　国家安全航天体制的优点

在美国的许多研究报告看来，美国国家安全航天体制始终处于问题重重的状态。但在全球范围内横向对比来看，美国航天、美国国家安全航天的实力毫无疑问是位列第一的。而之所以能够在这种"疾病缠身"的状态下依然长期保持世界第一，其中必然有着体制层面的优势。

一、国家侦察局曾经是最优秀的太空机构

作为情报界航天的核心，国家侦察局毫无疑问创造了美国太空侦察的辉煌历史，国家侦察局也一度成为情报界的典范。国家侦察局的成功，离不开其在体制和机制上曾经具备的优势。

国家侦察局拥有天然的体制性优势。因为国家侦察局肩负着作为"国家技术手段"侦察苏联内陆地区战略情报的重要使命，所以它享受着美国政府优厚的政策性支持。在经费上，国家侦察局的预算十分稳定，即便是项目合作过程中空军在经费上"缺斤短两"，国家侦察局也能够填补上漏洞。在人员构成上，国家侦察局吸收了各个军种的人员，他们相互之间正好形成了互补。在外部监督上，由于国家侦察局曾经实行极为严格的保密措施，致使国会人士对国家侦察局事务知之甚少，国家侦察局在很长时间内没有受到国会的监督和约束。从一定意义上讲，这提高了国家侦察局的工作效率[9]。当然，从相反的角度来看，这也直接造成了 20 世纪 90 年代中期的"远期资金事件"。

国家侦察局的项目管理模式曾经十分高效。表现在三个方面：一是侦察卫星的研发和运行环节互动迅速。在科罗娜卫星项目中，一旦卫星具备工作能力，便有意地、尽可能快地将其投入运行，并把在轨运行中发现的问题立即反馈至研发环节，以改进卫星的研制；二是各型卫星迭代快速。由于研发环节与运行环节建立了有效而紧密的决策循环链路，使得项目管理方在一年左右的时间内就可以完成一代卫星的设计任务；三是队伍精干。空军的 A 计划项目组从不超过 5～10 人，指挥链短小精悍。其他项目管理人员也都挑选自军队或中央情报局，不仅个人素质过硬，而且十分忠诚于团队。这种忠诚的产生主要是因为他们拥有决策权力、能够很快看到决策的成果并由此获得事业上的成就感、自

豪感[10]。

当然，自 20 世纪 90 年代初期国家侦察局的采办工作进入与国防部类似的流程、国会监督力度加大之后，国家侦察局曾经拥有的体制和机制优势都大幅削弱。因此，回归正常化、普通化的国家侦察局无法再续辉煌也在情理之中。

二、作战指挥体制发展得更为出色

与美国国家安全航天的领导管理体制相比，作战指挥体制要明显好得多。首要的原因是作战指挥体制面对的是战争的胜败问题，其检验标准简单、明确，容不得拖沓、水分。其次是作战指挥体制在结构上远较领导管理体制简洁明了。作战指挥体制中航天力量运用主体的数量要远少于领导管理体制中航天力量建设主体的数量。而且，处于战略、战役、战术层次的各运用主体之间的责权区分比较清晰，军种与联合司令部之间、战略司令部与战区之间的责权区分也容易界定。第三，为了服务于联合作战这一共同目标，国防部长办公厅、参联会、各军种、各联合司令部等在利益指向上是高度一致的。他们会不断地、共同地改进和完善航天力量的运用规则，不断地试验、建立相应的机构并协调各方力量的行动。而且，在作战指挥体制领域这些努力的回报基本上与努力的大小呈正比。与之对比，领导管理体制领域的努力与回报经常不能实现正相关。在航天力量建设过程中，众多太空机构均存在着本部门的小利益，它们的利益指向很难做到一致，致使利益争夺可以绵延几十年而无法彻底捜除，国家安全航天力量的建设长期受到掣肘。

美国军事航天力量作战指挥体制不断发展完善的效果在海湾战争以来美军历次军事行动中得到明证。美军航天力量运用的成效已大幅领先于世界其他主要航天国家。比尔·欧文斯就曾指出："西欧国家在精确制导武器、卫星侦察通信和其他现代化技术方面严重落后于美国，欧洲部队发现他们越来越难以像美军那样打仗。"[11]也正因实战化的太空能力出色，在 2010 年 8 月空军太空计划副部长帮办理查德·W·麦克金尼在提交给空军部长的《空军总部航天职责管理评估》报告中就曾指出，"虽然访谈的焦点是决定空军如何改善航天管理的组织结构，但受访者几乎异口同声地说，'别改那些运行良好的方面'，尤其在作战领域。空军航天司令部在作战领域的成功范例有：在各个层级将基于航天的能力融入联合作战;在 14 航空队和美国战略司令部航天联合功能组成司令部中发展、增强作战专业技能;训练、培养航天专业人员;航天发射;在轨操作等。大家一致认为空军在上述航天领域提供了优秀的乘务员般的服务"[12]。

三、领导管理体制在中观和微观层面建设得相对较好

相对于作战指挥体制,美国国家安全航天体制的碎片化更多发生在领导管理体制领域。而具体到领导管理体制内部,碎片化主要发生在宏观层面。在中观和微观层面,领导管理活动的利益主体相对较少,能够实现决策权的相对集中,执行过程中羁绊较少,往往能够收获丰硕的建设成果。如果把军种的一级司令部作为宏观层面的下限,可以较好地探查宏观、中观、微观之间的成效对比。

在宏观层面,部门利益之争始终困扰着美国国家安全航天。以最具代表性的空军航天司令部为例。该司令部多年来一直相继与空军系统司令部、空军器材司令部存在利益之争,直至 2001 年太空委员会改革实现了空军航天力量"从摇篮到坟墓"的集中化。该司令部还始终与空军的航空部门存在预算权益之争;与空军总部存在职权之争;代表空军航天力量与各军种、国防部各相关局署存在职权之争。也正是由于类似原因,2001 年之后在各方太空利益主体的职权博弈之下,太空委员会建议的改革措施部分没能开始,部分没能完成,部分回头折返,真正完全落实的为数甚少,导致美国国家安全航天历史上第三波改革的成效大打折扣。

在中观层面,以空军航天司令部直属的太空创新与发展中心为例。该中心下属的"分布式任务太空作战中心"负责开发和提供高度逼真的天基信息环境;下属的创新处开发了一体化空间态势感知系统以及"施里弗演习";下属的第 25 太空靶场中队负责空军航天司令部的空间攻防训练任务;下属的第 3 太空试验中队积极响应太空委员会利用原型机试验来发展太空能力的建议,负责 X - 37B 轨道试验飞行器的评估工作[13]。总体上,该中心呈现出创新思路涌流、创新成果丰硕的良好状态。

在微观层面,以太空创新与发展中心下属的空军 TENCAP 计划办公室为例。该办公室能够做到紧密联系军事需求和战场实践,项目发展

充满生机与活力。如在该办公室负责的塔隆-纳马什系统开发过程中，中央司令部空军太空力量主任的参谋团队凝聚了太空创新与发展中心、联合太空作战中心、F-15E机组人员、盟军空中作战中心联合交接控制军官、盟军空中作战中心战斗指挥处的太空专家等各方人员[14]，实现了研制方与需求方、实验室与战场、后方与前方的紧密结合，在一定意义上再现了早期国家侦察局积极创新的风采。此外，该办公室负责的"商业雷达对南方司令部的作战支援"计划"联合能力技术演示"项目能够为南方司令部提供固定的商业合成孔径雷达卫星图像；该办公室与斯坦福研究所、加州大学伯克利分校以及星际信息探察研究所合作，利用这些机构的射电望远镜来实施空间态势感知。太空委员会曾有一项重要判断认为，美国政府缺乏将商业和民用航天能力融入国家安全航天的有效途径与机制[15]。与此判断形成对比，空军TENCAP计划办公室充分发挥其在战术层面决策高效、执行有力的优势，在一定程度上弥补了宏观层面对商业和民用航天能力利用不足的体制性缺陷。

总起来看，美国国家安全航天体制在宏观层面长期碎片化的情形下，在中观和微观层面却实现了责权的集中统一、决策与执行的灵活高效。而美国国家安全航天力量建设的诸多成就，在很大程度上是宏观层面在发展方向与建设目标上的正确引导与中观、微观层面各太空机构的有效领导管理这二者共同作用的结果。

第三节　配套的制度建设作保障

美国国家安全航天组织机构的调整改革与发展完善，需要相应的制度建设来保驾护航，以塑造观念、助推改革、维护成果。组织机构及相应制度分别从实践和理论层面协力构建起美国的国家安全航天体制。制度建设既是国家安全航天体制发展建设的目的和成果，也是维护其发展建设的手段和保障。

一、制度体系框架较完善

美国航天层面的制度体系包括了国际法、国内法、国家航天政策、各专项航天政策、国家安全航天战略、国防部航天政策、联合太空条令、军种太空条令等。

狭义看，美国国家安全航天的制度体系仅包括国家安全航天战略、国防部航天政策、联合太空条令、军种太空条令、情报界航天相关政策等纯粹国家安全航天领域内的各类政策制度。

广义看，美国国家安全航天制度体系的范围要大很多。具体来说，国家航天政策对美国所有航天事务发挥着统揽和指导作用，是国家安全航天制度体系的本源，毫无疑问也是国家安全航天制度体系最为重要、不可或缺的组成部分。另外，一些国内法可以通过预算授权与拨款的形式来影响国家安全航天事务的走向，如 20 世纪 80 年代中期国会取消空军直接上升式反卫武器的拨款，导致该项目最终下马。另一些国内法的部分条款对国家安全航天事务有一定的约束力，如《1934 年通信法》（后经《1996 年电信法》修订）规定在危机时期总统有权接管美国私营卫星通信系统[16]。此外，美国加入的国际太空条约对美国军方和情报界航天活动都有着名义上的约束力。这些对美国国家安全航天具有影响力的国际、国内法也应属于美国国家安全航天制度体系的一部分。

总的来看，从军、情、民、商等航天四部门到单一军种，每一层级或部门都制定有相应的政策制度，在制度体系架构上已十分完备。但各层级或部门最早发布相关政策制度的时间存在较大差异。第一份国防部航天政策的发布时间是 1987 年。陆、海、空军第一份航天政策的发布时间分别是 2003、2004 和 1988 年。可以看出，航天事务在不同部门受重视程度存在较大差异。另外，第一份国家安全航天战略迟至 2011 年 1 月才发布，凸显了军方和情报界在职权分割和部门利益上存在长期的分歧和矛盾。

二、国家航天政策是制度体系的核心

在所有国家安全航天政策制度中，国家航天政策居于核心地位。这是因为国家航天政策由总统签发，是总统最重要的航天决策工具，体现了美国政府的最高意志；国家航天政策从宏观上明确了美国航天的目标、原则、方针、发展途径、部门职责等，为美国航天的建设发展提供了全方位的统揽和指导。不过，国家航天政策不是法律，既不分配预算，也不建立具体项目，只具有指导性和激励性，用于凝聚全国的航天共识。相对而言，国内法多用于分配预算、建立项目，强制力高于国家航天政策，但往往仅涉及狭窄领域内具体的太空事务，缺乏国家航天政策所具备的宏观指导性，只能提供局部领域内具体的事务性规范。

美国第一份综合性航天政策是 1958 年 8 月 18 日艾森豪威尔签署的秘密文件《有关美国外层空间初步政策的声明》。但此后的肯尼迪、约翰逊、尼克松、福特政府都只是零星地颁布了一些与航天相关的政策。自卡特政府起，美国历届政府均颁布有正式名为《国家航天政策》的综合性政策文件。虽然历届政府国家航天政策在侧重点、国际关系等方面存在一定差异，导致在局部领域可能出现前后不一和混淆不清的状况[17]，但其根本目标从未发生过改变，即维持美国航天的领导地位。这一根本目标贯穿到了所有其他的国家安全航天政策制度中，指导不同部门的航天力量努力获取太空优势。因此，在国家航天政策的宏观指导下，美国国家安全航天制度体系实现了目标指向的高度一致，且保持了高度的延续性。这也使得国家航天政策"与美国的太空项目同步成长，至今已成为文件证明最为充分的政府政策领域之一"[18]。

国家航天政策的精神贯穿于国家安全航天领域所有不同层级、不同种类的政策制度。2011 年 1 月发布的《国家安全航天战略》明确指出，"我们的战略源自国家航天政策中的原则和目标"[19]，其增强太空安全稳定、维持和提高太空带来的安全优势、夯实太空工业基础等三个目标在内涵甚至字面上均与奥巴马政府在 2010 年 6 月 28 日发布的《国家航天政策》中六项目标中的三项高度一致。2012 年 10 月 18 日发布的 DoDD3100.10《航天政策》也申明该版文件是根据国家航天政策精神修订后重新发行。在军种层级，如陆军 2005 年 5 月版野战条令 3-14 的一个独特之处即花费不少版面重述了国家航天政策中的相关指导思想，以表明该条令与这些指导思想保持了一致。

三、制度体系功能协调

国家安全航天制度体系不仅在结构上已经比较完善，在功能上也比较协调和严整。一方面表现在低层级的政策制度接受高层级的指导，且逐级贯彻落实得较好。如国防部航天政策不仅接受国家航天政策的指导，也接受国家安全航天战略的指导。另一方面表现在军方条令之间实现了较好的协调。条令最重要的功能是明确各级职能任务和指挥关系，规定太空作战流程，以在所有相关人员头脑中建立共同的认识和行为规范。所以，联合出版物 3-14 的基本原则面向陆、海、空、天、电、特等所有作战力量，明确了联合参谋部、作战司令部、战略司令部及其功能与军种组成分部等的各自职责、相互关系。陆、海、空三军太空条令则针对本军种力量太空作战的职能任务、指挥控制、作战计划等进行深入的细化和展开。这样一来，全军太空条令编织了一个太空作战的指挥控制网络，将各军种、各层级的太空力量有序、明确地编入该网络，确保太空作战行动能够适应各种任务需求，顺畅高效地遂行联合作战。不过，各军种太空条令也保留了一定的军种特色。如陆军太空条令强调以陆上优势为核心，只关注空间控制和空间力量增强两个任务领域，也声明在一定条件下陆军部队司令/联合部队地面组成司令也可以被授予空间协调权[20]。与陆军不同，空军条令则强调太空行动要服务于全维优势，空军要负责所有的太空作战任务领域，条令还试图制造空间协调权必将授予空军部队司令/联合部队空中组成司令的心理暗示。不过，陆、空军太空条令的这些差异尚未形成实质性的职权冲突，而且由于联合太空条令具有更高级别的权威，使得美军太空条令总体上呈现协调、严整的状态。

四、制度体系积极适应实践发展

美国国家安全航天的制度建设总体上与实践保持同步，这在很大程度上根源于美国的制度文明。当然，有时候政策制度的调整可能落后于实践的发展，如 2002 年美国航天司令部并入战略司令部后相关作战条令出现的文本滞后状况。有时候也会出现政策制度大幅超前于实践的情况，如《1998 年商业航天法》要求国家航空航天局考虑将航天飞机私有化，这一构想始终没有实质性动作；该法案要求将剩余洲际弹道导弹改造为运载火箭，这一计划也在实践中遭到商业航天部门及国会游说团体的强烈抵制。但在总体上，国家安全航天制度体系与实践没有严重脱节，基本上处于协调发展、相互促进的状态。如 2006 年 11 月 27 日版空军条令文件 2-2《太空作战》"在近期作战经验基础上"对早期版本进行了更新，"指挥控制"一章新定义了空间协调权，探讨了盟军空中组成司令作为空间对抗行动受援司令的职能问题，引入了太空力量主任职位；"计划"一章"在近期军事行动过程中的观察基础上"描述了作战计划人员如何集成太空能力的设想；"太空人才发展"一章"更新了对训练、演习、红队及试验的探讨"[21]。其中的新职位、新部门和新关系都属于作战实践需求催生，或体制改革打造的新生事物，蕴含着丰富的战场潜能和强劲的体制活力，相当一部分后来又写进了联合条令。但与此同时，这些新生的事物本身并不一定十分完善，还有待在实践中进一步打磨和抛光。而将它们写进条令文件正是为了用于指导美军实践，并接受实践检验，以继续对其进行改进和完善。可以看出，条令文件的修订、发布、再修订、再发布的反复迭代过程，本身就是一个政策制度与战场实践不断互动、彼此促进的过程。而这样一个"从实践中来，到实践中去"的制度体系毫无疑问能够具备十分鲜活的生命力。

第四节　螺旋上升的国家安全航天体制改革

美国前总统奥巴马曾经说过，"美国的进步从来都是艰难而充满矛盾的。事实上我们每向前走两步，就会回退一步"[22]。这句话用于描述美国国家安全航天体制改革也十分贴切，它清晰地揭示了现实状态下而非理论构想中的真实改革图景。

一、改革是一个长期的过程

任何事物的存在与发展都是一个运动的过程、新陈代谢的过程。美国国家安全航天体制作为一个由人构成的各级各类机构组成的有机体，其存在与发展变化也是一个运动和新陈代谢的过程，在很大程度上体现为体制改革的过程。因此，体制的改革不可能毕其功于一役，不可能一蹴而就，将始终伴随国家安全航天体制的建设与发展。

1960 年前后，初生的美国航天诸侯林立、乱象丛生，国家安全航天体制第一波大调整将大部分军事航天力量归拢至空军，开始了军事航天力量从碎片化向集中化的转变。但与此同时国家侦察局的成立却造成了国家安全航天体制的双峰化，成为国家安全航天体制诸多弊端的源头。六七十年代，航天力量的实战应用价值初露端倪并逐渐显示出远大的前景，由此推动 20 世纪 80 年代国家安全航天体制第二波大调整，实现了在采办界、研发界长期把持国家安全航天力量的情形下，以空军成立航天司令部为标志的军事航天力量从采办型向作战型的转变。海湾战争后，美军开始从冷战时期的军队体制向信息化时代转型，航天力量作为美国国家安全体系中一个重要变量成为拉姆斯菲尔德主抓的改革重点。以 2001 年太空委员会改革为标志的国家安全航天体制第三波大调整将改革对象瞄准了国家层面航天力量的碎片化、军事航天与情报界航天的隔离、军事航天内部研发部门与作战部门之间的割裂等问题。进入新世纪后，阿富汗战争、伊拉克战争、反恐战争的实践迅速让太空委员会的改革理论变得失色：太空委员会仅关注了航天系统采办、运行两个领域，而战争实践呼唤将航天系统用于支援战役战术层次联合作战。来自前线的强劲需求推动了美军航天力量作战指挥体制的持续调整。与航天力量建设领域不同，由实战需求推动的作战指挥体制调整改革必须对迫切的战场需求快速做出反应，作战指挥体制的调整改革不再像领导管理体制一样表现为"短时期内的集中调整改革——较长时期内的落实改革及酝酿下一步改革——短时期内的集中调整改革"模式，而是表现为调整改革与作战应用快速交互、迅速迭代、同步迈进的模式，调整改革的步伐始终紧跟作战需求，始终瞄准战场变化，体现了作战指挥体制改革高度的连续性及感知战场的敏锐性。而在领导管理体制方面，国家安全航天前四十年历史中，航天器系统、地面的航天应用系统经过数十年部门竞争，利益格局基本定型和固化。进入新世纪后，原本并不突出的航天地面指挥控制系统碎片化、空间态势感知系统碎片化这些国家安全航天领导管理体制中的次要矛盾逐步发展为主要矛盾，成为国会等外部监督力量新的目标。

国家安全领域始终面临复杂多变的实践需求，这决定了美国国家安全航天领域今天的改革成果很可能被明天迅速发展变化的实践需求淘汰。如被美军联合太空条令迅速收录的空间协调权、太空力量主任等实践结晶、改革成果，很可能也将同空军太空支援小组一样，存在不久便很快被新的作战指挥体制要素取代。而伴随着航天技术的发展尤其是商业航天力量的兴起，国家安全航天领导管理体制也将不断面临新的机遇和挑战。因此说，美国国家安全航天体制的改革没有完成时，始终处于进行时。

二、改革是一个曲折的过程

任何事物的发展都不会是一个直线式的过程，而蕴含了未知、风险与不确定性的改革更是如此。美国国家安全航天体制改革措施出台后，实际的落实情况往往可能与期望值相去甚远。造成这种状况的原因是多方面的。

一是少部分改革措施事后证明是错误的。最为典型的就是20世纪90年代推行的"全系统性能职责"采办改革，后来被一致认为是将过多的采办职权授予了承包商，弱化甚至是放弃了政府监管，不仅导致整整一代采办人才的断层，而且直接导致太空系统采办遭遇严重的"拖、降、涨"问题，也成为"未来成像体系"光学部分等失败的直接诱因。当然，推行此项改革措施之前人们对其危害及后果的认识并不清晰，事后的代价在很大程度上也只能定性为改革试错的学费，但这一学费显然过于高昂。因此，如何确保改革措施的正确性、有效性，防止出现代价巨大的改革失败，是对国家安全航天体制改革主导者决策智慧的重大考验。

二是部分改革的动机存疑，致使改革措施根基不稳。1995年3月设立国防部航天设计师即为典型。国防部本意是把该职位作为"航天沙皇"来整合太空职能任务和太空系统，消除"垂直的烟囱"，集成航天采办和未来的军事行动，由此提高太空对联合作战的支援能力。然而，该项改革措施推出后遭到了广泛的质疑。约翰逊·弗里泽尖锐地指出，该职位仅拥有协调权，无指挥权，尤其是缺乏预算权，导致不仅对国防部指挥、控制、通信与情报助理部长缺乏约束力，甚至当国防测绘局和海军的航天项目与自身项目冲突时也无力施加影响；该职位仅仅相当于一个参谋岗位，与"航天沙皇"的名头严重"名实不符"，"航天设计师被精心设计得恰好不是一名军事航天的核心人员"[23]。事实很快证明弗里泽的批评是有道理的。1998年7月31日，在国防部航天设计师设立仅三年零四个月后，国防改革倡议指令－11的一份修正案废除了该职位，并用国家安全航天设计师办公室取而代之。值得注意的是，这一系列改革措施背后的关键人物都是总统克林顿和国防部长威廉·佩里。改革决策者没有变，改革措施却出现"过山车"般变化。究其原因，在很大程度上是因为设立国防部航天设计师只是行政部门为应对20世纪90年代上半期国会不断要求减少军费开支、提高军费使用效率、改进国防部管理的强大压力，仓促之下实施的一个"应景之举"，待时过境迁、国会转移注意力后再另行计议①。正如弗里泽所言：“组织机构改革可以反映出一种引入变化的重大努力，也可以反映出一种扭曲真正改革的机制”[24]。

三是部分改革成果未能适应外部环境的快速变化，并很快成为新一轮改革的对象。如太空委员会改革中，由空军副部长担任空军航天事务军种采办执行官（兼任国家侦察局局长），同时，还作为国防部航天执行代理人拥有军事航天采办里程碑决策权。与此同时，空军所有其他武器系统的采办均由空军负责采办的助理部长负责；国防部内太空以外的武器系统采办均由国防部采办、技术与后勤副部长负责。毫无疑问，太空委员会改革的意图是好的，目的是对国防部内碎片化的航天采办进行集中化，改善国家安全航天的领导与管理。而且，作为美国航天历史上口碑最佳、影响力最大的咨询委员会之一，太空委员会在对策建议的生成程序上也十分严谨，所提对策建议理应具备较强生命力[25]。事实上，该项改革措施也的确短暂地实现了美国国家安全航天历史上集中化水平的新高度。然而，随着时间推移这项改革措施的积极效应逐渐减退，命运也开始发生巨大变化。改革所形成的国防部航天采办独立于国防部整体采办的体制安排很快被扭转。2005 年 3 月，里程碑决策权收归国防部采办、技术与后勤副部长，空军副部长担任的国防部航天执行代理人成为摆设。而在空军层面，2010 年 8 月发布的《空军总部航天职责管理评估》报告进一步指出，对于太空委员会改革后形成的空军航天采办独立于空军整体采办的体制安排，“许多受访者发现这种权力的分离不管在内部还是外部都造成了混乱”，因而建议“空军负责采办的助理部长担任空军惟一的军种采办执行官，负责空军所有（与航天有关和无关

① 20 世纪 90 年代中期设立的国防部航天副部长帮办（DUSD/Space）（1994 年 12 月）、国防部航天设计师（1995 年 3 月）和联合航天管理委员会（JSMB）（1995 年 12 月）等三个职位/机构，被国防部于 1997 年 12 月发布的国防改革倡议指令（DRID）11《重组国防部航天管理与职责》和 1998 年 5 月 20 日发布的 DRID 11 修正案相继废除，后国防部再次对太空机构与职能进行了调整改革。其中，原 DUSD/Space 职能被分散配置给国防部采办与技术副部长，政策副部长和指挥、控制、通信与情报助理部长；原国防部航天设计师职能并入新成立的国家安全航天设计师；原 JSMB 职能并入新成立的国家安全航天高级指导小组。与 20 世纪 90 年代中期的改革相比，后面这一轮改革对权责的分配更为合理。具体可以参阅 Joshua Boehm，Craig Baker，Stanley Chan，Mel Sakazaki. A History of United States National Security Space Management and Organization。

的）采办事务。空军航天项目执行官根据法令和国防部的要求，向空军负责采办的助理部长汇报有关航天的采办事务"[26]。该建议随后很快便在空军部长迈克尔·B·唐利签发的《空军总部航天管理与组织》备忘录中变为正式决策。可见，国家安全航天实践的发展变化节奏有可能超过改革措施的步伐，并倒逼新一轮改革措施的诞生。

四是在某些情况下变与不变之间并没有明显的优劣对比，致使部分改革措施出台之后显得成效不彰。例如，将原隶属于空军器材司令部的航天与导弹系统中心并入空军航天司令部是太空委员会推出的重要改革建议之一，太空委员会的主要理由也都是站得住脚的①。不过，这一方案也并非完美。太空委员会成员埃斯戴斯三世上将后来也承认，新的航天与导弹系统中心须服务于"两个婆婆"，即负责采办的空军部助理部长和空军航天司令部司令。不仅如此，一些人甚至公开指责这一合并是个错误。如果回溯空军成立航天司令部的理由，可以发现这些否定性意见并非全无道理。1982年航天司令部之所以要从空军系统司令部中独立出来，最重要的理由就是采办性司令部的母体已经无法继续孕育一支新生的作战性航天力量，这支力量必须从采办性司令部中独立出来以利其成长壮大。而太空委员会建议将航天与导弹系统中心并入空军航天司令部，建立类似于国家侦察局的"从摇篮到坟墓"的一体化管理，虽然实现了空军航天力量组织与管理的进一步集中化，但重新将作战性航天力量与采办性航天力量合二为一，无疑是对空军成立航天司令部的初衷在一定程度上的背弃。可见，美国国家安全航天体制改革方案的甲或乙，孰优孰劣往往并非黑白分明，有可能存在两可的情况，而这也在一定程度上影响了体制改革的成效。

五是改革措施配套性的欠缺会影响改革的整体效果。多项改革措施之间可能存在相互支撑、强烈相关的联系，改革措施的缺位或越位都可能给整体改革带来负面影响。改革措施的缺位，很可能削弱其他改革措施的成效。例如，太空委员会设想的最核心的体制架构是所谓的权力"三角"，即国防部航天、情报与信息副部长，空军副部长和空军航天司令部司令。其中，国防部航天、情报与信息副部长在国防部层面对军事

---

① 刚开始，部分非空军出身、不了解空军内情的委员很自然地认为负责采办业务的航天与导弹系统中心隶属于空军器材司令部属于很正常的安排，但后来他们的观念发生转变。

航天事务进行抓总；空军副部长和空军航天司令部司令分别作为空军高级文官和一级司令部司令，构成三角形下端两点，对国防部航天、情报与信息副部长起支撑作用。太空委员会也在其报告执行摘要的结尾处声明："委员会相信，总的来说，委员会的建议将使美国维持其作为世界第一太空国家的地位"[27]。美国战略司令部的 J·凯文·麦克拉夫林空军少将认为，"总的来说"这一点十分关键，但拉姆斯菲尔德未设立国防部航天、情报与信息副部长，致使国防部层面的航天事务管理缺乏统揽、呈碎片化状态，在空军副部长和空军航天司令部司令天然地更多从空军立场考虑问题的情形下，太空委员会改革成效大打折扣[28]。改革措施的越位，也有可能对现有职权格局形成重叠。例如，2004 年 5 月成立的国家安全航天办公室的规划航天体系架构、制定《国家安全航天规划》等关键职能就被指与空军航天司令部职能冲突[29]。可见，国家安全航天体制改革是一件系统性强、复杂性高的事情，自然也对改革的科学性、可行性提出了十分高的要求。

总体上看，美国国家安全航天体制改革也是一种试错的过程，改对了则继续前行；改错了则调转船头，重新设计。试错过程的不断反复，正表现为螺旋式上升和波浪式前进。

三、改革是一个力量博弈的过程

美国国家安全航天体制改革许多时候体现为改革力量与非改革力量的博弈。如果改革行为顺应了国家安全航天力量的发展规律，这种博弈多以改革力量的最终胜出而结束。然而，无论博弈的结果如何，其进程绝不会是直线式的推进过程，改革力量与非改革力量的此消彼长必将表现为一种拉锯式、反复式、走走停停的发展过程。

（一）需要争取更大合力

在美国国家安全航天体制改革过程中，按照对待改革的态度，相关机构大致可以划分为改革派、中间派、保守派等三部分力量。对于那些难度相对不大、挑战相对较小的改革，往往直接由意见一致、决心坚定的上层来主导和推进，中间派、保守派实力相对较弱、影响力有限，改革遭遇的阻力相对较小。如美国国家安全航天体制在 1960 年前后和 2001 年的两次大的改革，均由国防部主推，进展较为顺利。对于那些难度大的改革，保守派往往是占据位高权重有利条件的上层，改革派往往是思维活跃、富有创新精神的中上层。这种力量结构对比决定了国家安全航天体制改革呈"仰攻"之势，难度大、挑战多。在这种形势下，中间派的支持对于改革派获取改革能量，逐步形成对保守派的优势并在思维观念和政策选择上战胜保守派具有十分重要的作用。1982 年空军成立航天司令部过程中，改革力量主要来自作战系统和空军总部，代表人物当属被称为"太空作战传教士"的空军副部长汉斯·马克，空军参谋部负责作战、计划与战备的副参谋长奥·马雷中将，以及紧密追随奥·马雷的约翰·T·钱少将。保守力量主要来自空军系统司令部。由于空军参谋长艾伦事实上也对成立航天司令部持抵制态度，因此在这次改革中"太空作战传教士"们必须"攻克"直接上司艾伦的思想堡垒。

在空军成立航天司令部过程中，中间力量发挥了十分重要的助推作用。主要包括北美航空航天防御司令部/空军航空航天防御司令部司令哈廷格、战略空军司令部司令本尼·戴维斯、战术空军司令部司令克里奇和空军系统司令部司令马什等人。哈廷格上将亲力亲为，积极为奥·马雷献计献策。戴维斯上将在国会作证时也大胆为改革派代言。克里奇上将和马什上将认为空与天是两个不同的物理域，太空行动越来越频繁，需要成立一个独立的航天司令部，二人在改革过程中展现出了高人一等的观念和超脱部门利益的宽大胸襟。

克里奇任司令的战术空军司令部曾利用 F-15 战斗机发射反卫武器，但他公开表示虽然反卫武器是由战术空军司令部的战斗机发射的，但这一反卫任务不应属于战术空军司令部。克里奇还与马什一道反复向其他的一级司令部司令灌输，成立一个独立的、专门的航天司令部的时机已经来临，不能再把作战性航天任务交给现有的一个或几个一级司令部。

马什作为一名秉持开明立场的一级司令部司令，却管理着在航天事务上态度保守的空军系统司令部，但他在自身立场与管理对象之间较好地保持了平衡与调和。马什对成立作战性航天司令部持积极态度。他不仅在 1981 年 8 月与其西点军校同学哈廷格上将私下达成一致，同意把成立作战性航天司令部的议题提交来年 2 月在佛罗里达州侯姆斯泰德空军基地举行的科罗娜（南方）会议，而且在这次会议上对不同于空军系统司令部的方案也大方地持欢迎立场[30]。虽然马什代表空军系统司令部提出的是一份保守、渐进的改革方案，但这份方案显然是马什对其治下大多数军官妥协的结果，应该不能反映马什本人的意志。相反，在该方案的补充说明中马什表示，如果有人支持作战色彩更加浓厚的"航天焦点"，不同意空军系统司令部更深程度地参与，那么空军系统司令部欢迎在高层讨论中对此议题进行进一步的研究[31]。克里奇评价马什，认为他完全没有充斥于空军系统司令部的地盘保护观念，而且，马什的豁达立场对其他一级司令部司令们接受成立航天司令部发挥了关键性作用[32]。

毫无疑问，多名空军一级司令部司令支持成立作战性航天司令部为最终转化空军参谋长艾伦的态度发挥了不可忽视的作用。

（二）理论造势与同台论争

改革派与保守派博弈的形式主要是理论造势，以期为己方主张提供理论支撑，同时驳倒对方理论，并最终赢得决策层的认可。此外，博弈的形式也体现为某些条件下改革派与保守派的同台论争，通过短暂而激烈的正面交锋，快速、直接地产生最后的博弈结果。

各种形式的研究报告是最主要的理论造势手段。美国空军成立航天司令部的理论造势过程中，改革派先后于 1979 年 2 月发布《航天任务组织规划研究》报告；1980 年 8 月发布《夏季研究》报告；1981 年 5 月发布《航天政策与需求研究》报告；1981 年 12 月开展了《航天政策概述》研究。这些研究报告体现了改革派对现状的认识和对未来的思考，是其改革措施的立论之基。如果说在改革过程中改革派处于攻势地位的话，那么保守派就处于守势地位，其独立发布研究报告的节奏远不如改革派积极。

美国国家安全航天体制改革过程中，经常会采用当事部门面对面开会或同时就改革议题展开研究等正面交锋的形式。同台论争的面对面会议是最直接，也是最激烈的博弈形式。会议中各方观点往往尖锐对立，气氛有可能十分凝重，场面有可能十分难看。正因为如此，各方意图暴露得最充分，博弈程度最彻底。也正因为如此，这种形式在美国国家安全航天体制改革过程中发挥的作用不可替代。1977 年初，空军参谋部出台《绿书》研究报告，建议撤销空军航空航天防御司令部，将其防空力量转隶战术空军司令部，空间目标监视和导弹预警力量转隶战略空军司令部。在此背景下，1978 年底空军航空航天防御司令部和战略空军司令部召开了一次简报会，由空军航空航天防御司令部司令希尔上将向战略空军司令部司令埃利斯上将做名为《重组空间监视与预警资产的潜在缺陷》的报告。在此次短兵相接、剑拔弩张的简报会上，希尔上将最终陷入势单力薄的绝境，将官队伍中仅其手下比尔·布洛斯少将明确表态支持希尔。这一状况导致空军航空航天防御司令部在会议末尾的投票表决环节中彻底败北[33]。

（三）改革势能的逐步累积

美国国家安全航天体制改革可以视作一个改革势能逐步累积，超过非改革派的能量，达到一个临界点并最终突破的过程。美国空军成立航天司令部过程中各方势力的推动正是一个逐步累积改革势能的过程。改革的水位随着这一次次的推动和势能累积而稳步上涨。具体来看：

《航天任务组织规划研究》报告提出了五个备选改革方案：维持现状；将空军航空航天防御司令部的太空职能转隶战略空军司令部；将空军航空航天防御司令部的太空职能转隶空军系统司令部；在空军系统司令部内成立一支单独的太空作战部队；成立一个全新的一级司令部。该报告发布之后，虽然在改革的时间、具体的组织结构上尚不明朗，但在需要将太空作战行动进一步集中化的问题上形成了共识。而且，空军系统司令部也在此报告的推动下第一次将太空系统的研发与运行工作区分开来，在航天分部设立了太空作战副司令，显示出即使是采办界的空军系统司令部也认识到了太空运行的重要性及其与研发工作的差异性[34]。

《夏季研究》发布后，受到触动的奥·马雷不仅成立了太空作战处，而且还将空军参谋部内的一些太空人员从研究与发展办公室转隶到他自己的作战与战备处，由约翰·T·钱少将领导，打造了一支积极推动改革的强有力的队伍[35]。

《航天政策与需求研究》报告由奥·马雷主导，聚焦作战司令部对太空的需求、如何满足这些需求等议题。该报告发布后起初遭到艾伦的冷遇，但后来所形成的影响之大震惊了报告的起草者。在该报告的指导下，1981 年底太空作战处开始紧锣密鼓地起草《空军航天总体计划》和一份详细的空间目标监视体系架构报告。1982 年发布的空军条令出版物吸收了该报告的思想，甚至里根政府对太空政策和项目的评估报告也汲取了该报告的观点[36]。

在空军之外，逼迫空军改革的压力转变成了开启改革的动力。第一，作为立法机关的国会紧紧盯上了军事航天机构改革，并通过财政手段积极施加影响。虽然国会议员的动议往往夹带着自己的选区利益，所提议案不一定符合空军的利益，甚至也不一定符合现实的逻辑，但空军不得不通过改革来使国会议员满意。第二，里根入主白宫后在总统层面、国防部层面进行了相关的政策审查评估，并于 1981 年 10 月发布了《战略现代化计划》，提醒空军要发展太空机构改革路线图，"把屋子收拾整齐"[37]。事实上，如果空军不积极主动地自我革新，而由国防部长办公厅来主导军事航天力量改革，其结果极有可能更不符合空军意愿。第三，海军于 1981 年 10 月在加州蒙特雷召开了首届年度"海军太空研讨会"。海军对太空的强烈兴趣给空军带来了极大的震惊。与此相关的另一个不利因素是空军上将琼斯将于 1982 年 6 月 1 日卸任参联会主席，届时将由一位海军上将接任，形势将给海军争取太空职权带来利好。空军有必要"先下手为强"。1982 年 6 月 21 日，就在自己临近退休前，空军参谋长艾伦在空军副部长奥尔德里奇陪同下，公开宣布航天司令部将于 1982 年 9 月 1 日成立[38]。

总的来看，美国国家安全航天体制内的改革派通过持续不懈的理论造势与积极论争形成了强大的内生性改革动力；体制外的改革压力同步给改革决策者带来了外生性改革动力。内外两方面的改革动力汇聚至关键的改革决策者，逐步累积、赶上并远超非改革力量带来的阻力，最终促成了改革决策的艰难诞生。

（四）改革模式优点胜于弱点

美国国家安全航天体制改革基本呈现"当事各方造势与论争—高层决策"或"当事各方造势与论争—咨询委员会建议—高层决策"模式。该模式存在两方面显著的缺点：

一是费时长，效率低。造势与论争过程中，准备一份有价值的研究报告一般需要数月时间。待各类造势论争手段收到实效，改革势能获得提升又需要一段时间。此后，新一轮的造势论争再行展开。如此往复，直至改革势能实现足够程度的积累。这种循环使得国家安全航天体制改革的时间成本急速攀升。空军成立航天司令部最早源自 1974 年空军航空航天防御司令部开始的争取太空使命任务的努力，直至 1982 年 9 月才最终得以实现。回头审视这一过程可以发现，从原先职能任务角度来看，当初由空军航空航天防御司令部承担太空使命任务并非不合适。但由于改革模式的低效率，使得改革势能积累不够，当事各方、高层决策者之间难以形成共识，致使改革决策难产，空军航空航天防御司令部没来得及等到航天司令部成立便先行遭到裁撤。所以，亲身经历了这段历史的希尔上将在航天司令部成立前夕发出慨叹："今天，大家已经理解了我们在太空事务中的定位，观念也已成形，大家也认同对于航天司令部的需要，而这些在四年前都是不存在的，当时我也没能说服大家。"[39]

二是不彻底。造势与论争过程中当事各方立场观点的充分表达同时也意味着各方利益都需要在最终的"蛋糕分配"中占到一定的份额，致使改革决策往往沦为多方诉求折衷妥协的结果。当然，这样的结果包含了决策者出于减小改革阻力的考虑，但也将导致改革方案或多或少依然残留有保守派的利益要素，致使体制改革的完整目标往往不能一次性达成。1982 年空军成立航天司令部的最初目标是实现空军航天力量的集中化和作战化，航天发射任务毫无疑问属于其中的重要内容。然而，这一轮改革并未实现该职能任务从空军系统司令部向航天司令部的转移。1987 年 9 月 28 日，美国航天司令部司令派奥特罗斯基上将重提航天发射任务移交事，再度开启了新一轮、小幅度的体制调整改革。直至1990 年 5 月空军参谋长韦尔奇批准了一个明显倾向于空军航天司令部的改革方案，空军系统司令部才开始向空军航天司令部移交航天发射任务。即便如此，在空军系统司令部的坚持下，移交工作仍然不是一次性实施，而是分阶段完成的。这就使得空军航天体制的集中化和作战化改革实际上从 20 世纪 70 年代中期开始一直持续到了 20 世纪 90 年代才基本宣告完成。但在美国国家安全航天体制内的人看来，此次航天发射任务的部分移交仍然是一个值得骄傲的成果。1990 年 6 月 12 日，空军部长唐纳德·B·赖斯在批准移交计划的同时宣称："职能使命分配上的调整使得太空活动进一步常态化，也进一步激励我们齐心决定要把太空力量集成到空军作战能力的全部谱段中。"

不过，从实践效果来看，这样的模式也有着突出的优点：

一是造势与论争过程的公平性。当事各方都能参与讨论，都能发出本单位的声音、表达本单位的立场，即便这种立场带有明显的部门利益。当事各方也都能做到畅所欲言，最彻底地阐释己方观点，即便言辞可能十分激烈和尖锐。1977 年初《绿书》出台后，因心脏患病正在住院的空军航空航天防御司令部司令詹姆斯上将抱病给空军参谋长写了一份非同寻常、长达八页的信，开篇第一句话便是："我强烈反对那份建议重组美国战略防御力量的研究报告中的方法、逻辑、适用性、合理性、充分性和准确性。"最后一句话则是："那份研究报告的建议如果被批准了的话，我们将无法为指挥官及其下属，无法为美国空军，也无法为整个国家提供反应灵活、认真负责的战略空天防御力量，而我们需要这一力量来支持我们在已承诺的国际义务中的国家目标。我恳求您不要将该报告的建议作为美国空军的建议提交上去。"[40] 从这些话中可以看出詹姆斯态度激烈而又心情迫切，其背后的潜台词是空军航空航天防御司令部具备承担空军太空职能任务的条件，空军不仅不能裁撤空军航空航天防御司令部，反而应当赋予其新的太空使命。与詹姆斯的情况类似，无论改革派还是保守派，其观点立场中不可避免包含着或多或少的部门利益，但公平的造势与论争也给高层决策者提供了更全面的考察视角，使之更容易去伪存真、获取科学理性的决策论据，"兼听则明"，不致因为忽略某一方的声音或偏听某一方的意见而做出错得离谱的改革决策。

二是造势与论争本身也是一个思想转化的平台。虽然部门利益会严重影响一个机构的政策倾向，但对于该机构具体人员思维理性的影响程度要小许多。改革派所持的理论如果符合国家安全航天体制的内在发展规律，将能够从理论上战胜一部分具有理性思维的保守阵营人员，使其主动放弃对改革派的"抵抗"。1982 年时任空军系统司令部司令的马什实际上就是一位保守阵营里具有开明理性思维的人物。而对于另外的"顽固保守派"，由于其立场观点已有过充分表达，待高层决策定夺之后，在契约精神的约束下，接受（即便不利于己方，即便内心不情愿）改革结果也将是相对容易实现的事情。

三是咨询委员会相对而言更加客观中立。与当事各方不同，咨询委员会委员往往都是退役将领或不隶属于当事各方的专家。不受部门利益的羁绊确保了他们的意见建议更加公允，而对国家安全航天事务的熟悉确保了他们意见建议的高质量。

总的来看，美国国家安全航天体制改革模式的这些优点确保了当事各方易于接受改革方案，改革成果容易巩固，"翻烧饼"现象发生得不多。而且，美国国家安全航天体制历次改革虽然在改革范围、改革力度上有大有小，但改革的脚步一直在连续迈进，呈现出持续性小步快跑的总体态势。由此使得改革一步一个脚印，步步为营，稳打稳扎，推动国家安全航天体制持续健康地发展。

四、改革是一个文化再造的过程

组织文化是组织成员在认识和行为上的共同理解，它贯穿于组织的全部活动，影响组织的全部工作，决定组织中全体成员的精神面貌和整个组织的素质、行为和竞争能力[41]。美国自 20 世纪 60 年代开始逐步形成军、情、民、商四个航天部门，每个部门都拥有自己的采办、运行、技术发展、指挥控制以及其他系统，且按照自己的需要优化发展出自己的方式。换言之，四个航天部门都有着自己的组织文化[42]。不仅如此，军事航天部门内不同机构之间在文化上也有着明显的差异。由于文化影响着组织机构和其中每一名个体的行为和判断，所以各部门、各机构间的这些文化差异给国家安全航天体制的改革带来了或正面或负面、或大或小的影响。换个视角来看，国家安全航天体制改革也是对各部门、各机构航天文化的再造。

（一）三个方面的文化差异

美国国家安全航天体制内航天文化的差异主要体现在三个方面：

（1）军事航天与情报界航天的文化差异

在对航天侦察系统的认知上，由于早在 1961 年侦察卫星便归属情报界航天，使得无论是美军军官还是美国学者，在探讨军事航天系统时涉及的必然只有卫星通信、卫星导航、卫星预警、卫星气象等，绝不会涉及卫星侦察领域——这属于情报界事务。情报界航天的独立给美国军方的认知带来了极为深重的影响，造成了卫星侦察领域的认知空白，这也直接导致 20 世纪 90 年代之前许多美军官兵根本不知道卫星侦察情报的存在，更不知道战时如何提出卫星侦察需求申请[43]。

在对航天侦察系统的诉求上，二者间也有着巨大的差异。情报界航天部门认为，航天侦察只是情报界总体侦察力量的一部分，情报界需要保持侦察力量的整体性；航天侦察作为"国家技术手段"，首要职责是满足国家战略层次的情报需求。因此，情报界必须维持对航天侦察系统的影响力。军事航天部门认为，情报界航天不仅要服务于战略侦察，也要服务于联合作战，而且自20世纪90年代以来后者的重要性大大提高。因此，国防部必须在航天侦察系统的需求生成和运行管理方面发挥主导作用。一直以来，国家安全航天双峰结构中国防部的强势地位使国家侦察局产生了本能的抵抗情绪[44]。但国防部底气的上升也在太空委员会增进军事、情报界航天联系的改革建议中得到了体现。当然，9·11事件之后情报界航天地位有了一定回升。不过，经过太空委员会改革以及长期的战场需求牵引，情报界航天也审时度势自觉完成了向支援联合作战的文化转变，较好地实现了在作战层面与国防部的协调配合。

（2）空军内部航空界与航天界的文化差异

一直以来，空军都是由航空力量主导的。但空军体制内逐渐成长出一个充满活力与前景的航天部门，自然令许多感到地位将会受到威胁、利益将会受到侵蚀的航空界人士感到不悦。20世纪70年代，虽然有越战期间通信卫星、气象卫星的贡献，但对于空军领导人和整个空军而言（少部分"太空传教士"除外），航天仍然主要是研发部门而不是作战部门的事情。也有人认为，航天系统是国防部的项目而非空军的项目，不值得去投入。因此，空军始终未把太空行动真正当做一项机制化的任务。虽然1979年的《航天任务组织规划研究》报告对于空军培育航天思维起到了一定的作用，但这种作用是比较有限的。对于空军许多人来说，"太空……首要的是对使用太空资产和在太空进行作战等观念进行心理上的调整，哲学上也要接受（这些观念）"[45]。1988年空军参谋长韦尔奇下令成立的蓝带委员会再次指出了空军在航天事务上的参与度、经验技能、总体态度等方面存在不足，建议空军制定"太空路线图"、修改条令手册、向全空军普及航天经验技能等。蓝带委员会的报告进一步推动了空军航空界航天思维的改善[46]。然而，要想在航空界传统文化内成功植入太空力量的因子，其难度甚至超过了体制改革本身，直到20世纪90年代末期情况仍未得到根本扭转，"由于文化壁垒，以及持续重视航空资产，太空并未很好地集成到通常的战区军事行动中""在空军内部，空军航天力量之外的人们不太愿意接受太空是作战的不可或缺的组成部分"[47]。这种文化观念上的隔膜和疏离也在体制编制上显现出后果：空军多数一级司令部和航空队都没有设置主责太空事务的参谋岗位，导致自身缺乏太空能力，只能依靠第 76 太空作战中队向这些单位分派太空支援小组来提供战术性太空作战能力，第 76 太空作战中队不得不长期面临人手不足的窘境；一级司令部之间的人员双向交流变成了单向流动，只从其他一级司令部流向空军航天司令部，而流到空军航天司令部的人员无法回到原单位；太空武器学校的学员在毕业后往往不能分配至最能实现其价值的战役战术级作战单位，造成人力资源的错配等[48]。伴随着太空委员会改革，进入 21 世纪的空军航空界对于太空力量战役战术运用地位作用的认识才有了大幅提升，航空文化与航天文化在太空力量的作战属性方面逐渐形成了交集并最终达成了认识上的统一。

(3) 空军内部作战系统与航天采办系统的文化差异

空军航天力量前二十年左右的历史基本上就是空军系统司令部（前身为空军研究发展司令部）的历史。作为一个主要负责研究、发展、试验、采购等业务的一级司令部，空军系统司令部长期被视作一个技术性、试验性、研发性、采办性而非作战性的机构。如空军系统司令部所属的空军卫星控制设施被认为代表了一种试验性、研发性的文化。与战略空军司令部等所代表的传统的作战性、任务导向性文化相比，试验性、研发性文化更适合解决问题，但在指挥控制的灵活性上则显得欠缺[49]。1967 年 7 月空军系统司令部成立了航天与导弹系统组织，"更加固化了国家安全航天领域内存在的开发者-用户之间的裂缝"[50]，也就是恶化了美军航天采办系统与航天作战系统之间的分离。相对而言，唯有"国防支援计划"较好地实现了采办系统与作战系统的联结：该卫星系统由空军系统司令部（采办系统）研发采购，由北美航空航天防御司令部（作战系统）操控运行。但"国防支援计划"在很长时期内一直服务于战略预警，与多数战役战术层次作战机构联系较为疏远，所以对消弭空军航天内部作战系统与采办系统之间文化差异的作用甚微。虽然 1980 年 9 月 1 日空军系统司令部航天分部设立了一个太空作战副司令，负责所有非采办航天事务，第一次实现了采办与非采办业务的分离，但仍未对试验性系统与作战性系统进行清晰的区分[51]。一定意义上，试验文化强调研发环节向操控运行环节的延伸，作战文化则强调操控运行向联合作战的延伸。当然，事实也表明空军系统司令部代表的采办文化无法孕育出作战性的体制果实。

1982 年空军成立航天司令部标志着空军航天作战系统的诞生。与根基深厚的空军航天采办系统及其文化相比，新生的空军航天作战系统及文化的发展势头迅猛，但底子薄弱。直到 20 世纪 90 年代末期，空军航天司令部仍然没有建立太空专业人才职业发展体系。空军航天司令部的航天技术人才不得不去寻求空军系统司令部颁发的采办职业认证。加上空军航天司令部与空军系统司令部之间人员交流困难，导致空军航天司令部人才流失严重。空军航天作战系统这一时期在人才培养、教育培训等方面存在的不足，表明其部门文化依然需要大力培养和继续成长。

（二）间接和直接的文化再造

鲜明的组织文化具有很强的正向激励作用，能够给组织中的个体带来荣誉感、使命感和归属感，能够激发个体的积极性、主动性和团队精神，进而给组织带来整体活力、凝聚力、创造力和战斗力。比如前三十年的国家侦察局在创造了辉煌业绩的同时也塑造了独特的组织文化。这种文化之强大，甚至"同化"了在国家侦察局工作的空军人员，使他们不自觉地将自己视作国家侦察局或中央情报局而非空军的人[52]。不过，硬币的另一面是强大的组织文化往往成为美国国家安全航天体制改革的障碍。在长期的组织文化熏陶下，每一名组织成员思想观念中形成的精神认同实际上已经与物质层面的各种利益一起共同成为部门利益的一部分。体制改革不仅要面对相关机构及成员的物质利益调整，往往也需要面对更加复杂而微妙、无形却坚固的"观念壁垒"。而对后者的调整改革某些时候可能比物质层面的调整改革更为艰难。

通过国家安全航天体制的改革和建设，往往可以收获作为副产品的组织文化再造。对旧有国家安全航天体制变革的过程中，需要经过当事各方长时间的论争与妥协，所以，体制的重组改革必然也会对附着其上的文化带来不可忽视的影响。美国国家安全航天体制第二波大的调整改革实际上也是"一个漫长的，力图在空军建立共识的过程"[53]。这一共识就是空军航天力量的集中化和作战化。航天司令部的成立既标志着此轮体制改革获得胜利，也标志着空军作战性航天文化由此诞生。此外，在国家安全航天力量建设发展过程中，新生力量带来的影响也能给既有组织文化增添新的元素。如战略防御倡议计划虽然最终被取消，但美国全国上下，更包括国家安全航天各部门都提高了自身的"太空思维"[54]。

直接改造既有的组织文化无疑是重塑太空文化最有效的方式。早在1976年，时任福特政府国防部长的拉姆斯菲尔德就意识到航天界各种观念纷杂不一，便有意"教育"大家，统一思想，以在全军范围内建立太空防御的共识[55]。该设想后因福特政府执政届满而告吹。二十多年后，由拉姆斯菲尔德担任主席的太空委员会建议"通过集中的职业发展、教育、培训来建立更加强大的军事航天文化"[56]。其中，职业发展、教育、培训无疑是"教育"航天界人士、改造观念、培育新的太空文化最好的切入点。太空委员会追求的这种更加强大的军事航天文化并没有局限于狭隘的部门利益，而是着眼于整个国防部，甚至涵盖了情报界的太空文化。此后，国防部以国家安全航天学院为太空教育培训的中枢，陆军和国家侦察局的太空教育都被纳入该体系，逐步实现了军种之间、国防部与情报界之间太空教育培训、太空文化的共生、融合与同化。这些进步也表明美国国家安全航天体制改革中对发展太空文化的重视程度达到了历史的高点。由此也初步形成了体制改革带动文化再造，文化再造助推体制改革，二者紧密配套、彼此协力、相互促进的国家安全航天体制发展模式。而最根本的目的，无疑则是做强整个国家安全航天，使其在国家安全事务及联合作战中发挥更为重要的作用。

参 考 文 献

［1］ John L. Mclucas. The U. S. Space Program Since 1961：A Personal Assessment
［C］//R. Cargill Hall, Jacob Neufeld, ed. The U. S. Air Force in Space 1945 to
the Twenty - first Century. Washington, D. C.：USAF History and Museums
Program, 1998：86.

［2］ 理查德·G. 雷恩. 太空和导弹防御系统采办——需定期评估以修正重大项
目中的零件质量问题［R］. 美国审计署报告 GAO - 11 - 404：24. 据
REYES. REPORT ON CHALLENGES AND RECOMMENDATIONS FOR
UNITED STATES OVERHEAD ARCHITECTURE ［R］. WASHINGTON：
U. S. GOVERNMENT PRINTING OFFICE, OCTOBER 3, 2008：2 指出，
国家情报计划和军事情报计划共同投资的项目，需要国家情报主任和国防部
共同作出决策，这往往会延误项目的开始。如果不采用联合投资方式，项目
有定义得更加清晰的管理职权的话，采办过程会大大受益.

［3］ R. Cargill Hall. Civil - Military Relations in America's Early Space Program
［C］//R. Cargill Hall, Jacob Neufeld, ed. The U. S. Air Force in Space 1945
to the Twenty - first Century. Washington, D. C.：USAF History and
Museums Program, 1998：30.

［4］ David Christopher Arnold. Space and intelligence ［C］//Damon Coletta,
Frances T. Pilch, ed. Space and Defense Policy. London and New York：
Routledge, 2009：215.

［5］ Patrick D. Widlake. National Reconnaissance Leadership for the 21st Century：
Lessons from the NRO's Heritage ［J］. NATIONAL RECONNAISSANCE—
Journal of the Discipline and Practice, 2005 - U1：20.

［6］ David C. Arnold, Peter L. Hays. Getting There From Here：Realizing the
Space Commission's Vision 10 Years Later ［J］. HIGH FRONTIER, August
2011, Volume 7, Number 4：30.

［7］ Donald H. Rumsfeld, Stephen A. Cambone. Enduring Issues：The Space
Commission 10 Years Later ［J］. HIGH FRONTIER, August 2011, Volume
7, Number 4：5.

［8］ 同上：7.

[9] John L. Mclucas. The U. S. Space Program Since 1961: A Personal Assessment [C] //R. Cargill Hall, Jacob Neufeld, ed. The U. S. Air Force in Space 1945 to the Twenty - first Century. Washington, D. C. : USAF History and Museums Program, 1998: 85 - 86.

[10] David D. Bradburn. The Evolution of Military Space Systems [C] //R. Cargill Hall, Jacob Neufeld, ed. The U. S. Air Force in Space 1945 to the Twenty - first Century. Washington, D. C. : USAF History and Museums Program, 1998: 63; John L. Mclucas. The U. S. Space Program Since 1961: A Personal Assessment [C] //R. Cargill Hall, Jacob Neufeld, ed. The U. S. Air Force in Space 1945 to the Twenty - first Century. Washington, D. C. : USAF History and Museums Program, 1998: 86.

[11] 比尔·欧文斯,爱德华·奥佛利,詹姆斯·R·布莱克. 揭开战争迷雾 [M]. 王霄,杜强,译. 北京:解放军出版社,2009: 166.

[12] Review of Headquarters Air Force Management of Space Responsibilities. August 2010: 4.

[13] Shawn J. Barnes. The Space Commission Recommendations in Retrospect: Four Key Lessons [J]. HIGH FRONTIER, August 2011, Volume 7, Number 4: 37 - 38.

[14] John W. Raymond, Troy L. Endicott. People Who Impact Warfare with Space Capabilities [J]. HIGH FRONTIER, February 2008, Volume 4, Number 2: 26.

[15] Shawn J. Barnes. The Space Commission Recommendations in Retrospect: Four Key Lessons [J]. HIGH FRONTIER, August 2011, Volume 7, Number 4: 38.

[16] Air Command and Staff College Space Research Electives Seminars. AU - 18 Space Primer [G]. Maxwell Air Force Base, Alabama: Air University Press, 2009: 45.

[17] Richard DalBello. National Space Policy: The Challenge of Implementation [J]. HIGH FRONTIER, February 2011, Volume 7, Number 2: 61.

[18] Air Command and Staff College Space Research Electives Seminars. AU - 18 Space Primer [G]. Maxwell Air Force Base, Alabama: Air University Press, 2009: 56.

[19] DEPARTMENT OF DEFENSE, OFFICE OF THE DIRECTOR OF NATIONAL INTELLIGENCE. NATIONAL SECURITY SPACE STRATEGY (UNCLASSIFIED SUMMARY)[M]. JANUARY 2011: 4.

[20] Air Command and Staff College Space Research Electives Seminars. AU - 18 Space Primer [G]. Maxwell Air Force Base, Alabama: Air University Press, 2009: 75 - 76.

[21] Air Force Doctrine Document 2 - 2, SPACE OPERATIONS, 27 November 2006: SUMMARY OF CHANGES.

[22] 2016 年 5 月奥巴马在罗格斯大学对毕业生的演讲. [2016 - 10 - 29]. http: //blog. sina. cn/dpool/blog/s/blog _ 7ea9a25d0102wkpw. html.

[23] JOANJOHNSON - FREESE, ROGER HANDBERG. Searching for Policy Coherence: The DOD Space Architect as an Experiment [J]. JFQ, Summer 1997: 95.

[24] JOANJOHNSON - FREESE, ROGER HANDBERG. Searching for Policy Coherence: The DOD Space Architect as an Experiment [J]. JFQ, Summer 1997: 92.

[25] Donald H. Rumsfeld, Stephen A. Cambone. Enduring Issues: The Space Commission 10 Years Later [J]. HIGH FRONTIER, August 2011, Volume 7, Number 4: 3. 太空委员会引入了原"弹道导弹威胁委员会"的一些原则: 对于所有分歧, 委员们同意要积极地讨论事实, 直至所有委员都确信这些事实的已知内涵已经被充分而清楚地详细探查; 如果要打破委员们形成的共识, 需要至少两名委员提交基于事实的反对意见.

[26] Review of Headquarters Air Force Management of Space Responsibilities. August 2010: 5.

[27] Report of the COMMISSSION TO ASSESS UNITED STATES NATIONAL SECURITY SPACE MANAGEMENT AND ORGANIZATION [R]. 2001: XXXV.

[28] J. Kevin McLaughlin. The Space Commission: 10 Years Later, But Not Quite 10 Years Closer [J]. HIGH FRONTIER, August 2011, Volume 7, Number 4: 16 文中记述的"国防部航天、情报与信息副部长"职位与太空委员会建议的"国防部航天与情报副部长"有出入, 疑本文作者出错.

[29] Shawn J. Barnes. The Space Commission Recommendations in Retrospect: Four Key Lessons [J]. HIGH FRONTIER, August 2011, Volume 7, Number 4: 37.

[30] David N. Spires. Beyond Horizons: A Half Century of Air Force Space Leadership [M]. Air Force Space Command, Air University Press, 1998: 203; Rick W. Sturdevant. The United States Air Force Organizes for Space: The Operational Quest [C] //Roger D. Launius, ed. Organizing for the Use

　　　　of Space: Historical Perspectives on a Persistent Issue. AMERICAN
　　　　ASTRONAUTICAL SOCIETY, 1995: 178 - 179.

[31]　David N. Spires. Beyond Horizons: A Half Century of Air Force Space
　　　　Leadership [M]. Air Force Space Command, Air University Press,
　　　　1998: 203.

[32]　Benjamin S. Lambeth. Mastering the Ultimate High Ground [M]. RAND
　　　　Project AIR FORCE, 2003: 27 - 28.

[33]　Earl S. Van Inwegen. The Air Force Develops an Operational Organization for
　　　　Space [C] //R. Cargill Hall, Jacob Neufeld, ed. The U. S. Air Force in
　　　　Space 1945 to the Twenty - first Century. Washington, D. C. : USAF History
　　　　and Museums Program, 1998: 137 - 138.

[34]　Rick W. Sturdevant. "Just a Matter of Time" How and Why the US Air
　　　　Force Established a Space Command [J]. HIGH FRONTIER, August 2007,
　　　　Volume 3, Number 4: 34; Rick W. Sturdevant. The United States Air Force
　　　　Organizes for Space: The Operational Quest [C] //Roger D. Launius, ed.
　　　　Organizing for the Use of Space: Historical Perspectives on a Persistent Issue.
　　　　AMERICAN ASTRONAUTICAL SOCIETY, 1995: 177.

[35]　David N. Spires. Beyond Horizons: A Half Century of Air Force Space
　　　　Leadership [M]. Air Force Space Command, Air University Press,
　　　　1998: 199.

[36]　同上: 201.

[37]　同上。

[38]　Earl S. Van Inwegen. The Air Force Develops an Operational Organization for
　　　　Space [C] //R. Cargill Hall, Jacob Neufeld, ed. The U. S. Air Force in
　　　　Space 1945 to the Twenty - first Century. Washington, D. C. : USAF History
　　　　and Museums Program, 1998: 141; David N. Spires. Beyond Horizons: A
　　　　Half Century of Air Force Space Leadership [M]. Air Force Space
　　　　Command, Air University Press, 1998: 205.

[39]　David N. Spires. Beyond Horizons: A Half Century of Air Force Space
　　　　Leadership [M]. Air Force Space Command, Air University Press, 1998:
　　　　195 - 196.

[40]　Earl S. Van Inwegen. The Air Force Develops an Operational Organization for
　　　　Space [C] //R. Cargill Hall, Jacob Neufeld, ed. The U. S. Air Force in
　　　　Space 1945 to the Twenty - first Century. Washington, D. C. : USAF History
　　　　and Museums Program, 1998: 137.

[41]　郑晓明. 组织行为学 [M]. 北京：清华大学出版社，2011：354.

[42]　VICE PRESIDENT'S SPACE POLICY ADVISORY BOARD. A POST COLD WAR ASSESSMENT OF U. S. SPACE POLICY—A TASK GROUP REPORT [R]. December 17, 1992：5；NATIONAL SPACE ISSUES—Observations on Defense Space Programs and Activities [R]. United States General Accounting Office, August 1994：8.

[43]　George E. Slaven Jr. WHAT THE WARFIGHTER SHOULD KNOW ABOUT SPACE A REPORT ON U. S. SPACE COMMAND JOINT SPACE SUPPORT TEAMS [R]. Maxwell Air Force Base, Alabama：AIR WAR COLLEGE, AIR UNIVERSITY, 1997：37.

[44]　Robert Kohler. One Officer's Perspective：The Decline of the National Reconnaissance Office [J]. NATIONAL RECONNAISSANCE—Journal of the Discipline and Practice, 2005 - U1：40 - 41.

[45]　David N. Spires. Beyond Horizons：A Half Century of Air Force Space Leadership [M]. Air Force Space Command, Air University Press, 1998：177.

[46]　同上：235.

[47]　Randy B. Tymofichuk. OPERATIONALIZING AND INTEGRATING SPACE：BRIDGING THE CULTURAL BARRIERS [R]. Maxwell Air Force Base, Alabama：AIR COMMAND AND STAFF COLLEGE, AIR UNIVERSITY, 1999：29, 45.

[48]　同上：30.

[49]　Rick W. Sturdevant. Book Review - Spying from Space：Constructing America's Satellite Command and Control Systems [J]. HIGH FRONTIER, Volume 1, Number 4：53.

[50]　Peter L. Hays. SPACE AND SECURITY—A Reference Handbook [M]. Santa Barbara, California · Denver, Colorado · Oxford, England：ABC - CLIO, 2011：213.

[51]　David N. Spires. Beyond Horizons：A Half Century of Air Force Space Leadership [M]. Air Force Space Command, Air University Press, 1998：197.

[52]　R. Cargill Hall. Civil - Military Relations in America's Early Space Program [C] //R. Cargill Hall, Jacob Neufeld, ed. The U. S. Air Force in Space 1945 to the Twenty - first Century. Washington, D. C.：USAF History and Museums Program, 1998：30.

[53]　David N. Spires. Beyond Horizons: A Half Century of Air Force Space Leadership [M] . Air Force Space Command, Air University Press, 1998: 175; Rick W. Sturdevant. The United States Air Force Organizes for Space: The Operational Quest [C] //Roger D. Launius, ed. Organizing for the Use of Space: Historical Perspectives on a Persistent Issue. AMERICAN ASTRONAUTICAL SOCIETY, 1995: 176.

[54]　James P. Cashin, Jeffrey D. Spencer. SPACE AND AIR FORCE: RHETORIC OR REALITY? [R] . Maxwell Air Force Base, Alabama: AIR COMMAND AND STAFF COLLEGE, AIR UNIVERSITY, 1999: 30.

[55]　David N. Spires. Beyond Horizons: A Half Century of Air Force Space Leadership [M] . Air Force Space Command, Air University Press, 1998: 189.

[56]　转引自 Richard E. Webber. In Search of a Space Culture [J]. HIGH FRONTIER, November 2007, Volume 4, Number 1: 14.

附　录

A　重要职位及机构

Advanced Research Projects Agency（ARPA）　高级研究计划局

Advanced Systems and Technology（AS&T）　先进系统与技术

Aeronautics and Astronautics Coordination Board　航空与航天协调委员会

Aerospace Defense Command（ADCOM）　航空航天防御司令部

Air Expeditionary Group　空军远征大队

Air Force Association（AFA）　空军学会

Air Force Institute of Technology　空军技术学院

Air Force Material Command　空军器材司令部

Air Force Scientific Advisory Board　空军科学咨询委员会

Air Force Space Support Team（AFSST）　空军太空支援小组

Air Force Systems Command（AFSC）　空军系统司令部

Air Force Weather Agency　空军气象局

Air Operations Center（AOC）　空中作战中心

Air Research and Development Command（ARDC）　空军研究发展司令部

Air Staff's Plans and Operations Office　空军参谋部计划与作战办公室

Air Warfare Center　空战中心

American Institute of Aeronautics and Astronautics	美国航空航天学会
Army Air Force（AAF）	陆军航空队
Army Ballistic Missile Agency（ABMA）	陆军弹道导弹局
Army Component Commander	陆军组成司令
Army Forces Commander/Joint Force Land Component Commander（ARFOR Commander/JFLCC）	陆军部队司令/联合部队地面组成司令
Army Science Board（ASB）	陆军科学委员会
Army Space Program Office（ASPO）	陆军航天计划办公室
Army Space Support Teams（ASST）	陆军太空支援小组
Assistant Secretary of Defense for Research and Development	国防部研究与发展助理部长
Assistant Secretary of the Air Force for Acquisition	负责采办的空军部助理部长
Assistant Secretary of the Air Force（Space）	负责航天的空军部助理部长
Center for the Study of National Reconnaissance	国家侦察研究中心
Central Imagery Office	中央图像处
Central Security Service（CSS）	中央安全处
Civilian – Military Liaison Committee	民—军联络委员会
Combat Operations Division（COD）	战斗指挥处
Combat Plans Division	作战计划处
Combat Support Agency（CSA）	战斗支援机构

Combatant Command（CCMD）	作战司令部（指联合司令部或特种司令部）
Combatant Commander（CCDR）	作战司令部司令
Combined Air Operation Center（CAOC）	盟军空中作战中心
Combined Force Air and Space Component Commander（CFACC）	盟军空中组成司令
Combined Force Air Component Commander（CFACC）	盟军空中组成司令
Combined Forces Air Component Command	盟军空中组成司令部
Combined Space Operations Center（CSpOC）	盟军太空作战中心
Commander，Air Force Forces（COMAFFOR）	空军部队司令
Commander，Joint Space Operations（CDRJSO）	联合太空作战司令
Commander，United States Strategic Command（CDRUSSTRATCOM）	美国战略司令部司令
Commercial Imagery Team（CIT）	商业图像小队
Commercial Integration Division	商业集成处
Consolidated Space Operations Center（CSOC）	统一空间作战中心
Contingency Operations Space（COPS）	应急作战太空分队
Cryptologic Services Group（CSG）	密码服务大队
Defense Acquisition Executive	国防采办执行官
Defense Communications Agency（DCA）	国防通信局
Defense Department's Research and Development Board	国防部研究与发展委员会

Defense Information Systems Agency（DISA）	国防信息系统局
Defense Intelligence Agency Forward Element（DFE）	国防情报局前方分队
Defense Mapping Agency（DMA）	国防测绘局
Defense Research and Engineering	国防研究与工程局
Defense Science Board	国防科学委员会
Deputy Director for Military Support（DDMS）	国家侦察局军事支援副局长
Deputy Director for Mission Support（DDMS）	国家侦察局任务支援副局长
Deputy Director for National Support（DDNS）	国家侦察局国家支援副局长
Direct liaison Authorized（DIRLAUTH）	授权直接联络权
Direct Support Element（DSE）	直接支援分队
Director of Defense Research and Engineering（DDR&E）	国防研究与工程局局长
Director of Space Forces（DIRSPACEFOR）	太空力量主任
Directorate for Space Operations	太空处
Directorate for Space	太空处
Directorate of Space Operations	太空处
Directorate of Space	太空处
DoD Space Architect（DoD SA）	国防部航天设计师
Forward Space Support Team（FSST）	前方太空支援小组
Functional Component Commander	功能组成司令
Geographic Combatant Commander（GCC）	战区司令部司令
Ground Enterprise Directorate（GED）	地面事务处

Integrated Air，Space，Cyberspace and Intelligence，Surveillance and Reconnaissance Operations	一体化空中、太空、网络空间与情报监视侦察作战处
Integrated Operations Center	综合作战中心
Integrated Program Office	一体化项目办公室
Intelligence Operations Center	情报作业中心
Joint Force Air and Space Component Commander（JFACC）	联合部队空中组成司令
Joint Force Air Component Command	联合部队空中组成司令部
Joint Force Air Component Commander（JFACC）	联合部队空中组成司令
Joint Forces Commander（JFC）	联合部队司令
Joint Functional Component Command for Integrated Missile Defense（JFCC IMD）	一体化导弹防御联合功能组成司令部
Joint Functional Component Command for Intelligence，Surveillance and Reconnaissance（JFCC ISR）	情报监视侦察联合功能组成司令部
Joint Functional Component Command for Space and Global Strike（JFCC SGS）	航天与全球打击联合功能组成司令部
Joint Functional Component Command for Space（JFCC SPACE）	航天联合功能组成司令部
Joint Intelligence Operations Center（JIOC）	联合情报作业中心
Joint Interagency Combined Space Operations Center（JICSpOC）	联合跨机构合成太空作战中心
Joint MILSATCOM Panel	联合军事卫星通信委员会

Joint Space Management Board（JSMB）	联合航天管理委员会
Joint Space Operations Center（JSpOC）	联合太空作战中心
Joint Space Support Team（JSST）	联合太空支援小组
Joint Staff J - 2	参谋长联席会议情报局
Joint Staff	参谋长联席会议联合参谋部
Joint Task Force（JTF）	联合特遣部队
Liaison Officer（LNO）	联络军官
Manpower Engineering Team	人力工程团队
Missile Defense Agency（MDA）	导弹防御局
Missile Warning Center	导弹预警中心
Mission Assurance Task Force	任务确保特别工作小组
Mobile Education Training Team（METT）	机动教育训练小组
National Advisory Committee on Aeronautics（NACA）	国家航空咨询委员会
National Aeronautics and Space Administration（NASA）	国家航空航天局
National Aeronautics and Space Council	国家航空与航天委员会
National Geospatial - Intelligence Agency support team	国家地理空间情报局支援小组
National Intelligence Support Team（NIST）	国家情报支援小组
National Joint Operations and Intelligence Center（NJOIC）	国家联合作战与情报中心
National Military Intelligence Support Team（NMIST）	国家军事情报支援小组

National Military Joint Intelligence Center (NMJIC)	国家军事联合情报中心
National Reconnaissance Operations Center (NROC)	国家侦察作战中心
National Security Agency/Central Security Service (CSS)	国家安全局/中央安全处
National Security Operations Center (NSOC)	国家安全作战中心
National Security Space Architect (NSSA)	国家安全航天设计师
National Security Space Authority (NSSA)	国家安全航天权
National Security Space Institute (NSSI)	国家安全航天学院
National Security Space Integration Office	国家安全航天一体化办公室
National Security Space Office	国家安全航天办公室
National Security Space Organization (NSSO)	国家安全航天组织
National Security Space Senior Steering Group	国家安全航天高级指导小组
National Space Council	国家空间委员会
National Space Defense Center (NSDC)	国家太空防御中心
National Space Organization (NSO)	国家航天组织
National Space Symposium	国家航天研讨会
National Space-based Positioning, Navigation, and Timing (PNT) Executive Committee	国家天基定位、导航与授时执行委员会
Naval Astronautics Group (NAVASTROGRU)	海军宇航大队
NOAA	国家海洋大气局

North American Aerospace Defense Command (NORAD)	北美航空航天防御司令部
NRO Deputy Director，Business Plans and Operations	国家侦察局商业计划与运营副局长
NSA Element	国家安全局分队
Office of Management and Budget（OMB）	管理与预算署
Office of Missile and Space Systems	导弹与航天系统办公室
Office of Science and Technology Policy（OSTP）	科技政策办公室
Office of the Secretary of Defense（OSD）	国防部长办公厅
Operational Support Office（OSO）	作战支援办公室
Project RAND	兰德工程部
Scientific Advisory Board	科学顾问委员会
Senior Cryptologic Authority	高级密码权
Senior Interagency Group（SIG）	局际高级小组
Senior Interagency Group（SIG）on Space	太空事务局际高级小组
Service Acquisition Executive	军种采办执行官
Signals Intelligence Systems Acquisition and Operations Directorate	信号情报系统探测与作业处
Space and Missile Defense Command（SMDC）	航天与导弹防御司令部
Space and Missile Defense Command/ Army Forces Strategic Command（SMDC/ARSTRAT）	航天与导弹防御司令部/陆军战略司令部
Space and Missile Systems Center（SMC）	航天与导弹系统中心
Space and Missile Systems Organization（SAMSO）	航天与导弹系统组织

Space and Naval Warfare Systems Command（SPAWAR）	海军航天与海上作战系统司令部
Space and Strategic Defense Command（SSDC）	航天与战略防御司令部
Space Assignment Advisory Board	航天人才分配咨询委员会
Space Coordinating Authority（SCA）	空间协调权
Space Defense Operations Center	空间防御作战中心
Space Industrial Base Council（SIBC）	航天工业基础委员会
Space Innovation and Development Center（SIDC）	太空创新与发展中心
Space Operations School	空间作战学校
Space Operations Squadron（SOPS）	太空作战中队
Space Partnership Council	太空伙伴关系委员会
Space Policy Advisory Board	航天政策顾问委员会
Space Support Element（SSE）	太空支援分队
Space Support Team（SST）	太空支援小组
Space Support Working Group（SSWG）	太空支援工作组
Space Tactics School	空间战术学校
Space Transportation Committee	太空运输委员会
Space Warfare Center（SWC）	空间战中心
Special Projects Office	特别计划办公室
Strategic Missiles Evaluation Committee	战略导弹评估委员会
Subcommittee on Strategic and Theater Nuclear Forces	战略与战术核力量小组委员会
Subunified Command	下级联合司令部

Task Force	特遣部队（为执行战斗任务临时编成的部队）
Technological Capabilities Panel（TCP）	技术能力小组
Theater Space Network	战区太空网络
Theater Support Representative（TSR）	战区支援代表
Theater Support Team	战区支援小组
Transformational Communications Office	转型通信办公室
U. S. Marine Corps Forces，U. S. Strategic Command（MARFORSTRAT）	美国海军陆战队力量/美国战略司令部
Under Secretary of Defense for Acquisition	国防部采办副部长
Under Secretary of Defense for Acquisition，Technology，and Logistics	国防部采办、技术与后勤副部长
Under Secretary of Defense for Research and Engineering	国防部负责研究与工程的副部长
Undersecretary of Defense for Intelligence ［USD（I）］	国防部情报副部长
Undersecretary of Defense for Space and Intelligence ［USD（SI）］	国防部航天与情报副部长
Unified Space Vault（USV）	联合太空密件库
USAF Weapons School	空军武器学校
Western Development Division（WDD）	西部发展处

B 重要文件

Air Force Space Master Plan	空军航天总体计划
Army Space Initiatives Study	陆军航天倡议研究
Defense Reform Initiative Directive（DRID）	国防改革倡议指令
Green Book	绿书
Inquiry into the Feasibility of Weather Reconnaissance	天气侦察可行性调查
Leadership，Management，and Organization for National Security Space	国家安全航天的领导、管理与组织
National Security Space Launch Report	国家安全航天发射报告
National Space Act	国家航天法
NATIONAL SPACE ISSUES——Observations on Defense Space Programs and Activities	国家航天议题——对国防航天项目与活动的观察
Potential Pitfalls in the Reorganization of Space Surveillance and Warning Assets	重组空间监视与预警资产的潜在缺陷
Preliminary Design of an Experimental World‐circling Spaceship	试验性绕地飞行宇宙飞船的初步设计
Proposal for a Reorganization of USAF Air Defense and Space Surveillance/ Warning Resources	重组美国空军防空和空间监视/预警资源的建议
Reorganization of DoD Space Management Responsibilities	重组国防部航天管理与职责

Review of Headquarters Air Force Management
of Space Responsibilities

空军总部航天职责管理
评估

Roles，Missions and Functions of the Armed
Forces of the United States

美国武装力量的职能、
使命与作用

Scientific Advisory Board Summer Study
on Space

科学咨询委员会关于太
空的夏季研究

Statement of Intent— Air Force - NRO
Relationship

意向声明—空军-国家
侦察局伙伴关系

The Space Missions Organizational Planning
Study（SMOPS）

航天任务组织规划研究

The Utility of a Satellite Vehicle for
Reconnasissance

侦察用卫星飞行器的
价值

Triennial Report to Congress on Service Roles，
Missions and Functions

三年一度就军种职能、
使命与作用向国会的
报告

C　重要人名

C. Robert Kehler	C • 罗伯特 • 科勒
Charles Horner	查尔斯 • 霍纳
David Jones	戴维 • 琼斯
Donald M. Kerr	唐纳德 • M • 科尔
Edward Teller	爱德华 • 泰勒
Fogleman	福格尔曼
Hans Mark	汉斯 • 马克
Howell M. Estes Ⅲ	霍威尔 • M • 埃斯戴斯三世
Hoyt Vandenberg	霍伊特 • 范登堡
James Creedon	詹姆斯 • 克里登
James Hartinger	詹姆斯 • 哈廷格
James Webb	詹姆斯 • 韦伯
Jerome B. Wiesner	杰罗姆 • B • 威斯勒
Jerry O' Malley	杰瑞 • 奥 • 马雷
John E. Hyten	约翰 • E • 海腾
John L. McLucas	约翰 • L • 麦克卢卡斯
John Von Neumann	约翰 • 冯 • 纽曼
Joseph P. Charyk	约瑟夫 • P • 查理克
Kistiakowsky	基斯佳科夫斯基
Lew Allen	卢 • 艾伦
Merrill A. McPeak	麦瑞尔 • A • 麦克皮克

Michael E. Ryan	麦克·E·瑞安
Pete Aldridge	彼得·奥尔德里奇
Peter B. Teets	彼得·B·提兹
R. Cargill Hall	R·卡吉尔·霍尔
Robert T. Marsh	罗伯特·T·马什
Scott F. Large	斯科特·F·拉吉
Sheila E. Widnall	希拉·E·怀德娜尔
Thomas S. Moorman, Jr.	小托马斯·S·摩尔曼
Thomas White	托马斯·怀特
Trevor Gardner	特拉华·加德纳
Van Inwegen	范·因卫根
Wayne Allard	怀勒·阿拉德
William Creech	威廉·克里奇
Zuckert	朱克特

D　重要系统或计划

Advanced Launch System	高级发射系统
Air Force Satellite Control Facility	空军卫星控制设施
Air Force Satellite Control Network (AFSCN)	空军卫星控制网
Attack and Launch Early Reporting to Theater (ALERT)	向战区发出的攻击与发射早期报告（系统）
Ballistic Missile Early Warning System (BMEWS)	弹道导弹预警系统
Commercial Radar Operational Support to US Southern Command (USSOUTHCOM) (CROSS)	商业雷达对南方司令部的作战支援
Defense Meteorological Satellite Program (DMSP)	国防气象卫星计划
Defense Support Plan	国防支援计划
Defense Weather Satellite System (DWSS)	国防气象卫星系统
Eagle Vision	鹰之视野
Explorer	探险者
Feed Back	反馈
Fleet Satellite Communications System (FLTSATCOM)	舰队卫星通信系统
Integrated Space Situational Awareness (ISSA)	一体化空间态势感知

Interoperable Satellite Control Network (ISCN)	互操作型卫星控制网
Joint Polar Satellite System (JPSS)	联合极轨卫星系统
Joint Tactical Ground Station (JTAGS)	联合战术地面站
Microlock	微锁
MIDAS	米达斯
Military Intelligence Program (MIP)	军事情报计划
Minitrack	迷你跟踪
National Foreign Intelligence Program (NFIP)	国家对外情报计划
National Intelligence Program (NIP)	国家情报计划
National Launch Vehicle	国家发射工具
National Operational Meteorological Satellite System (NOMSS)	国家作战性气象卫星系统
National Polar – orbiting Operational Environmental Satellite System (NPOESS)	国家极轨运行环境卫星系统
National Reconnaissance Program (NRP)	国家侦察计划
Operation Paperclip	曲别针计划
Project Orbiter	轨道器计划
SAMOS	萨摩斯
Satellite Component Study	卫星部件研究
SATOPS Architecture Transition Plan	卫星运行操作体系结构转型计划
Space Detection and Tracking System (SPADATS)	太空探测与跟踪系统
Space Protection Program	太空防护计划
Spacelifter	太空升降机

Sputnik	斯普特尼克
Strategic Modernization Plan	战略现代化计划
Tactical Event System	战术事件系统/战术节次系统
Tactical Exploitation of National Capabilities (TENCAP)	国家能力的战术利用
Talon NAMATH	塔隆-纳马什
Talon Shield	塔隆-盾牌
Talon Spectrum Red Cloud	塔隆-光谱红云
Total System Performance Responsibility (TSPR)	全系统性能职责
Vanguard	先锋
Vela Hotel	维拉旅馆
Viking	海盗

E　其他重要专用名词

Administrative Control（ADCON）	行政管理
Air Tasking Order	空中任务分配指令
Combatant Command（Command Authority）（COCOM）	作战指挥（指挥权）
Credentialed Space Professionals	受信太空专家
Defense Technologies Study	国防技术研究
Executive Agent	执行代理人
Joint Appropriations Conference Report	联合拨款会议报告
Joint Operations Area（JOA）	联合作战区域
Major Force	主力部队
Milestone Decision Authority	里程碑决策权
National Technical Means	国家技术手段
Nationial Security Study Directive（NSSD）	国家安全研究指令
Navaho Chart	纳瓦霍图表
Navajo Blanket	纳瓦霍毛毯
Operational Control（OPCON）	作战控制
Overflight	过顶飞行
Shuttle - only	只用航天飞机
Space Tasking Order（STO）	太空任务分配指令
SPACETALK 94	对话航天 1994
Tactical Control（TACON）	战术控制
Theater Organic Space Forces	战区建制航天力量

Unified Command	联合司令部
Unified Commander	联合司令部司令
Unity of Command	统一指挥
Unity of Effort	统一努力

F　相关论文

美国空军"空天"概念探析①

摘要：美国空军提出的"空天"概念主导了空军四十多年的建设发展，但它从未在空军以外获得承认。这一概念在经历了产生与渐变、短暂前进与回归、急速逆转等阶段后最终被空军抛弃。这一概念客观上存在一些缺陷，也让美国空军为获得军事航天领导地位而付出了一些机会成本。

"空天"（又译"航空航天"）一词是美国空军于 20 世纪 50 年代末期提出的一个概念。这一概念在美国空军以外的所有部门，包括国防部长办公厅、陆海军、参联会、各联合司令部，始终没有获得正式承认[1]。但在诞生之后的四十多年里，美国空军一直利用这一概念来主导其建军思想和发展方向。这一概念的起伏变化，也折射出相关部门的利益争夺、美国空军对太空的态度和决心，以及更深层次的独立天军等问题。

一、"空天"概念发展的三个阶段

美国空军"空天"概念并非一个美军全体认可、一成不变的术语，其发展变化过程包含了丰富的背景、动因、内涵，经历了产生与渐变、短暂的前进与回归、急速逆转等三个阶段。

（一）"空天"概念的产生及其缓慢演进

美国航天的初期，陆、海、空三军都在奋力争取太空这一新生的物理域。相对而言，陆、海军走在空军前面。早在二战末期，陆军便通过其"曲别针"计划获得了 130 名德国火箭科学家，占据了人才优势；海军研究实验室则早在 1945 年便启动了自己的卫星发展计划，占据了先

---

① 本文发表于《外国军事学术》2016 年第 10 期，发表时署名段锋、周宏伟。

发优势。空军虽然也有意夺取太空领地，并拒绝了海军的合作邀请而决心自己独立发展[2]，但空军此时的发展重点却放在远程战略轰炸机和吸气式导弹上。到了 20 世纪 50 年代，陆、海军已经成功地将空军甩在了身后。1958 年 1 月 31 日，陆军"探险者 1 号"卫星发射成功。3 月 17 日，海军"先锋 1 号"卫星发射成功。既没有在运载火箭和卫星上下大功夫，又不愿失去太空利益的空军参谋长怀特于 1958 年夏天将"航空"与"航天"两个词揉在一起，制造出了一个新的名词——"空天"，目的是通过概念制造和舆论攻势来为空军争取太空地盘。与之相配合，空军鼓励其发言人要"强调再强调……直到国会和民众不再怀疑空军的使命在太空，正如陆军的使命在地面、海军的使命在海上一样"[3]。

　　美国空军不仅在口头上坚持"空天"概念，而且通过行政命令将其写入空军条令。在怀特首次公开谈论"空天"一词五个月之后，空军助理副参谋长雅格比·斯玛特少将给空军大学去了一封信，要求将"空天"思想融入空军的主要条令。1959 年，空军正式引入官方口号"美国空军——为了和平的空天力量"。12 月 1 日，"空天"概念正式进入空军条令。在这天发布的《美国空军基本条令》中写道："空天是一个在作战上不可分割的物理域，包含了从地球表面往上所有的物理延伸。空军拥有一个作战系统家族——空中系统、弹道导弹系统、航天器系统，它们是国家基础性的空天力量。"[4]

　　空军咄咄逼人的姿态引起其他军种的反对。在空军引入"空天"一词之后不久，陆军作战副参谋长办公室的德怀特·比奇少将在众议院科学与宇航委员会作证时，被问及如何看待该词以及哪个军种应该为军事航天活动负总责，比奇轻蔑地回答："我以前从未听说过这个词……我不认为应该由任何单一军种来负总责……陆军在太空有特定的需求。我们的立场是：不能由单个军事部门来承担全部的军事航天职能。"[5]

　　必须指出，空军制造"空天"概念并将其写入条令，并未经过深入的分析和系统的思考。因此，即便是美国空军的航天之父施里弗上将在面对国会质询时，也无法说出这一概念令人信服的思想和内涵[6]。后来于 1978—1982 年间担任美国空军参谋长的卢·艾伦回忆说，在 1958 年"很明显，空军决心要参与航天事务，但它还不知道要做什么……每个人都热心于太空，但每个人都没有清晰地定义太空是什么"[7]。也部分是因为这个原因，"空天"概念即便在空军内部也没有取得共识。正如

航天史学家大卫·斯派莱斯所说："尽管空天一词中所谓的空天'不可
分割性'给空军提供了一种争取军事航天任务的概念性手段，但是，在
空军的任务规划过程中，这一概念就毫无益处可言，因为在这一过程中
需要将太空视作分离的物理域。"[8]1982年，空军成立航天司令部，这
事实上是对空天"不可分割性"的否定，而这一事件背后的推动者们也
正是秉承了这一与空军官方立场相反的态度，认为航空域和太空域需要
不同的机构设置和经费支持[9]。

（二）海湾战争后"空天"概念的前进与回归

与20世纪50年代末期努力争夺太空地盘的境况不同，到了20世
纪80年代中期，空军已经掌握了国防部70%的航天系统，80%的航天
预算[10]，航天主导军种的地位已经十分稳固。1991年海湾战争中，航
天系统的出色表现极大地提升了美军上下对太空的认知，空军参谋长麦
克皮克甚至称这次战争为"第一次太空战争"。在这一背景下，麦克皮
克于1992年在"空天"概念强调空天不可分割、空天无缝连接这一核
心思想的基础上更进一步，提出了"航空和航天"概念来作为空军新的
定位，目的是突出太空的重要性。

1996年，空军对待太空的积极态度又前进了一大步。在这一年的
空军高级领导人科罗娜会议上，空军参谋长罗纳德·福格尔曼上将提出
一项新的倡议，将空军定位为已从传统的空军转变为"航空和航天部
队"，并正处于向"航天和航空部队"逐渐发展的道路上。这一倡议认
为，太空最终将取代航空域成为空军主要的作战舞台。同时，这一倡议
仍然非常明确地坚持空、天物理域为无缝连接体[11]。

科罗娜会议的精神让空军航天人士倍受鼓舞。空军最高阶的太空军
官、时任空军副参谋长的小托马斯·摩尔曼认为，这次会议是一个"有
着不可思议的重大意义"的分水岭[12]。然而，这次会议也带来了不曾
预期的效应，那就是空军内部"太空分离主义者"长期以来想脱离空
军、独立成军的欲望被调动起来，这也让空军内部更多的高级军官感到
担忧。前美国航天司令部司令霍威尔·埃斯戴斯上将认为，科罗娜会议
"航空和航天部队"向"航天和航空部队"发展的提法，导致了空军内
部航空界与航天界的分裂：空军航空人士认为"航天和航空"派的人是
太空狂热分子；而空军航天人士则认为"航空和航天"派背信弃义[13]。

　　福格尔曼的继任者瑞安上将迅速认识到这个问题，并明确指出
1996 年科罗娜会议对于空军的航空、航天界来说产生的更多的是割裂
作用而非融合作用。为此，瑞安比以往更加响亮地强调空天无缝连接、
空天是一个单一物理域的观点，并汇集全空军"最好的'空天'大脑"，
成立一个"空天融合特别工作小组"来专门研究这一问题[14]。该小组
最终认为，空军必须更加积极地使用"空天"一词，以支持空军所宣称
的空天"不可分割性"。此后，2000 年 5 月空军颁布的《航空航天部
队》白皮书，6 月颁布的《全球警戒，到达与力量》远景文件均回归到
"空天"概念。作为标志，空军大学的专业季刊《空中力量杂志》在
1999 年下半年也更名为《空天力量杂志》[15]。

　　（三）2001 年后空军态度的大逆转

　　2001 年 9 月，约翰·江珀上将接任空军参谋长。此后，空军对待
空天问题的态度发生根本性、也可以说是历史性的转折。2001 年 10 月
16 日，江珀在讲话中首次将空和天彻底分割开来，他指出："当我谈到
太空时，我说的不是'空天'，我说的是航空和航天"。两个月之后，江
珀再一次强调，空军需要摒弃从前的空天思维，需要直面一个事实，那
就是：航空域与太空域必须分别视作分离的、不同的物理域，这样最符
合航天系统管理、任务领域发展、职业培养、资金支持等多方面的太空
利益。虽然江珀也认同需要将航空航天两个物理域的效能融合起来为联
合部队指挥员提供非对称优势，但是，他紧接着又指出空中作战与太空
作战是根本不同的两种作战样式。江珀还不容置疑地评论道，空军数十
年以来一直沉迷于"空天"思维，已经成为军事航天发展陷入困境并逐
渐恶化的主要原因。为此，他说："我仔细阅读了太空委员会报告。我
没有发现这份报告中有一处使用'空天'一词。原因就在于这个词缺乏
对太空文化应有的尊重，缺乏对空、天环境之间物理差异的尊重。我们
需要确保尊重这些差异。所以，我讲的是航空和航天。"与空军立场的
这一巨大转变相适应，《空天力量杂志》季刊从 2002 年秋季号开始，再
次更名为《航空与航天力量杂志》[16]。

　　自此，空军正式条令文件的正文部分不再提及"空天"概念。2014
年 8 月上任的空军航天司令部司令海腾上将在"2015 太空研讨会"、
2015 年 5 月 21 日的国家防务工业协会午餐会等活动的演讲中闭口不谈

"空天"一词[17]，即便是在 2014 年 12 月 5 日美国空军协会的演讲中不得不提及该词，也仅仅是为怀特上将当年创造该词背书，且辩称怀特只是用该词来描绘美国空军的未来、描绘空天力量融合之后的作战效能，怀特并非要说空天是不可分割的物理域等[18]。显然，海腾这一表述并不符合历史的真实。

回望 2003 年，兰德学者本杰明·兰贝斯曾经对江珀谈话做过判断，认为它是美国空军空天关系思维和政策走向成熟的里程碑事件[19]。十多年来，空天概念在空军彻底失去市场并不再反复，至少证明了空军抛弃这一概念的彻底性。

二、"空天"概念内在的缺陷

"空天"概念自诞生起便不断遭受来自多方的质疑，其中一些质疑甚至来自空军内部。这些质疑或立足于客观自然规律，或源于美军实际，所揭示出的"空天"概念的内在缺陷是其无法深入前行的基础性原因。

（一）物理上，空、天存在显著差异

毋庸置疑，空天在大气、引力、辐射、温度等各个方面均存在巨大的差别，而这并非分割空天的全部因素。当前，在航空器最高飞行高度与航天器最低飞行高度之间存在一个六十多英里的分隔带（这一区域现在被称为临近空间）[20]。由于在这一区域机动所需的能量消耗太大，代价太高昂，目前只有弹道导弹，以及类似 X-37B 的空天飞行器能够短暂穿越飞行，而能够长时间驻留飞行的仅有少量浮空器。显然，空天概念忽略了临近空间的存在给空天物理域造成的分割作用。对此，甚至一些美国空军的航天人士也认为，应该将太空视作一个与航空域分离的物理域、任务域，空天不可分割的观念"不仅在逻辑上站不住脚，而且凭经验看也是有问题的"[21]。

（二）技战术上，空、天作战行动存在巨大差别

空天在物理环境上的显著差异也造成航空器、航天器在作战运用上的巨大差别。一是在机动性上，航空器遵循空气动力学规律，具有全方位的、灵活的机动能力，且这种机动对航空器的寿命基本不会产生影响。航天器遵循航天动力学规律，其速度、高度虽然远大于航空器，但

一般情形下不会实施机动，只在特殊情况下依靠消耗昂贵的、有限的星载燃料来变轨，且这种变轨机动会显著降低航天器的寿命。二是在战术行动上，航空器能够在作战地域重复地机动并集结，但航天器一般只是短暂地交汇，且重复交汇难度非常大。所以，航天器不可能像航空器那样集中性地使用。本质上，航空器的作战运用是按需实施的，但航天器的作战运用只能按照事先规划的流程来实施。三是在隐蔽性上，航空器具有很强的隐蔽行动能力，而航天器的运行则可以预测，隐蔽性很差。四是在国际法约束上，航空器不能不受限制地飞越主权领土上方，但航天器可以。这些技战术上的显著不同也决定了在可以预见的未来空天更应被视为两个独立的作战空间。

（三）效果上，阻碍了太空与陆海力量的深入融合

"空天"概念内含的"空天不可分割""空天无缝连接""空天一体"等思想，对于推动空军内部将太空资源融入空中作战行动具有很强的积极意义。尤其是 1998 年瑞安成立"空天融合特别工作小组"，进一步强调了空天融合的重要性。当然，在当前意义下，这一融合更多是单向地利用天基信息来提升空中力量的作战效能。无疑，这一措施对于提升空军的整体作战能力具有十分重要的意义。但是，在其他军种利用联合作战的眼光来看，空军的这一提法就显得十分封闭、狭隘。因此，陆、海军认为，应该在联合作战思想指导下将太空力量与所有军种均融合起来。太空不仅要增强空军的作战能力，而且要增强全军所有部队的作战能力。因此，空军仅仅强调"空天融合"或是"航空与航天"融合，就隐含有排斥航天与陆、海军融合的味道。对此，兰贝斯认为，应该提倡"作战性融合"[22]而非"空天融合"，以弥补太空资源在提升陆、海军作战能力上的不足。

三、美国空军为"空天"概念付出的机会成本

1961 年 3 月，国防部第 5160.32 号指令初步确立了空军航天的领导地位。2001 年，空军正式被国防部指定为军事航天执行代理人。在获得事实上以及法理上军事航天领导地位的过程中，空军也不得不付出许多代价，这些代价也是空军坚持"空天"概念的机会成本。

（一）制约了太空军事理论的发展

"空天"概念坚持空天物理域不可分割、无缝连接，实际上将二者

在物理特性上的显著差异模糊化。尤其是空军迅速将这一概念写入条令，在空军范围内造成空天物理域在作战上也是一体化、不可分割这种先入为主的思维定势。自然地，空军在空天作战条令上也"借鉴"了空中作战条令的思维。正如两位批评家指出的那样：空军从一开始就简单地将其条令手册中的"航空"一词换成"空天"，由此，将速度、射程、灵活性等人所共知的空权特点不适当地运用到太空领域[23]。对此，观察家科林·格雷提出了审慎的批评，他指出："空天是一个不幸的词汇，因为它否定了物理规律，且包含了空、天物理域在作战上是一个连续体的内涵。而实际上，空、天物理域在技战术上的差异性彻底否定了这一点。"[24]支持独立天军的人士则更为明确地指出，仅仅将天权视作空权的延伸，制约了纯粹天权理论的发展。正如空军航天学者布鲁斯·戴布罗伊斯中校所坚称的："在空权理论和条令基础上，无法建立天权理论与条令。"他还指出，虽然空权理论和陆权、海权理论一样，对于天战理论的发展具有启示意义，但最终天权"需要基础性的、完全重构的理论和条令。发展这些理论和条令，最需要的就是建立一支独立的天兵或者天军"。正如有人总结道："太空分离主义者认为，只有当他们从空权理论框架中解放出来时，航天部队才能发挥他们完全的军事潜能"[25]。由此可以看出，空军发展出的太空军事理论很容易先天性地植入过多的空权基因，这一缺陷制约了空军作为军事航天执行代理人的最终表现。而从美军整体的视角来看，这无疑也是国防部选择空军作为军事航天主导军种的机会成本。

（二）空军不得不独自承担军事航天预算

权利与义务多是孪生兄弟。空军在获得军事航天主导地位这一"权利"的同时，必然要承担起相应的"义务"。这一"义务"就是必须独自承担军事航天预算。某种程度上可以说，这一状况是空军咎由自取[26]。

空军自20世纪50年代起就在年度预算中反复坚称"空天"是无缝连接的物理域，太空是空军的作战领域[27]。此时，空军在预算上的这种姿态仅仅是为了争夺太空地盘。但1961年之后，随着军事航天主导地位的初步形成，空军的这种姿态就变成了具体的航天预算付出。其结果就是，空军必须以大致占比1/3的国防预算来独自负担航空域、太空域两个物理域的发展建设。而其他军种之所以"欣然默认"空军的军事航天主导地位，其中一项重要原因就是空军实际上独自承担了整个军事航天的预算[28]。与分别握有大约 1/3 国防预算但只负担单一物理域发展建设的陆、海军相比，空军的预算压力显然要大得多。这也迫使美国空军长期以来不得不在航空与航天这两个在预算上形成竞争关系的发展重点之间进行艰难的权衡与折衷：若偏重航天，则忽略了同等重要甚至更为核心的航空力量；若偏重航空，则其他军种将指责空军对航天力量重视不够。在一定意义上可以说，美国军事航天的发展是以"牺牲"空军航空力量的发展为代价的。这种情况在军事航天界内部也引起很大的争议。前美国航天司令部司令查尔斯·霍纳上将在 1994 年退休之后，就多次公开抱怨"只要每个军种的预算都是人为地规定为国防预算的大约 1/3，那么，空军在保持核心的航空职能的同时，还要拓展自己的航天角色，将会面临非常大的压力"[29]。1996 年科罗娜会议之后，空军内部甚至有人担心，如果真正像会议宣称的那样重视太空的话，空军可能将不得不把航空兵力投送职能"抵押"掉，以腾出资金来发展太空力量[30]。

　　有鉴于此，早在 1982 年成立航天司令部之前，空军的四星上将们就曾认真讨论过是否有必要让所有军种都按照其消费军事航天的比例来分摊相应的费用。"谁用谁付费"的原则也一度在空军领导层开始流传[31]。但是，空军领导层实际上从未积极向国防部争取实施这一策略。原因是空军担心随着空军失去对太空预算的控制权，太空力量将与空军渐行渐远并最终独立出去。空军的担心并非毫无道理。20 世纪 80 年代以来，一种认为其他军种从航天中受益并不比空军少（甚至更多）、航天项目应该与其他军种的项目竞争而非只与空军航空项目竞争的观点一直十分具有影响力，而为了争取到稳定可靠的航天预算，持这种观点的人赞成建立独立的天军[32]。但在 2001 年太空委员会报告出台之后，美国国防部决定军事航天力量继续留在空军母体内成长。这样一来，按照美国国防部长期以来的预算分配态势，空军的预算困境仍然不会得到明显改善，空军将继续遭受预算压力的困扰。

参 考 文 献

［1］ Benjamin S. Lambeth. Mastering the Ultimate High Ground ［M］. RAND，
2003：46；Damon Coletta，Frances T. Pilch. Space and Defense Policy ［M］.
New York：Routledge，2009：195.

［2］ Benjamin S. Lambeth. Mastering the Ultimate High Ground ［M］. RAND，
2003：11.

［3］ 同上：16.

［4］ 同上：42.

［5］ 同上：47.

［6］ 同上：43.

［7］ 同上：125.

［8］ 同上：43.

［9］ 同上：128.

［10］ David N. Spires. Beyond Horizons：A Half Century of Air Force Space
Leadership ［M］. Air Force Space Command，1998：217.

［11］ Benjamin S. Lambeth. Mastering the Ultimate High Ground ［M］. RAND，
2003：51.

［12］ 同上。

［13］ 同上：54.

［14］ 同上：52.

［15］ Richard W. McKinney. Reconsidering the Space Commission 10 Years Later
［J］. HIGH FRONTIER，2011，7（4）：12 - 13.

［16］ Benjamin S. Lambeth. Mastering the Ultimate High Ground ［M］. RAND，
2003：90 - 92.

［17］ John E. Hyten. General John Hyten - 2015 Space Symposium ［EB/OL］.
［2015 - 08 - 04］. http：//www. afspc. af. mil/library/speeches/speech. asp?
id＝757；John E. Hyten. Speeches 2015 NDIA Luncheon ［EB/OL］. ［2015 -
12 - 14］. http：//www. afspc. af. mil/library/speeches/speech. asp? id＝758.

［18］ John E. Hyten. Air Force Space Command：Accomplishments，Future
Challenges and Opportunities ［EB/OL］. ［2015 - 08 - 04］. http：//

www. afspc. af. mil/library/speeches/speech. asp? id＝754.

[19]　Benjamin S. Lambeth. Mastering the Ultimate High Ground ［M］. RAND，
　　　　2003：90.

[20]　同上：43 - 44.

[21]　同上：43.

[22]　同上：133 - 134.

[23]　同上：48.

[24]　同上.

[25]　同上：69.

[26]　同上：147.

[27]　同上.

[28]　同上：142 - 143.

[29]　同上：49.

[30]　同上：51 - 52.

[31]　同上：128.

[32]　同上：71.